社区景观设计

COMMUNITY LANDSCAPE DESIGN

高颖 编著

王星航 金纹青 都红玉 编

图书在版编目（CIP）数据

社区景观设计 / 高颖编著 ; 王星航, 金纹青, 都红玉编. -- 天津 : 天津大学出版社, 2021.10
ISBN 978-7-5618-6872-0

Ⅰ. ①社… Ⅱ. ①高… ②王… ③金… ④都… Ⅲ. ①居住区—景观设计 Ⅳ. ①TU984.12

中国版本图书馆CIP数据核字(2021)第001338号

SHEQU JINGGUAN SHEJI

出版发行：天津大学出版社
地址：天津市卫津路92号天津大学内
电话：发行部 022—27403647
编辑部 022—27890557
网址：www.tjupress.com.cn
邮编：300072
印刷：廊坊市海涛印刷有限公司
经销：全国各地新华书店
开本：210mm×285mm
印张：11.25
字数：468千
版次：2021年10月第1版
印次：2021年10月第1次
定价：88.00元

序言

习近平总书记在全国高校思想政治工作会议上强调，“要坚持把立德树人作为中心环节，把思想政治工作贯穿教育教学全过程，实现全程育人、全方位育人，努力开创我国高等教育事业发展新局面。”艺术教育不仅创造性极强，更是涵养心灵的教化。本教材的编写紧扣时代脉搏，立足新发展阶段，贯彻新发展理念；致力于培养“人文厚重、基础扎实、技艺融通、创意活跃、德才兼备”的高素质艺术人才；立足于打破学科专业壁垒，对现有相关学科加以借鉴、融合。本教材的写作意在积极探寻艺术教育培根铸魂、启智润心、加强道德修养的作用，最终实现为党育人、为国育才的目标。

我国大多数开设环境设计、景观设计、建筑设计、规划设计等相关专业的院校都开设了“社区景观设计”课程，因发展背景、学术定位、师资力量等因素，不同院校的课程设置、教学重点与特点等都有所侧重。这也充分说明该课程的重要地位，及该专业在城市建设中的重要作用。虽然如此众多兄弟院校开设同一课程，但课程同一而不统一，课同而质不同。改变这一现况是这些年我院教学努力的方向。因此，在如何突出艺术院校设计专业的教学特征、发挥优势、补强短板，是我们课程教学以及教材编写首要思考的问题。

“社区景观设计”是天津美术学院环境与建筑艺术学院环境设计专业的骨干核心课程，课程教学强调艺术创新的魅力、项目的实训性、设计结果的落地性。教学充分发挥艺术学院学生具象思维、创意表达能力强的优势，携技术的手，坚定地走艺术的路。

本教材的编写教师，分别有风景园林专业、建筑学专业、项目策划专业、艺术设计专业的背景，他们从不同的学术视角，有所区别但又围绕共同核心完成了写作，这也体现了这个专业多学科、跨学科共融的特点。多元的学术见解、开放的学术态度，是该书秉承的。讲授的内容和录入的案例，既有对当今社区景观设计的艺术理解，也有融合当下及今后非常值得探究的“微更新”理念。书中不仅收录大量图片资料，更是采用电子书的形式，运用前沿科技成果，在手机端即可观看动画视频，丰富了信息的获取手段。

思政课程与专业课程相结合的尝试，不仅能使学生完成专业课程的学习与训练，学会用环境设计专业知识去解决百姓生活中遇到的实际环境问题，培养健全的审美心理结构、开阔视野，还能促使学生了解国情及人民群众生活中的真实需求，树立设计为民的思想，让学生在学习专业知识、关注前沿专业问题的同时，养成以专业的视角关注社会环境问题的习惯，树立正确的设计观，坚定信仰，将自身抱负与国家命运相结合，成为实现中国梦的中坚力量。

希望本教材的出版，能够从一个侧面展现多年来天津美术学院环境与建筑艺术学院的教学探索。在今后的实际教学工作中，我们还将继续推进思想政治理论课建设改革工作，认真研究大学生成长、发展的需求和期待，继续大力提高思政教学质量和水平，落实立德树人根本任务，持续推进思政教育进教材、进课堂、进头脑。在此也真诚地希望各院校师生、专家学者给予专业的指导与建议。

天津美术学院环境与建筑艺术学院 龚立君

2021 年 10 月

前言

在清华大学 110 周年校庆考察中，习近平总书记指出，美术、艺术、科学、技术相辅相成、相互促进、相得益彰。要发挥美术在服务经济社会发展中的重要作用，把更多美术元素、艺术元素应用到城乡规划建设中，增强城乡审美韵味、文化品位，把美术成果更好地服务于人民群众的高品质生活需求。要增强文化自信，以美为媒，加强国际文化交流。在全国高校思想政治工作会议上，习近平总书记指出，思想政治工作从根本上说是做人的工作，必须围绕学生、关照学生、服务学生，不断提高学生思想水平、政治觉悟、道德品质、文化素养，让学生成为德才兼备、全面发展的人才。这为本书的写作指明了方向。

“社区景观设计”课程是环境设计专业必修课程，是在掌握景观艺术设计相关知识的基础上，培养学生综合运用景观设计各要素，综合思考景观设计在艺术创造与表达、使用功能的完善与系统、不同人群的人性爱护与关怀、历史文化和城市文脉的尊重与发展、城市肌理的传承与更新、绿色生态可持续发展理念的落地等等，相互交织、冲突而又共融的设计问题。要讲好这门课程，同时创新地在其中融入思政教育，离不开教师不断的探索与尝试。

从某种意义上讲，景观设计就是对人的设计，不仅给人美的享受、舒适的生活空间环境，而且潜移默化地规范着人们的行为，是一个城市物质文化和精神文明水平的直接体现。社区景观更是如此，它与人们日常生活结合得更为直接、紧密。

本书就是在尝试如何紧密围绕师生最关心、最直接、最现实的理论困惑和实践课题，大胆推动大学生日常思政教育与传统课堂的融合，进而深入推进课程思政建设的前提下，展开编写的。本教材力争实现从“教”与“学”互动的角度重新认识思政，进一步激发教师和学生的创新动力，提升育人质量，切实增强学生的获得感。

社区景观设计本身就是要为人服务的，具有很强的服务社会的实战性，最终目的是打造优美的生态环境，提高人居环境的实际品质。本书中采用的诸多案例以“天津市既有居住区的环境景观改造提升”为题，在对既有居住区的环境现状进行全面调研后，引入“微改造、微更新”的设计理念，通过“精提升、细雕琢”的方式，切实改善人居环境，打造天津城市生活文化名片。在教学过程中，学生不仅可以学到专业知识，还可以更加关注社会、关注民生，树立艺术设计者的责任感和“美育铸魂守初心、立德树人担使命”的人生观。

本书是天津美术学院“十三五”本科核心课程规划教材，是天津美术学院环境与建筑艺术学院 4 位教师多年一线教学、课题研究与项目实践的收获总结。本书共分为 10 章，其中金纹青副教授完成“第八章居住社区景观硬质景观设计”和“第九章居住社区景观环境设施设计”；都红玉副教授完成“第一章景观设计概述”和“第二章居住区规划设计基础”；王星航副教授完成“第三章居住社区景观设计基础”“第四章居住社区道路景观设计”和“第五章居住社区场所景观设计”；高颖教授完成了“第六章居住社区水景观设计”“第七章居住社区植物景观设计”和“第十章居住社区景观设计与表现”。与此同时也感谢刘芬妍、周珊羽、茹怡菲、范如画、冀清华、周鹏、赵丽颖、高向天、腾云鹤、赵嘉琪等同学在图书整理、版式设计工作中所付出的努力。

本书的写作突出景观设计艺术性和技术性的结合，强调跨学科多专业的共通；力求用较为通俗的语言讲清苦涩的理论问题，强调给予设计更为务实帮助。书中使用大量的图表，其目的就是更为形象直观、便于理解。书中设计案例分析与鉴赏章节的案例，不仅呈现了作品图像，而且充分利用互联网技术，通过扫描二维码即可观看漫游动画视频，能够更立体、更全方位地讲解设计内容。本书可以作为环境设计、景观设计、风景园林等专业相关课程的专业教材，也可作为相关专业人士的参考书。由于编者水平所限，书中纰漏在所难免，谨请广大读者从专业的视角批评指正。

天津美术学院环境与建筑艺术学院 高颖

2021 年 10 月

目录

第七章 居住社区植物景观设计

第八章 居住社区景观硬质景观设计

第九章 居住社区景观环境设施设计

第十章 居住社区景观设计与表现

后记

第一章 景观设计概述

景观设计产生、发展于现代西方社会，景观设计学随之兴起并逐渐成为一门学科和技术，与景观相近的专业词语有“园林”“风景园林”“园艺”“景观建筑”“景园”“造园”等，但景观设计的范畴不仅包括以上内容，还涵盖更为广泛的内容，是一门具有较高综合性的设计艺术与技术。

景观设计的思想源远流长，从古埃及、古希腊、古罗马时期的传统园林，到中国古典园林、日本造园艺术，再到现代景观设计的探索、产生与发展，时至今日终于形成了这门具有较强综合性和实践性的学科。可以说，景观设计是一门古老而崭新的学科，它的存在和发展与人类的发展息息相关，包括人们对生存生活环境的追求，以及对生活环境无意识和有意识的改造活动，这种活动孕育了景观设计学。

第一节 景观设计的相关概念

一、景观（Landscape）

景观是指土地及土地上的空间和物质所构成的综合体。它是复杂的自然过程和人类活动在大地上的烙印。

（一）景观的含义

人们对“景观”有无数种不同的理解：景观是人们在拥挤的城市中所向往的自然；景观是人类永远的栖居地；景观是用来享受的工艺品；景观是自然界一套严密精巧的物质系统，需要通过科学的分析方能理解；景观是人类发展与自然系统之间有待解决的矛盾问题；景观是可以为人类带来财富的资源；景观是反映不同地域社会伦理、道德和价值观念的意识形态；景观遗产是人类文脉宝贵的历史遗存；景观是艺术家塑造美的表现和再现的对象；景观是地理上的地表景象；景观是多种功能（过程）的载体……笔者借鉴俞孔坚的说法从景观与人的物我关系，即景观的艺术性、科学性、场所性及符号性四个层面来解释其含义。

1. 景观作为视觉审美的对象

作为城市景象，景观的设计与创造，景观视觉审美对象的含义，经历了一些微妙的变化。第一个阶段是文艺复兴时期，景观看重城市的延伸和附属；第二个阶段是工业革命中后期，人们对城市感到疏离和憎恶，将景观作为对工业城市恶劣环境的对抗和逃避。

第一个阶段，景观作为城市的延伸和附属。英文“Landscape”一词的直接来源是荷兰语“Landskip”，特指风景画，尤其是自然风景画。而荷兰风景画主要描绘的是文艺复兴初期经济最发达的意大利中部和北部城市本身，将城市作为喜爱向往的风景。

文艺复兴之前，生产力水平低下，农业将人系在土地之上，自然成了充满不稳定性苦难生活的依托，神秘而不可预测，人们对大自然既依恋又恐惧。城市资本主义的兴起将人从土地中解放出来，理想中的美好城市使人们产生了强烈的向往，人们心中理想城市的模式是完全几何化的，遵循严格的比例关系和美学原则。城市人工化的理想扩展到了景观的打造上，景观作为城市的延伸，郊野园林也采用了同样的审美标准来设计和建造。

第二个阶段，景观作为城市的逃避景观、作为视觉美含义的第二个转变来源于工业化带来的城市环境的恶化。19 世纪下半叶开始，西方城市工业化造成的人口集聚和环境污染使得城市环境极度恶化，城市在人们心中从富有、文明的形象变成了丑陋、污秽的场所，自然田园景观成了人们的心灵家园。因此，作为审美对象的景观从欣赏和赞美高度人工化的城市，转而向往爱恋自然田园风光。这一阶段，景观设计领域兴起了以田园风光为主调的美国城市公园运动和以保护自然原始美景为主导的美国国家公园体系，深得人心的田园城市和田园郊区运动随之蓬勃发展（见图 1-1-1）。

2. 景观作为生活场景的栖息地

《人，诗意地栖居》是 19 世纪德国浪漫派诗人弗里德里希·荷尔德林的一首诗，后经马丁·海德格尔的哲学阐发，“诗意地栖居在大地上”成为许多人共同的心灵向往。荷尔德林在写这首诗的时候，贫病交加、居无定所，他敏锐而痛苦地意识到随着科学的发展，工业文明将使人异化而远离自然、朴素、真实的生活，他呼唤人们寻找回家之路，回到自然母亲的怀抱，回到心灵的栖息之所。自然始终是人类的栖息之所，人们孕育出生在自然的怀抱里，又害怕自然的不确定性，憎恶它的不便利性，期望改变它，但同时和自然又有着深切的、不可割舍的密切联系。景观实际上是人改造的自然，是人与人、人与自然的关系打在大地上的烙印，景观是人类居住的家，人类不能像动物一样回归原始的自然，也不能脱离自然、生存在完全人工化的环境中。乡村农田景观、河流堤岸景观、宏伟的桥梁景观都是人适应自然、改造自然的结果。国家的边境防线、城墙隔离，城市中的地块红线、区块划分、建筑限高，无不是国与国、集团与集团、人与人之间通过长期竞争、交流调和而取得短暂平衡的结果。

因此，景观作为人生活的地方，把具体的人与具体的场所联系在一起，是人的生活体验场所，是具体生活场景的载体。

3. 景观作为生态系统

景观作为生态系统，需要对其进行科学的研究和客观的解读。其一，要研究景观与外部系统的关系。其二，要分析景观内部各元素之间的生态关系。其三，要分析景观元素内部结构与功能的关系。其四，要分析生命与环境之间的生态关系。其五，要研究人类与其环境之间的物质、营养及能量的生态关系。城市景观作为一个生态系统，几乎包含了上述所有生态过程，是城市生态学的研究对象。

4. 景观作为符号传播的媒体

景观是人类镌刻在自然土地上的书——人类用地域性的符号记载着人类的历史，讲述着人类与自然的抗争，讲述着人类的理想和追求，讲述着生存兴亡的故事，记载着这块土地上人与土地、人与人以及人与社会的关系。

“景观具有语言的所有特征，它包含着话语中的单词和构成——形状图案、结构、材料、形态和功能——所有景观都由这些组成，如同单词的含义一样，景观组成（如水）的含义是潜在的，只有在上下文中才能显示。”景观这本书是由符号和语言写成的，景观的语言也有方言，它可以是实用的，也可以是诗意的。景观中的基本名词是石头、水、植物、动物和人工构筑物，它们的形态、颜色、线条和质地是形容词和状语，这些元素在空间中的不同组合，便构成了句子、文章和意味深长的书。例如，传统村寨口的“神树”，承载了这个村寨兴盛衰亡的精神寄托，象征着村寨的气脉运势，村寨的祭祀悼念仪式以它为中心展开，这样的景观语言很大部分只能被本村寨人所认同、共享，这种区域化的景观语言交流活动维护了族群内部的认同，利于信息和情感的交流，形成了自身地域特有的文化传承。综上所述，景观具有审美性、体验性、科学性，且具备特定的含义。

（二）景观的分类

根据景观的类型和属性，景观可分为自然景观和人文景观两类。自然景观是指自然界原有物态各要素相互联系、相互作用而形成的景观，其很少受人类影响。人文景观包括两大方面：一是指人们利用自然物质加以创造，由自然物质和人类文化共同形成的景观，如风景名胜、园林公园；二是指依靠人的思维和创造形成的具有文化审美内涵的全新形态和面貌的创造性景观，如城市景观、公共艺术景观等（见图 1-1-2）。

二、景观设计（Landscape Architecture）

1858 年，美国景观设计学之父弗雷德里克·劳·奥姆斯特德提出了景观设计这一名称（见图 1-1-3）。从景观学科的词义来源来看，其英文“Landscape Architecture”直译为“景观建筑学”，目前对此有多种翻译与理解，如：景观建筑学、景观设计学、景观规划设计、风景园林、造园、景园、园林景观等。我们现在理解的景观设计不仅包括传统的建筑技术和艺术，还包含传统的园林技术与艺术及更多的综合性学科的技术与艺术。

景观设计包括广义的景观设计和狭义的景观设计。

（一）广义的景观设计

伊恩·伦诺克斯·麦克哈格认为景观设计是多学科综合的、用于资源管理和土地规划利用的有力工具，他强调把人与自然世界结合起来考虑规划设计问题。

约翰·奥姆斯比·西蒙兹在《景观设计——环境规划手册》中提到：景观研究是站在人类生存空间与视觉总体高度的研究。他认为，改善环境不仅仅是纠正技术与城市发展带来的污染及其灾害，还应该是一个创造的过程，通过这个过程，人与自然和谐地不断演进。在它的最高层次，文明化的生活是一种值得探索的形式，它帮助人类重新谋求与自然的统一。

刘滨谊认为，景观设计是一门综合性的、面向户外环境建设的学科，是一个集艺术、科学、工程技术于一体的应用型专业。其核心是人类户外生存环境的建设，故涉及的学科专业极为广泛综合，包括区域规划、城市规划、建筑、林业、农业、地质、地理、管理、旅游、环境、资源、社会文化、心理等。

图 1-1-1　图 1-1-2　图 1-1-3

俞孔坚认为:“景观设计是关于土地的分析、规划、设计、管理、保护和恢复的科学和艺术。”景观设计既是科学又是艺术,二者缺一不可。景观设计师需要科学地分析土地、认识土地,然后在此基础上对土地进行规划、设计、保护和恢复。例如,国家对濒临消失的沼泽地的恢复、对生物多样的湿地的保护,都属于景观设计的范畴。

(二)狭义的景观设计

狭义的景观设计可以理解为“场地设计和户外空间设计是景观设计的基础和核心”。

盖丽特·雅克布认为景观设计是建筑物道路和公共设备以外的环境景观空间设计。

狭义景观设计中的主要要素包括地形、水体、植被、建筑与构筑物以及公共艺术品等,主要设计对象是城市开放空间,包括广场、步行街、社区环境、城市街头绿地以及城市滨湖滨河地带等。

所以景观设计也可以说是处理人工环境和自然环境之间关系的一种思维方式,一种以景观为主线的设计组织方式,目的是使无论大尺度还是小尺度的设计都以人和自然最优化组合和可持续发展为目的。

三、景观设计学

景观设计学是关于景观的分析、规划布局、设计、改造、管理、保护和恢复的科学和艺术。它是一门建立在广泛的自然科学和人文与艺术学科基础上的应用学科,尤其强调土地的设计,即通过对有关土地及一切人类户外空间的问题进行科学理性的分析,制定设计问题的解决方案和解决途径,并监督设计的实现。

(一)景观设计学与各学科的关系

景观设计学与建筑学、城市规划、市政工程设计等学科有区别同时又有紧密的联系。

景观设计学所关注的问题是土地和人类户外空间的问题,这一点有别于建筑学,建筑学从广义上来说,是研究建筑及其环境的学科。在通常情况下,它更多是指与建筑设计和建造相关的艺术和技术的综合。

景观设计学与城市规划的主要区别在于,城市规划是从城市整体出发,具体对某一城市、某一地段、某一街道、某个中心或场所进行综合设计,必须以功能为考虑的第一要素,注重城市效率、土地利用。景观设计学关注景观资源与环境的综合利用与再创造,专业分工基础是场地规划与设计,景观感受意、情、物三境的创造,侧重于环境的创造,偏重满足人们的精神需求。

景观设计学与市政工程设计的不同点在于,景观设计学更善于综合地、多目标地解决问题,而不是单一地解决工程问题,当然,综合解决问题的过程有赖于各个市政工程设计专业的参与。

时至今日,景观设计学涵盖的范围越来越广泛,它和各个学科的联系愈加紧密,在设计中也需要和各专业进行良好的协同和配合,广泛学习各相关学科的交叉性知识有利于我们的专业知识和能力的储备。

(二)景观设计学的分类

根据工作的范围,景观设计学包含宏观景观设计、中观景观设计和微观景观设计。在这三个层面中,有的侧重自然元素,有的侧重人文景观,有的则是二者的有机结合(见表 1-1-1)。

表 1-1-1 景观设计学的分类(尹赛:《景观设计原理》)

学科名称	一级分类	二级分类
景观设计学	宏观景观设计	自然生态区景观规划设计
		风景名胜区景观规划设计
		城市设计
	中观景观设计	城市公园设计
		城市广场设计
		主题公园设计
		居住区景观设计
		特色景观街区设计
		自然与人文保护区设计
		交通环境设计
	微观景观设计	植物景观设计
		水体景观设计
		光照景观设计
		公共艺术设计
		景观建筑设计
		景观设施设计

根据解决问题的性质、内容和尺度的不同,景观设计学包含两个专业方向,即景观规划和景观设计。前者是指在较大范围内,基于对自然和人文过程的认识,协调人与自然关系的过程,具体说是为某些使用目的安排最合适的地方和在特定地方安排最恰当的土地利用,而对这个特定地方的设计就是景观设计,即狭义上的景观设计。景观规划和景观设计既有区别,又有联系。景观规划更关注土地利用与环境发展问题,更多在系统分析基础上对项目进行科学、理性的分析,并寻找解决

问题的策略；而景观设计则关注具体的景观形式和景观功能。景观规划更多是前期思路和策略，而景观设计是景观规划的深入，是规划思想在图纸上的具体体现，也是景观规划内容实施的必经阶段。

四、景观设计师

景观设计师是以景观设计为职业的专业人员。景观设计职业是大工业、城市化和社会化背景下的产物。

景观设计师工作的对象是土地综合体的复杂的综合问题，面临的问题是土地、人类、城市和土地上的一切生命的安全与健康以及可持续发展的问题。

第二节 景观设计的理论基础

一、景观生态学

1. 生态学

生态学“Ecology”一词源于希腊文“Oikos”，原意是房子、住所、生活所在地，“Ecology”是生物生存环境科学的意思。德国动物学家恩斯特·海克尔在1866年首次将生态学定义为：研究有机体与其周围环境（包括非生物环境和生物环境）相互关系的科学。生态学因其综合性和理论上的指导意义而成为现今社会无处不在的科学。

2. 景观生态学（Landscape Ecology）

景观生态学是工业革命后一段时期人类聚居环境生态问题日益突出，人们在谋求解决途径的过程中产生的。景观生态学是德国著名的地理学家C. 特罗尔于1939年在利用航空照片研究东非土地利用问题时提出来的。从一开始，特罗尔在制作中政治中就认为：“景观生态学的概念是由两种科学思想结合而产生出来的，一种是地理学的（景观），另一种是生物学的（生态学）。”他指出景观生态学由地理学的景观和生物学的生态学两者组合而成，是表示支配一个地域不同单元的自然生物综合体的相互关系分析。这使人们对于景观生态的认识上升到了一个新的层次。后来，德国另一位学者布克威德进一步发展了景观生态的思想，他认为景观是个多层次的生活空间，是由陆圈、生物圈组成的相互作用的系统。

美国景观设计之父奥姆斯特德虽然很少著书立说，但他的经验生态思想、景观美学和关系社会的思想却通过他的学生及其作品对景观规划设计产生了巨大的影响。

二战后，工业化和城市化的迅速发展使生态环境系统遭到破坏。麦克哈格作为景观设计的重要代言人，和一批城市规划师、景观建筑师开始关注人类的生存环境，并且在景观设计实践中开始了不懈的探索。他在《设计结合自然》一书中，奠定了景观生态学的基础，建立了当时景观设计的准则，标志着景观规划设计专业勇敢地承担起后工业时代人类整体生态环境设计的重任，景观规划设计在奥姆斯特德所奠定的基础上又大大扩展了活动空间。他反对以往土地和城市规划中功能分区的做法，强调土地利用规划应遵从自然固有的价值和自然过程，即土地的适宜性。但是他的理论关注的是某一景观单元内部的生态关系，忽视了水平生态过程，即发生在景观单元之间的生态流。

现代景观规划理论强调水平生态过程与景观格局之间的相互关系，研究多个生态系统之间的空间格局及相互之间的生态系统，并用“斑块—廊道—基质”来分析和研究景观策略。

3. 景观生态要素

景观设计中要设计的要素包括水环境、地形、植被、气候等几个方面。

水是生物生存必不可少的物质资源。地球上生物的生存繁衍都离不开水资源。水资源同时又是一种能源。在城市中，水资源又是景观设计的重要造景素材。一座城市因山而显势，存水而生灵气。水在城市景观设计中具有重要的作用，同时还具有净化空气、调节局部小气候的功能。因此，在当今城市发展中，有河流水域的城市都十分关注对滨水地区的开发、保护。临水土地的价值也一涨再涨。人们已经认识到水资源除了对城市生命力的支持外，在城市发展中也起到重要作用。

在中国，对城市河流的改造已形成了共识，但是具体的改造和保护水资源的措施却存在着严重的问题，比如对河道进行水泥护堤的建设，忽视了保持河流两岸原有地貌的生态功效，导致河水无法被净化等问题的出现。

在城市景观设计中对水资源利用时，美国景观设计学家西蒙兹提出了十条水资源管理原则，在此作为水景营造的借鉴原则。

①保护流域、湿地和所有河流水体的堤岸。

②将任何形式的污染减至最小，制订一个净化计划。

③土地利用分配和发展容量应与合理的水分供应相适应而不是反其道而行之。

④返回地下含水层的水质和水量与水利用保持平衡。

⑤限制用水以保持当地淡水存量。

⑥通过自然排水通道引导地表径流，而不是通过人工修建的暴雨排水系统。

⑦利用生态方法设计湿地进行废水处理、消毒和补充地下水。

⑧地下水供应和分配的双重系统，使饮用水和灌溉及工业用水有不同税率。

⑨开拓、恢复和更新被滥用的土地和水域，达到自然、健康状态。

⑩致力于推动水的供给、利用、处理、循环和在补充技术方面的改进。

经验对学科的发展起到了促进作用。城市规划、建筑学、景观设计等领域都关注如何利用构筑物、植被、水体来改善局部小气候。具体的做法有以下这些。

①对建筑形式、布局方式进行设计、安排。

②对水体进行引进。

③保护并尽可能扩大原有的绿地和植被面积。

④对住所周围的植被，从树种到位置等进行安排，做到四季花不同，一年绿常在。

总之，在景观设计时要充分运用生态学的思想，利用实际地形，降低造价成本，积极利用原有地貌创造良好的居住环境，在生态薄弱地区，用科学严谨的研究进行生态恢复（见图 1-2-1、图 1-2-2）。

图 1-2-1

图 1-2-2

二、环境行为心理学

环境和人的行为、心理之间存在着一定的联系，其研究最早起源于行为地理学。

行为地理学是研究人类在地理环境中的行为过程、行为空间、区位选择及其发展规律的科学。它是 20 世纪 60 年代末西方人文地理学发展中出现的新分支学科，也有的学者把其作为一种新的人地关系的思想观点和人文地理学的基本方法论。行为地理学是人文地理学工作者借鉴心理学、行为科学、哲学和社会学等学科的研究成果，在人文地理学研究范畴开辟的新研究领域，主要是从人类行为的角度，采用非规范和非机械的整体方法，研究人类对不同地理环境的认识过程和行为规律。

行为地理的研究成果被许多领域关注、借鉴，如城市学家、社会学家、建筑设计师等等。1960 年前后，赫尔提出了“空间关系学”的概念，并在一定程度上将这种空间尺度加以量化：密切距离为 0 ～ 0.45 米，个人距离为 0.45 ～ 1.20 米，社交距离为 1.20 ～ 3.60 米，公共距离为 7 ～ 8 米。

20 世纪 60 年代后，这种理论开始对设计学起指导作用。如挪威建筑学教授克里斯蒂安·诺伯格 - 舒尔茨写的《存在、建筑与空间》对于空间的理解和分析比过去前进了一大步。美国建筑学教授克里斯托弗·亚历山大在其 20 世纪六七十年代的论文和著作中用了很多心理学的观点来分析探讨建筑的形式问题。1960 年凯文·林奇的《城市意象》尝试找出人们头脑中意象的方法，将之描绘表达出来，并应用于城市设计。他通过收集居民回答的问题和一些城市意象图资料发现其中有许多不断重复着的要素、模式。这些要素基本上可以分为五类：道路、边界、区域、中心与节点、标志物。

环境空间会对人的行为、性格和心理产生一定的影响，进而影响一个民族和国家的气质，同时人的行为也会对环境造成一定的影响，尤其是体现在城市居住区、城市广场、城市公园街道、工厂企业园区、城市商业中心等人工环境的设计和使用上。

1. 人类活动的行为空间

行为空间是指人类活动的地域，它包括人类直接活动的空间范围和间接活动的空间范围。直接活动空间是人们日常生活、工作、学习所经过的场所和道路，是人们通过直接的经验所了解的空间；间接活动空间是指人们通过间接的交流所了解到的空间，包括通过报纸、杂志、广播、电视等宣传媒体了解的空间。人们的间接活动空间范围比直接活动空间范围大得多。直接活动空间与人们的日常行为活动关系极为密切，间接活动空间则激励人们进一步进行空间探索，从而产生迁移行为活动。

2. 人们的活动行为是景观设计时确定场所和流动路线的基础

行为地理学将人类的日常活动行为空间分为三种：①通勤活动的行为空间；②购物活动的行为空间；③交际与闲暇活动的行为空间。我们需要考虑以上三种行为空间与景观设计的关系。

通勤活动的行为空间主要是指人们在上学、上班过程中所经过的空间。这时，人们（包括外地游览观光者在内）对景观空间的体验是对由建筑群体组成的整体街区的感受。景观设计在这个层面上应当把握局部设计与整体的融合。

购物活动的行为空间受到消费者的特征、商业环境、居住地与商业中心的距离的影响。因此，在这个层面上主要考虑商业环境及其设施的设计，除了可以满足人们能身心愉悦地进行购物活动的条件之外，还要在一定程度上满足人们休息、游玩等需要。商业环境的成功营造不仅可以改变城市地价，提升城市活力，还会抬升城市的品牌。在这个意义上讲，良好的景观设计是经营城市的重要途径之一。

朋友、邻里和亲属之间的交际活动是闲暇活动的重要组成部分。这些行为往往会在住宅的前后、广场、公园、交际与闲暇活动行为空间、体育活动场所以及家里进行，因此这些行为所涉及的场所是景观设计的重要内容。

以上三种行为空间及其相应的景观设计实践领域不是截然分开的，它们之间存在着密切的联系。在具体的项目设计时要通盘考虑，突出重点。同时，有另外的观点，将人类行为简单分为以下三类。

（1）强目的性行为

强目的性行为即设计时常常提到的功能性行为，如商店的购物行为，展览馆的观展行为，公园的游览观赏行为等。

（2）伴随主目的的行为习惯

典型的是抄近路的行为方式。我们来分析对抄近路的处理方式，一般来讲，在到达目的点的前提下，人会本能地选择最近的道路。这是人固有的行为决定的。因此，在进行住区道路设计、游园设计、街头广场绿地的设计时都要考虑这点（见图 1-2-3）。

按照传统的观点，对抄近路的处理方式是利用围墙、绿化、高差进行强行调整。这种处理方法，很明显地可以解决问题，但给人的感受是场地使用的不方便。因此，良好的处理方法是充分考虑人的行为习惯，按照人的活动规律进行路线的设计。这里有一个大家都很熟悉的关于某一公园的线路设计的例子，我们再次来借鉴一下。在公园的主体建设完成后，部分草坪中的碎石铺路还没有完成。他们的做法是等冬天下雪后，观察人们留下最多的脚印痕迹以确定碎石的铺设线路。这既充分考虑了人的行为，又避免了不合理的路线铺设导致财力、物力的浪费。在很多地方我们可以发现，游园或草坪中铺设了碎石或各种材质的人行道，但在离其不远的地方常常有人们踩出来的脚印。这说明我们设计铺设的线路存在一定的不合理性。

（3）伴随强目的性行为的下意识行为

这种行为比前面两种更能体现人的下意识和本能。如人们的左转习惯，人们虽然意识不到为什么左转弯，但是实验证明，如果防火楼梯和通道设计成右转弯，疏散的速度就会减慢。这种行为往往不被人重视，但却是非常重要的。

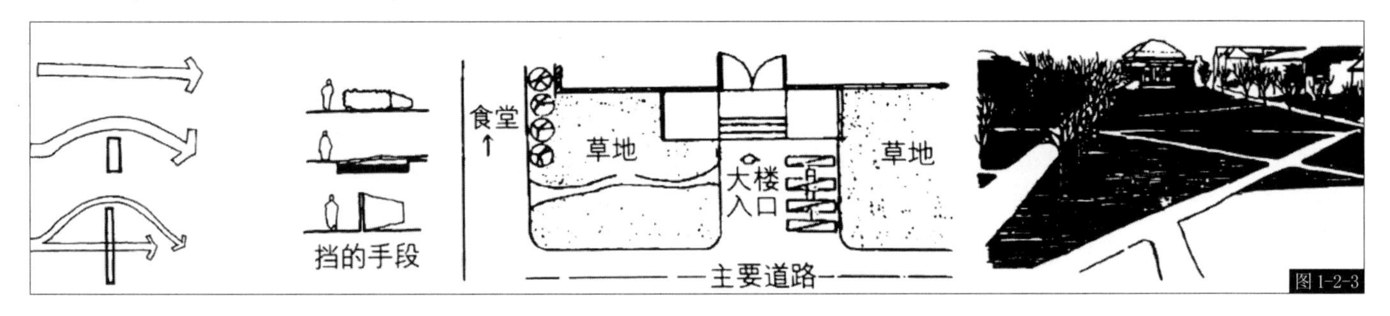

图 1-2-3

3. 人类对其聚居地和住所的需求

（1）安全性

安全是人类生存的最基本条件，包括生存条件和生活条件，如土地、空气、水源、适当的气候、地形等因素，这些条件的组合要满足人类在生存方面的安全感。

（2）领域性

领域性可以理解为在保证有安全感的前提下，人类从生理和心理上对自己的活动范围要求有一定的领域感，或领域的识别性。人们有确定的领域性才有安全感。在住区、建筑等具有场所感的地方，领域性体现为个人或家庭的私密或半私密空间，或者是某个群体的半公共空间。一旦领域外的因素入侵，领域感受到干扰，领域内的主体就会产生不适或戒备。领域性的营造可以通过植被视线遮挡或者标高的变化等设计方式的巧妙运用加以实现。

（3）通达性

远古时代，人们无论选择居住地还是修建一个住所，都希望有便于观察四周的视角和遇到危险迅速撤离的通道。现在，人们除了有安全舒适的住所外，一般来讲，在没有自然灾害的情况下，人们一样会选择视线开阔、能够和大自然充分接触的场所。即在保证自己的领域性的同时，希望能和外界保持紧密的联系。

（4）对环境的满意度

人们除了心理和生理上的需求外，还有一种难以描述清楚的对环境的满意度。这种满意度可以理解为对周围的树林、草坪、灌木、水体、道路等因素的综合视觉满意程度。人们虽然无法提出详细、具体的要求目标，但对居住地和住所有一个模糊的识别或认可的标准，比如可以划分为：喜欢、不喜欢、厌恶；满意、一般、不满意等（见表 1-2-1）。

表 1-2-1 设计环境与情绪反应表（尹赛：《景观设计原理》）

情绪反应	与设计有关的各种内容
令人愉快的	空间的形、质感、色彩、音响、光线、气味都与使用目的相一致；期望的满足；完整的序列；变化且统一；和谐的关系；明显优美的
令人不愉快的	行动不自由；失望的；陈旧俗套的；不舒适的；质地粗劣的；材料使用不当的；不合逻辑的；不完全的；枯燥乏味的；杂乱的；不协调的
令人紧张的	缺乏稳定感的；不平衡构图的；运用巨大尺度或过强对比的；环境中不熟悉的内容；垂直延伸的；没有过渡的、极不协调的色彩；具有尖锐角的形与线条；眩光；难忍的噪声；令人不适的温度和湿度；过于平静的空间
令人放松的	环境中熟悉或喜爱的内容；与期望一致的秩序；简洁的；亲切的尺度；水平伸展的；令人舒适和柔和的声响；合适的温度；柔和连续的形、线和空间；较弱的对比；活动自由的；芳香的气味
令人惊恐的	明显的“陷阱”；没有线索去判别空间位置、方向和尺度；隐伏着危险的空间；扭曲或破碎的面；不合逻辑的；不稳定的形体；危险的、没有围护的巨大空间；尖锐的、向前尖突的物体
令人敬畏的	超出人们日常经历的巨大尺度；夸大的水平与垂直对比；控制或引导视线向上延伸的垂直空间；天顶光线；简洁、完美、对称的构图；精心设计的序列；洁白的；表示永恒的含义；使用昂贵和象征永恒的材料

了解人类的基本空间行为和对周围环境的基本需求，在景观设计时心里就有一个框架或一些原则来指导具体的设计思路和设计方案。因此，行为地理学是景观设计过程中内在的原则之一，它虽然不直接指导具体的设计思路，但却是方案设计和确定的基础，否则设计的方案只是简单的构图，不能很好地向使用者提供舒适的活动空间和场所。此外，简单的构图创作除了不能满足使用功能外，还会造成为了单纯的构图效果浪费大量项目建设资金以及由于管理不善引起的资金流失。

三、环境空间设计基础

环境空间设计基础在城市规划学科、建筑设计、室内设计、景观设计等诸多学科中都是必须掌握的，是相通的。其主要内容是空间造型的方法和原理。无论空间尺度大小，其使用者都是人，都是以人为基本模数的，所以这些设计学科都具有相同的空间设计基础。

空间形态分为两大类：积极形态和消极形态。积极形态，指人可以看到和触摸到的形态，又称实体形态。消极形态，指看不到、摸不到的，只能由实体形态暗示出来的形态，又称虚体形态。例如身处广场之中，周围的建筑就是实体形态，而广场这个由建筑围合而暗示出来的空间就是虚体形态。

空间形态的表现形式主要有三大类：两维空间（即平面）、三维空间（即立体）、四维空间（立体加上时间）。应该说，景观设计中主要是后两者的设计和创造，但是在处理实体和空间的界面时，平面的设计和创造也不可或缺。

1. 造型基础——点、线、面、体

点，景观中的点状要素有孤植、石头、雕塑小品、亭、塔、汀步等。点状元素的聚集、线状排列、分散等组合方式可产生不同的景观效果。景观中的一个或者几个聚集的点可形成视觉的焦点和中心，创造景观的空间美感。美国景观设计师玛莎·施瓦茨就善于使用几何形作为表现形式（见图 1-2-4）。

线，景观中的线状要素包括道路、溪流、驳岸线、林冠线、林缘线、围墙、长廊、栏杆等。线从形态上可分为直线和曲线两类，不同形态的线状要素给人的视觉感受也不同。西方规则式园林给人以强烈的秩序感就是源于大量采用直线的构图，如凡尔赛宫。

面，是线的展开，自然界中，完全的平面是没有的，只有水面最接近，通常平面都是弯曲或是扭曲的。大地扮演地平面的角色，树木则是垂直的平面，而空间架构则能限定顶平面。劳伦斯·哈普林设计的波特兰爱悦广场就是采用了华丽而抽象的平面组合，互相重叠的水平面衬托着垂直平面形成一首和谐、平衡的乐章（见图 1-2-5）。

体，建筑、地形、树木、森林都是景观中的实体，实体可以是几何形的，如埃及金字塔、国家游泳中心“水立方”等；实体也可以是自由形的，如不规则的山丘、各种雕塑、树木等。其中，树木作为景观的主体之一，既可以垂直向上、向下，又可以水平展开或者被修剪成人工的造型，高低变化，大小不一，是变化最多的实体（见图 1-2-6）。

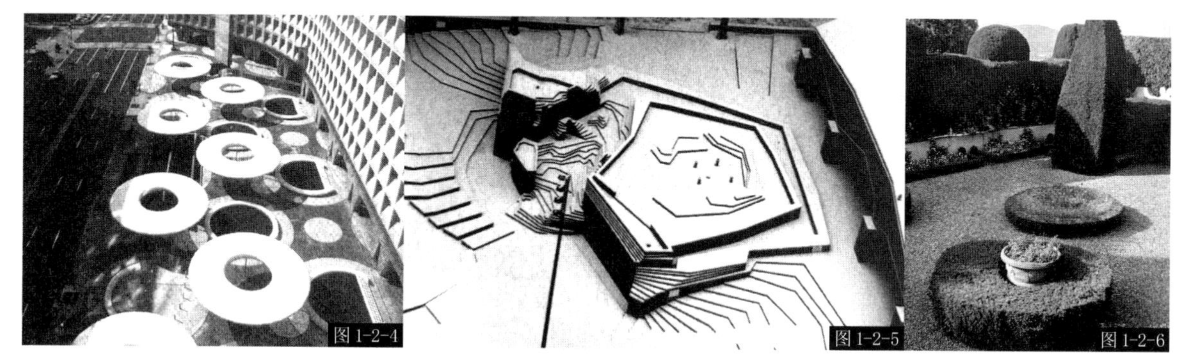

图 1-2-4　图 1-2-5　图 1-2-6

2. 空间概念

空间是根据视觉确定的一种相互关系，是由一个物体同感受它的人之间产生的。景观中的空间相对于建筑来说是外部空间，它作为景观形式的一个概念和术语，意指人的视线范围内由植物、地形、建筑、山石、水体、铺装道路等构图单位所组成的景观区域，它既包括平面的布局，又包括立面的综合平立面处理的三维概念。

景观空间构成的依据是人观赏事物的视野范围，在于构图，是垂直视角（20°～ 60°）、水平视角（50°～ 150°）以及水平视距等心理因素所产生的视觉效果。因此，景观空间构成需具备三个要素：植物、建筑、地形等空间界定物的高度；视点到空间界定物的水平距离；空间内若干视点的大致均匀度。

3. 空间类型

景观中的空间根据空间界定要素和构成方式可分为五种类型，即以地形为主构成的空间、以植物为主构成的空间、以建筑和构筑物为主构成的空间、以水体为主构成的空间和由多重要素共同构成的空间。

（1）以地形为主构成的空间

地形的三个可变要素——谷底范围、斜坡坡度和地平轮廓线影响着空间感，我们可以利用三个要素来限制和改造空间。如利用坡度变化和地平轮廓线变化加强空间层次；利用平缓的地面营造轻松的休息空间；利用台阶的变化制造紧张感等。一些利用地形的起伏形成的景观形式，已经成了经典景观样式不可或缺的要素（见图 1-2-7）。

（2）以植物为主构成的空间

植物在景观中除了用来观赏之外，还可以充当与建筑的地、顶、墙类似的空间界定构件，构成、限制、组织室外空间。

在地面上，矮灌木和地被植物可用来暗示空间的边界；树干如同支柱，以垂直面的方式限制着空间，其疏密和种植形式决定了空间性质；植物叶丛的疏密和高度影响着空间的闭合程度；植物的枝叶则限制了空间的高度；植物的变化结合地形的起伏所构成的林缘线决定了立面空间的背景。植物本身还可以形成障景、夹景或者漏景等形式（见图 1-2-8）。

（3）以建筑和构筑物为主构成的空间

以建筑和构筑物为主体的景观空间可形成封闭、开敞、垂直、覆盖等不同的空间形式，且以建筑物或构筑物作为构图的主体，植物处于从属地位。这种空间构成方式要求多运用渗透、对比的手法扩大空间，用过渡、引申等手法联络空间，用点缀、补白手法丰富空间（见图 1-2-9）。

（4）以水体为主构成的空间

水体是景观重要的物质元素，水能带来灵气，能为空间增添生动活泼的气氛。用水面划分空间比墙体、绿篱的生硬要更加自然。水面作为平面上的限定，能够保证视觉上的连续性，使得人们的行为和视线不知不觉在一种亲切的气氛中得到了控制。水面能够产生倒影，可以把周边的景物传达进来，无形中加强了各种景观要素的联系。另外，变化多端的喷泉、层层叠叠的瀑布都为空间提供了充满活力、富于变化的空间要素（见图 1-2-10）。

（5）由多重要素共同构成的空间

在景观中综合运用多种界定要素来搭配组合，能形成丰富的景观场景。例如，植物与地形结合，可强调或消除由地形变化所形成的空间；植物与建筑互相配合，能丰富空间感，形成多变的轮廓；水与植物、建筑、地形相结合，能够延展空间的层次，缓解各要素间的生硬感。

图 1-2-7　图 1-2-8　图 1-2-9　图 1-2-10

第三节 景观设计史简述

景观设计发展的历史贯穿了人类发展的历史，人类社会文明早期，景观从果木园圃萌芽，随着人类生产力的发展，景观逐步具有了观赏的性质，世界各地的景观园林呈现出多民族、多地域，丰富多彩，百花齐放的形式。工业革命后，科技的飞跃和大规模的机器生产让人类和自然之间的矛盾越来越突出，设计师尝试赋予景观设计更多的社会责任，开展了一系列自然保护和城市园林的探索。二战后，私人园林已不占主导地位，城市生态系统概念确立，大量的园林城市出现，景观设计以改善城市环境质量、创造合理的城市生态系统为目的，内涵和外延迅速扩大，成为一门涉及面很宽的学科。

一、中日园林景观

（一）中国古典园林

1. 中国古典园林的发展

中国古典园林，又称中国传统园林或中国古代园林。中国古典园林的发展历史十分悠久，最早的形式为“囿”，之后进一步发展成为“苑”，最后转变成熟成为“园”，这个园林体系不像西方园林呈现出各个时代各个地域迥然不同的风格形式，它有自己缓慢而持续的演变过程。

我们可以将中国古典园林的发展分为五个时期：生成期（公元前 16 世纪至公元 220 年）、转折期（公元 220 年至 589 年）、全盛期（公元 589 年至 960 年）、成熟时期（公元 960 年至 1271 年）和成熟后期（公元 1271 年至 1911 年）。

图 1-3-1

（1）生成期——商、周、秦、汉

中国古典园林起源于商朝，最早的文字记载是“囿”和“台”。人们利用自然的地形湖泊，将其围圈起来，圈养动物并种植作物，称为“囿”，同时还在“囿”中筑造高台，建造休憩的场所，帝王和贵族在“囿”中举行狩猎宴饮等享乐活动。据《周礼·地官·囿人》郑玄注：“囿游，囿之离宫小苑观处也。”由此可见，此时囿已经具备了游赏的功能。商周时期最早见于文献的两处是殷纣王修建的“沙丘苑台”和周文王修建的“灵囿、灵台、灵沼”，它们是皇家园林的前身。

春秋战国时期，诸侯国兴起，诸侯国君竞相建造豪华的宫苑，比较有名的有燕下都的钓台、金台，楚郢都的章华台，吴国的姑苏台，赵国的丛台等。这些园林中包含更多的人工元素，积土成山，挖池筑桥，营造亭台，形成了成组的景观，不再是简单圈地保持自然地貌的“囿”了（见图 1-3-1）。

秦汉时期，随着中央集权的政治体制的确立，出现了宏大的以宫室建筑为主的宫苑，“宫苑”以宫殿建筑群为主体，山池花木穿插其间，宫、苑可浑然一体，也可形成宫中有苑的格局。秦朝在关中地区修筑有众多的离宫、御苑，比较重要的有上林苑、宜春苑、梁山宫、骊山宫、林光宫、兰池宫等。西汉的宫苑在秦的基础上继续发展完善，西汉宫苑的代表是上林苑（秦上林苑的扩建）、未央宫、建章宫、甘泉宫、兔园等。秦始皇的上林苑，将渭水引入宫苑中筑长池，又在池中垒筑小山，意寓蓬莱仙岛。汉武帝效仿秦始皇在建章宫的太液池中堆砌三个岛屿，象征瀛洲、蓬莱、方丈三座仙山，这是历史上第一座具有完整三仙山的仙苑式皇家园林。从此“一池三山”成为历来皇家园林的主要模式，一直沿袭到清朝。

（2）转折期——魏晋南北朝时期

魏晋南北朝时期是中国古典园林的转折期，佛教的传入和兴盛以及老庄思想的流行，使造园更多地加入了自然本真的思想。园林造景由神异色彩转化为浓郁的自然气氛，创作方法由写实趋向于写实与写意相结合。魏晋南北朝时期，比较著名的皇家园林有邺城的铜雀园、龙腾苑，洛阳的芳林苑、华林园等。另外，私家园林作为一个独立的类型异军突起。这个时期，还出现了寺观园林这种新的园林类型，扩展了造园活动的领域。

（3）全盛期——隋唐

隋唐时期，园林营造逐步走向成熟，唐朝是古代中国继秦汉之后的又一个兴旺昌盛的时代。园林营造逐步走向成熟，文人墨客官僚贵族造园之风盛行，他们将诗情画意融入造园的景色之中，着力表现自然意蕴，以叠石、堆山、理水等手法营造写意山水园，造园技法上有了很大成就。隋唐时期的皇家园林数量之多、规模之宏大，远超魏晋南北朝时期。从总体上看，皇家园林的建设已经趋于规范化，大体上形成了大内御苑、行宫御苑和离宫御苑。比较著名的大内御苑有隋大兴宫、唐大明宫、洛阳宫、禁苑、兴庆宫等。郊外的行宫、离宫，绝大多数都建在山岳风景优美的地方，这些宫苑注重基址的选择，反映出唐人将宫苑建设和风景建设相结合的规划观。较著名的行宫、离宫有东都苑、上阳宫、玉华宫、华清宫等。

唐朝“文人园林”的代表有李德裕的平泉庄、杜甫的浣花溪草堂、白居易的庐山草堂、王维的辋川别业等。隋唐园林作为完整的园林体系已经成形，并且在世界上崭露头角，影响了亚洲汉文化圈的广大地域。

（4）成熟时期——宋朝

园林历经千年的发展到了宋朝，进入完全成熟的时期。园林体系内容与形式趋于定型，造园的技术和艺术达到了最高水平，形成了中国古典园林史上的一个高潮阶段。宋朝的皇家园林集中在东京和临安两地，艮岳代表了北宋园林的最高水平，它由宋徽宗亲自参与建造，艮岳的艺术成就来自叠山、理水、花木、建筑的完美结合，它把大自然生态环境和各地山水风景加以高度概括、提炼、典型化，放入园中缩移摹写。文人园林萌芽于魏晋南北朝，兴于唐朝，到了宋朝已成为私家造园的主流并影响到了皇家园林和寺观园林。宋朝文人园林的特点可概括为简远、疏朗、雅致、天然四个方面，宋朝各个艺术门类之间广泛地互相借鉴，促成了文人园林的“诗化”和“画化”。

（5）成熟后期——明清

明清时期，园林艺术达到顶峰，明清经济繁荣、社会稳定，为园林艺术的发展提供了有利的土壤，皇家园林规模庞大，私家园林空前发展，避暑山庄、畅春园、沧浪亭、拙政园、寄畅园等一大批优秀的园林杰作留存至今。

明清时期古典园林的新面貌主要表现为以下几个方面：①士流园林全面“文人化”，使私家园林达到了艺术成就的高峰；②有大批造园及其造园著作面世，如计成的《园冶》、李渔的《闲情偶寄》、文震亨的《长物志》等，给后世留下了宝贵的研究资料；③文人画的盛极一时影响到了园林，巩固了写意创作的主导地位；④皇家园林的建造无论从规模还是从造诣上，都达到了历史高峰，精湛的技艺结合宏大的园林总体规划和规模气势，使“皇家气派”得以凸显，并通过引进江南民间园林精髓，使南北园林艺术大融合；⑤后期私家园林风格上形成江南园林、北方园林、岭南园林三足鼎立的态势，并且许多少数民族风格的园林也已定型。

2. 中国古典园林的特点

中国古典园林漫长的演进过程贯穿封建王朝从形成、发展、成熟到消亡的全过程，它特殊的艺术形式和传统的宫廷文化、士流文化、市民文化密切相关，浸润了中国传统哲学、绘画、诗文等多种文化形式。

（1）本于自然高于自然

中国古典园林师法自然，将自然山水意趣放在园林营造的重要地位，力求“虽为人做，宛若天开”，人工山水园的筑山、理水和植物配置等造园手法充分体现了这一特点（见图 1-3-2）。

图 1-3-2

（2）建筑美与自然美的融合

在中国古典园林中，建筑与园林是相互融合的，建筑布局灵活，形式多样，关注看与被看的视线关系，注重融入景观环境。

（3）融入诗情画意

中国古典园林是中国文化的大成之作，在园林中，景物形象融合了诗文歌赋的意境，叠合了中国画的意趣。山川四时、千古情怀都融入园林的景色、匾额楹联之中。

（4）意境深远

中国古典园林意境深远，将自然山水的妙趣模拟于咫尺之间，将意境主题通过山水花木建筑的巧妙搭配表达出来，并通过景题、匾额、楹联等加以点题、深化，将眼前的景物联想扩展到无限的文化空间想象中去。

3. 中国古典园林的分类

中国古典园林根据园林的选址和开发方式的不同可分为天然山水园和人工山水园。天然山水园是依托自然的景观，略加设计和营造，体现天然风景意趣的园林形式。人工山水园是人工将自然山水的意蕴模拟微缩到一个小环境中，是最能代表中国古典园林艺术成就的一个类型。

根据地域划分，中国古典园林可分为北方园林、江南园林等。

根据所有者划分，中国古典园林可分为皇家园林、私家园林、寺观园林。

（1）皇家园林

皇家园林除具有中国古典园林的基本特点之外，还具有以下一些特色（见图 1-3-3）。

造园有强烈的封建集权特点，体现“富甲天下，囊括海内”的气魄。造园气势宏大，既能包容真山真水，又可开凿堆砌仿若天成的人工湖山，建造大量恢宏的园林建筑群体。园林总体布局舒展开阔，功能庞杂、丰富，能包括皇家的听政、起居、闲游、宴饮、娱乐等各项功能，空间布局复杂严谨，分区明确，园中设园。园林建筑稳重大气，形式多样，装饰富丽堂皇。皇家园林大多在北方，建筑风格有北方特点，较为敦实厚重。

（2）私家园林

私家园林主要指王公贵族、官吏商贾、文人雅士自建的园林，私家园林占地较少，在各地的私家园林中，江南私家园林尤为精彩（见图 1-3-4）。

1）灵活的布局方式

江南私家园林由于面积不大，在布局上多采用灵活不规则的布局方式，按功能和观赏角度的需要巧妙布置亭台楼阁廊舫，建筑体量较小，玲珑雅致，道路曲折蜿蜒，景致灵动富有趣味性，注意营造以小见大的空间感受。

2）精练的山水意象

江南私家园林空间不大，不能容纳真山真湖，要仿造自然山水就必须提炼再创造，让观赏者在游园中联想到自然山水的妙趣和意蕴精神。

3）精致的细部处理

江南私家园林空间有限，要在有限的空间内做到可游可赏，就需要处处是景，各个角度都能入画，在细部处理和空间设计上极尽巧妙，给人以无限的想象空间。

4）自然朴质、秀丽典雅

江南私家园林多为文人造园，多奇山秀水，色彩淡雅，轻盈秀丽，韵味隽永，体现出文人的高雅情怀。

（3）寺观园林

寺观园林包括佛家的寺院园林和道家的道观园林，分为三种类型：寺观外围的园林，寺观内部的园林和毗邻于寺观一侧单独建置的园林。作为中国古典园林中的一个重要分支，如果单从数量上讲，寺观园林的数量远远多于皇家园林与私家园林，然而，这类园林的发展往往以宗教世俗化为推动力，因此规模相对较小，且分布较为广泛，大部分分布于名山大川之中。城镇建筑密集区域的寺观附属的园林较为恬淡朴素，大部分和私家园林几乎没什么区别。而郊野的寺观大多修建在风景优美的山间林地，周围向来不许伐木采薪，因而古木参天，绿树成荫，再以小桥流水或少许亭榭作为点缀，便形成了寺观外围雅致幽静、自然古朴的环境。比较有代表性的寺观园林有北京的大觉寺、苏州的西园寺、杭州的灵隐寺（见图 1-3-5）以及昆明的圆通寺等。

图 1-3-3　图 1-3-4　图 1-3-5

（二）日本园林

日本园林在古代受中国文化和唐宋山水园的影响，后又受到日本宗教的影响，逐渐发展形成了日本民族所特有的日本园林。日本园林又称“和式园林”，以雅致、静谧、深邃、曲折的艺术风格闻名于世，日本园林特色的形成与日本民族的生活方式、艺术趣味以及日本的地理环境密切相关。

1. 日本园林景观风格类型

日本园林除极少数宫殿庭院外，都是不对称的自然形式，传统的日本园林主要有池泉园、筑山庭、平庭、茶庭和枯山水庭院等。

（1）池泉园

池泉园是以表现水池和泉流为主的园林形式，偏重于以池泉为中心的园林构成，体现了日本的本质特征，即海岛国家的特征。园中常以水池为中心，布置岛、瀑布、土山、溪流、桥、亭等（见图 1-3-6）。

（2）筑山庭

筑山庭以山为重点来构建庭院景观，以石组、树木、飞石、石灯笼和在庭院内堆土筑成假山进行庭院布置。“筑山”又像书法一样，分为“真”“行”“草”三种体，繁简各异，它是表现山峦、平野、谷地、溪流、瀑布等大自然山水风景的园林。

（3）平庭

平庭一般在较为平坦的园地上进行布置，有的在地面分散地设置一些大小不等的石组，有的堆一些土山，用石灯笼、植物和溪流，模拟出原野和谷地，高山和森林。平庭中也有枯山水的做法，用平砂模仿水面。芝庭、苔庭、砂庭、石庭等则是根据庭院内敷材（铺垫在下面的材料）的不同而进行的分类。

（4）茶庭

茶庭的面积较小，一般是在步入茶室前的一段场地中进行各种景观营造，也可设在筑山庭和平庭之中。茶庭通常设有蜿蜒曲折的道路、起伏不平的路面，道路两旁以山石点缀，以此来营造深山幽谷的意境。园林造景的布置是以裸露的步石象征崎岖的山间石径，以地上的松叶象征茂密森林，以蹲踞式的洗手钵象征圣洁泉水，以寺社的围墙、石灯笼模仿肃穆清静的古刹神社。在道路和石头的两侧种植低矮的植物，以示山林。在茶庭中布置假山、池塘和溪流，并以石灯为辅，营造流水潺潺的氛围，给人以安静、和谐的整体印象。孤篷庵寺院为禅院茶庭的代表，桂离宫为书院茶庭的代表。

（5）枯山水庭院

枯山水又叫假山水，是日本特有的造园手法，系日本园林的精华。其本质意义是无水之庭，即在庭院内铺白砂，缀以石组或适量树木，因无山无水而得名。日本京都的龙安寺是著名的枯山水庭院（见图 1-3-7）。

2. 日本园林的艺术特色

在 19 世纪以前近千年间，日本庭院大都有如下艺术特色。

（1）自然意境

日本园林以其清纯、自然的风格闻名于世，有别于中国园林的“人工之中见自然”，它是“自然之中见人工”。日本园林着重体现和象征自然界的景观，避免人工斧凿的痕迹，创造出一种简朴、清宁的致美境界。在表现自然时，日本园林更注重对自然的提炼、浓缩，创造出能使人入静入定、产生超凡脱俗之感的环境，从而具有耐看、耐品、值得细细体会的精巧细腻、含而不露的特色，并具有突出的象征性，能引发观赏者对人生的思索和领悟。

（2）写意风格

日本园林讲究写意，意味深长，常以写意象征手法表现自然，构图简洁，意蕴丰富。其典型表现多见于小巧、静谧、幽深的禅宗寺院的枯山水园林。在园林特有的环境气氛中，以细细耙制的白砂石铺地，叠放一些错落有致的石组，便能表现山、川、海、岛，在一景一物的搭配呼应间表达了深沉的哲思，体现了自然的风貌意蕴和含蓄隽永的审美情趣（见图 1-3-8）。

（3）清寂氛围

日本的自然山水园具有清幽恬静、凝练素雅的整体风格。尤其是日本的茶庭，“飞石以步幅而点，茶室据荒原野处。松风笑看落叶无数，茶客有无道缘未知。蹲踞以洗心，守关以坐忘。禅茶同趣，天人合一。”其小巧精致，清雅素洁，不用花卉点缀，不用浓艳色彩，一概运用统一的绿色系装饰。为了体现茶道中所讲究的“和、寂、清、静”以及日本茶道美学中所追求的“侘”美和“寂”美，在相当有限的空间内，要表现出深山幽谷之境，给人以寂静空灵之感。在空间上，对园内的植物进行复杂多样的修整，使植物自然生动，枝叶舒展，体现天然本性（见图 1-3-9）。

（4）植物配置

日本园林的四分之三都由植物、山石和水体构成，在种植设计上，日本园林植物配置的一个突出特点是同一园中的植物品种不多，常常以一两种植物作为主景植物，再选用一两种植物作为点景植物，层次清楚，形式简洁，注重形态美、色彩美。选材以常绿树木为主，花卉较少，且多有特别的含义，如松树代表长寿，樱花代表完美，鸢尾代表纯洁等。配植注重与环境的融合。

（5）佛禅影响

与中国古典园林受到儒家和道家的影响不同，日本园林主要受到佛教尤其是禅宗的影响。特别是在枯山水园中，突出地表现了禅宗思想中的空寂之感，让禅宗修行者在景园中得到“直指人心，明心见性”的体悟。

图 1-3-6 图 1-3-7 图 1-3-8 图 1-3-9

二、史前时代到公元 18 世纪的西方传统园林

西方园林同样也经过从人类的原始时期，逐步进入奴隶和封建社会，园林从萌芽期进入成长和成熟时期。工业社会之前的西方园林为统治阶层所有和享用，以追求视觉景观和精神享受为主，基本不考虑生态和环境效益。

1. 古埃及园林

古埃及文明大约起源于公元前 3100 年前，由于尼罗河流域气候炎热，干旱缺水，树木难以成林，因此古埃及人十分珍视水和树木，将“绿洲”作为造园的模拟对象，也许正是这种不完美的气候因素促进了人类造园史上的早期活动。尼罗河每年定期泛滥，因此每年退水后都会重新丈量耕地，由此发展的几何数学也应用在了造园艺术上，古埃及的园林呈规则的方形，园林中的建筑、植物、水池、水渠都按照几何形布局，有明显的中轴线。园内成排种植树木，园子中心一般是矩形的水池，池中养鱼并种植水生植物，池边有凉亭（见图 1-3-10）。

2. 古希腊园林

受古希腊数学、几何学以及哲学的影响，古希腊园林强调规则的园林形式，园林是几何式的，中央有水池、雕塑、花卉，四周环以柱廊，这种园林形式为以后的柱廊式园林的发展打下了基础。同时，神庙附近的圣林中，设计有剧场、竞技场、小径、凉亭、柱廊等丰富的景观设施，给人提供了聚会的公共场所环境（见图 1-3-11）。

3. 古罗马园林

古罗马时期出现了一些大型的别墅花园。这些避暑性质的别墅园林傍山而建，居高临下俯瞰周围的郊野。例如哈德良山庄至今仍然保留着较为完整的遗址，从山庄遗址中我们可以看到当时古罗马时期郊外大型园林的特点。哈德良山庄依山而建，它将山地劈成不同高程的台地，用挡土墙、栏杆和台阶连接不同标高的台地，园林中一系列带有柱廊的建筑围绕着若干庭院而建，每组庭院相对独立。在园林中，水是重要的造园要素，园林各个位置都有水的元素在交替出现，例如养鱼池、水井及喷泉。各种精美的石刻以及常绿植物也是造园的重要元素，这些园林实践为 15、16 世纪的意大利文艺复兴园林奠定了基础（见图 1-3-12）。

4. 伊斯兰园林

公元 8 世纪，阿拉伯人征服西班牙后，为欧洲带来了伊斯兰的园林文化，结合欧洲本土的基督教文化，形成了西班牙特有的园林风格，后来，这种风格被西班牙殖民者带到了美洲，影响了美洲造园和现代景观设计。其中，至今较好保留的西班牙的阿尔罕布拉宫是摩尔艺术的巅峰之作，是阿拉伯人超凡想象力与艺术的缩影，它体现了伊斯兰宫殿与园林的特点。阿尔罕布拉宫的室外空间由曲折有致的庭院构成，一个个幽静的庭院由狭小的道路串联起来，充满了神秘之感。水作为阿拉伯文化中生命的象征，在庭院中十分重要，它们以十字形水渠的形式出现，代表着伊斯兰世界天堂中的水、酒、乳、蜜四条河流。建筑与花园中的各种装饰精致细腻，特别是瓷砖与马赛克色彩华丽，富丽堂皇（见图 1-3-13）。

图 1-3-10　图 1-3-11　图 1-3-12　图 1-3-13

5. 文艺复兴园林

15 世纪初，随着文艺复兴运动的兴起，欧洲园林进入了一个空前繁荣的发展阶段。工商业的蓬勃发展使巨商富贾阶层迅速崛起，他们不受传统的束缚，支持哲学和文化上的新思想、新艺术，引起文化和艺术的一次飞跃和进步。随着他们追求田园趣味，以及文艺复兴之风的流行，大规模的文艺复兴园林庄园在意大利纷纷出现。15—16 世纪意大利的园林又随着文艺复兴思想在欧洲大陆广为传播，在托斯卡纳、佛罗伦萨、罗马等地留下了许多郊区庄园，其中著名的有兰特庄园、埃斯特花园、法尔奈斯庄园、加贝阿伊阿花园等。文艺复兴园林继承了古罗马园林的特征，依山而筑。尽管园林是几何形的，有些以中轴对称方式布置，但是尺度宜人，非常亲切（见图 1-3-14）。

6. 法国园林

17 世纪，园林史上出现了一位开创法国乃至欧洲造园新风格的杰出人物——安德烈·勒·诺特尔，他在吸收了意大利文艺复兴园林许多特点的基础上，开创了一种新的造园样式，即法国园林，或者叫巴洛克园林。这种园林既保留了意大利文艺复兴式园林的一些要素，如中轴线及植物、喷泉、瀑布等，又以一种更为开朗、华丽、宏伟、对称的方式重新组合，创造出一种更为严谨高贵的几何式园林。勒·诺特尔的代表作品有凡尔赛宫、维贡特庄园、枫丹白露城堡花园等（见图 1-3-15）。

7. 英国园林

17、18世纪，绘画与文学两种艺术中热衷自然的倾向影响英国的造园，加之中国园林文化的影响，英国出现了自然风景园，它抛弃了传统园林的轴线、对称以及植物、花坛等元素，以起伏开阔的草地、自然曲折的湖岸和成片自然生长的植物为要素构成了一种新的园林（见图1-3-16）。这一时期，英国风景园的风尚也越过了英吉利海峡传遍整个欧洲大陆。

总体来说，人类文明经历的几个发展阶段，也正是西方传统园林的演变史。以时间为轴线，西方的传统园林分为古埃及园林、古希腊园林、古罗马园林、伊斯兰园林、文艺复兴园林、法国园林及英国园林（见表1-3-1）。

图1-3-14 图1-3-15 图1-3-16

表1-3-1 西方的传统园林

时间	园林风格	造园形式	造园要素
	古埃及园林	规则式	中轴线、水、成排树木、矩形水池、凉亭
	古希腊园林	几何式	水池、雕塑、花卉、柱廊、凉亭
	古罗马园林	规则式	台地、水池、喷泉、水井、雕像、栏杆、常绿植物
公元500年—15世纪	伊斯兰园林	规则式	独立庭院、狭小道路、十字形水渠、喷泉、水池、瓷砖
15—16世纪	文艺复兴园林（意大利园林）	几何式	中轴对称、台地、绿篱花坛、喷泉、瀑布、水池、雕塑
16世纪下半叶—17世纪	法国园林（巴洛克园林）	严谨的几何式	中轴对称、整形篱、喷泉、瀑布、宫殿、大花坛、林荫道
17—18世纪	英国园林（风景园）	自然式	起伏开阔的草地、自然曲折的湖岸、桥、亭、塔、假山

三、现代主义景观发展及风格流派

18世纪后半叶，由于中产阶级的兴起，英国、法国、德国等国家的部分皇家园林开始对外开放，并且开始建造一些开放的、为公共服务的城市公园。到了19世纪，美国大城市的发展以及人口的膨胀，使城市环境日益恶化。1854年，美国的奥姆斯特德在游历欧洲之后，大受启发，在纽约市修建了英国风景园式的中央公园，传播了城市公园的思想。

19世纪，尽管园林在内容上已经发生了翻天覆地的变化，但是在形式上并没有创造出一种新的风格，只是在自然式与几何式两者之间徘徊。此时，园林界正在酝酿着、等待着一场变革，为传统的园林设计注入新鲜的血液。即将到来的运动中，工艺美术运动和新艺术运动正是其中的重要组成部分。

19世纪下半叶，人类文明进入工业社会。美国承袭英国崇尚自然的风景式造园风格，并将其引入现代城市文明生活，于1845年在底特律设立占地850英亩（约344公顷）的百丽岛公园（见图1-3-17），首创现代城市公园类型；1872年又设立黄石公园（见图1-3-18），首创现代以天然景观为国家公园这一新的造园类型。城市公园和国家公园的产生意味着人类造园史进入一个新阶段。

不论是东方还是西方，古典园林产生的社会基础早已不复存在了。现代园林是为建设具有良好的园林生态环境的现代城市而产生的，它的任务不仅是为城市广大居民创建游憩场所，更重要的是建设花园城市，创造舒适、优美的城市环境。

现代园林的理论和实践，开始于20世纪初。1902年英国出版了埃比尼泽•霍华德的《明天的花园城市》，1911年澳大利亚联邦政府确定了堪培拉森林城市建设的规划，一个崭新的建设园林城市的观念在国际上出现了。随着现代经济的迅速发展，花园城市不断涌现。澳大利亚首都堪培拉绿化覆盖率为58%，人均公共绿地70平方米，与堪培拉齐名的世界花园城市华沙、维也纳（见图1-3-19）和斯德哥尔摩（见图1-3-20）等的出现，为世界各国现代园林建设提供了丰富的经验。

1. 现代景观设计产生和发展的社会背景

社会因素是任何艺术产生和发展的最深层的原因。社会的政治、经济、文化状况对西方现代景观的产生和发展有着深刻的影响。现代运动产生的根源实际上是工业革命引起的社会和文化的变革。产业革命改变了社会的生产和生活方式，到19世纪中叶，园林的内容和范围都大大拓展了，园林设计从历史上主要的私家花园的设计扩展到公园与私家花园并重。园林的功能不再仅仅是家庭生活的延伸，而是肩负着改善城市环境，为市民提供休憩、交往和游赏的场所等新功能，这是园林设计领域的一场空前的变革。在西方，园林的概念自此开始逐渐发展成为更广泛的景观的概念。

第一次世界大战结束后，欧洲各国经济开始复苏，社会急剧变化，经济、政治条件和文化及思想状况为设计领域的变革提供了有利的土壤，社会意识形态中出现大量的新观点、新思潮，主张变革的人越来越多，各种各样的设想、观点、方案、试验如雨后春笋般涌现出来。创造出适合社会发展的新园林的使命更加突出，现代景观应运而生。20世纪20—30年代美国的大萧条，迫使打算建造家庭庭院的顾客们要求采用更加经济的花园形式，设计师们不得不增加铺装的面积，同时减少对园艺的追求，从而对“加州花园”的形成起到了促进作用。30—40年代，斯德哥尔摩学派（即“瑞典学派”）的出现是建立在一种社会政治环境基础之上的，与其说它体现了一种美学观念，倒不如说它体现了一种社会理想。第二次世界大战后，欧洲大陆满目疮痍，人们需要重建家园。此时的西方社会进入了一个全盛发展的时期，促进了50—60年代景观规划设计事业的迅速发展和设计领域的不断扩展。同时，随着人们对自身生存环境和人类文化价值的危机感日益加重，在经历了现代主义初期对环境和历史的忽略之后，传统价值观重新回到社会，环境保护和历史保护成为普遍的意识。当时出现的麦克哈格的生态主义思想是整个西方社会环境保护运动在景观规划设计中的折射。

2. 现代艺术影响下的景观设计

19世纪到20世纪初，西方古典和传统艺术逐渐解体，艺术的主流开始由具象向抽象转变，现代艺术的开端是亨利·马蒂斯开创的野兽派。随后，巴勃罗·毕加索和乔治·布拉克的立体派中多变的几何形体、瓦西里·康定斯基的抽象主义和俄国的至上主义与构成主义、荷兰风格派的色彩与几何形体的构图与空间、超现实主义作品中的有机形等现代主义艺术的流派及其典型风格深刻地影响了现代景观设计的发展，为现代景观提供了大量丰富的设计语言（见图1-3-21、图1-3-22）。

3. 现代建筑对现代景观设计的影响

现代建筑的思想也对现代景观的产生与发展起到了促进作用。第一次世界大战后，欧洲各国，特别是德国、法国、荷兰三国的建筑师呈现出空前活跃的状态，他们进行了多方位的探索，产生了不同的设计流派，涌现出一批重要的设计师。虽然景观设计并不是现代运动的主题，但是现代建筑的先驱们还是在他们作为建筑的辅助设计——花园设计中留下了一些重要的现代主义思想，这对当时的现代主义景观设计起到了激励和借鉴作用（见图1-3-23至图1-3-25）。

20世纪70年代开始，经济的空前繁荣，后工业时代的到来，都使得人们的危机意识加强。艺术、建筑和景观等设计领域也呈现出前所未有的自由性和多元化特征，现代主义、折中主义、解构主义、极少主义、大地艺术、波普艺术等，甚至幽默都成了园林设计可以接受的思想，使得现代西方景观设计领域产生了许多新的思潮。但是，形式与服务于社会和人的诸多功能与需求的统一，仍然是现代西方景观设计的主流。

图1-3-17 图1-3-18 图1-3-19

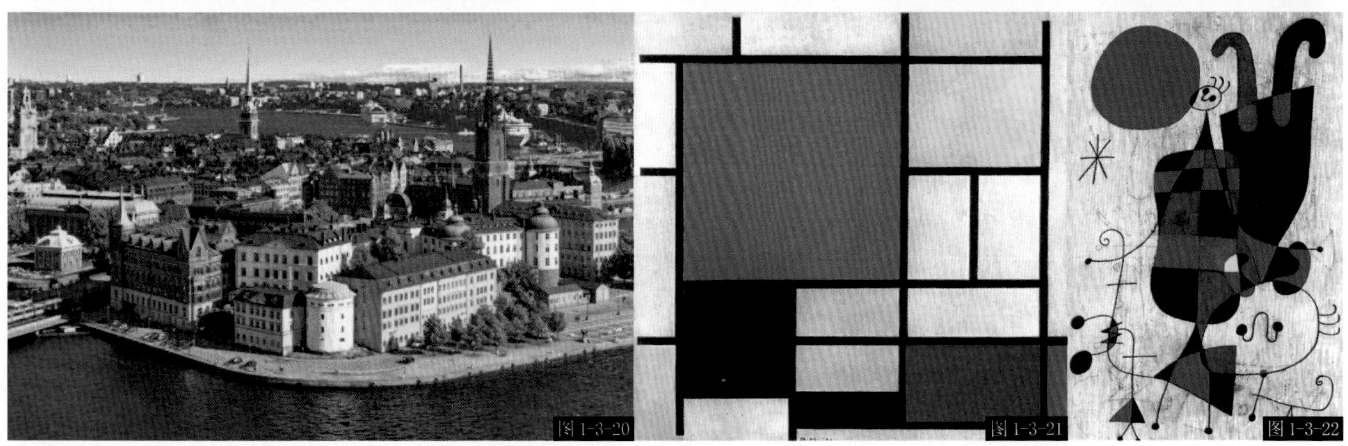

图1-3-20 图1-3-21 图1-3-22

图 1-3-23 图 1-3-24 图 1-3-25

四、当代景观设计特点与发展趋势

二战之后，西方的工业化和城市化发展达到了高潮，城市犹如大地机体上的恶性肿瘤，扩散蔓延。公园绿地已不足以改善城市的环境，特别是到了后工业时代，对城市的恐惧加之交通与通信的发展和工业生产方式的改变促使郊区恶性发展，大地景观被切割得支离破碎，自然的生态过程受到严重威胁，生物多样性在消失，同时人类自身的生存和延续受到威胁。随之而来的国际化使千百年来发展起来的文化多样性遭受灭顶之灾，也淹没了人类对自然适应途径的多样性，这同样威胁到人类生存的可持续性。

因此，景观设计的服务对象不再限于某一群人的身心健康和生活享受，而是致力于服务人类作为一个物种的生存和延续，而这个目标又依赖于其他物种的生存和延续以及多种文化基因的保存，维护自然过程和其他生命最终是为了维护人类自身的生存。人类历史依次迈过了渔猎文明、农业文明和工业文明，现已开始迈向全新的生态文明。西方现代文化的价值观，在其理论形态上是以人统治自然为指导思想，以人类中心主义为价值取向的，其实质是反自然的。工业文明给我们带来现代产品的同时，也给我们的环境带来巨大的创伤。人类要着眼于地球生态的可持续发展，建立起人与环境之间新的动态平衡。新的价值取向反映在景观设计领域，就表现为景观与社会、景观与生态、景观与艺术以及景观与建筑和城市规划的日益密切的互动关系上。

1. 景观与社会

景观的发展是与社会的发展紧密联系的。社会的政治、经济、文化状况对景观发展有着深刻的影响。回顾历史，正是工业革命带来的社会进步，使园林的内容和形式发生了巨大的变化，促使了现代景观的产生。社会经济的发展、社会文化意识的进步，促进了景观事业的发展和设计领域的不断扩展。严重的能源危机和环境污染对于无节制的生产、生活方式是一个沉重的打击，城市环境保护成为普遍的意识。社会产业结构的调整与变迁，使得完全不同于传统意义上的后工业景观不断出现……社会的发展改变着今天景观设计的面貌。景观的社会意义在于，景观应该也必须要满足社会与人的需要。今天的景观涉及人们生活的方方面面，现代景观是为了人的使用，这是它的功能主义目标。这一点，欧洲国家特别是北欧国家及德国的设计师已在全球树立了榜样。在那里，景观的社会性是第一位的，设计师总是把对舒适和实用的追求放在首位。这种功能化的、朴素的景观设计风格应该赢得人们的尊敬。

（1）案例一：阿姆斯特丹博物馆广场

由安德松设计的荷兰阿姆斯特丹博物馆广场，虽外貌平和，但却满足了游客与市民不同的需求（见图 1-3-26）。景观对社会的积极作用也许已经超过了历史上的任何时期。今天，景观设计师面对的基地越来越多的是那些看来毫无价值的废弃地、垃圾场，他们更多是在治疗城市的疮疤，用景观的方式修复城市的肌肤，促进城市各个系统的良好发展。景观的积极意义不在于它创造了多么好的风景，而在于它对社会积极的促进作用。景观的建造，可以刺激和完善社会各方面的发展和进步。

图 1-3-26

（2）案例二：德国鲁尔区埃姆舍公园

德国鲁尔区埃姆舍公园十年来的整治和重新使用，有效地改善了区域的生态环境，刺激了城市的经济与社会发展，同时又创造了独特的工业景观，为世界上其他旧工业区的改造树立了榜样（见图 1-3-27）。景观的建设与经济的发展应该是一个良性的互动，实际上景观建设在今天也是社会经济活动的一部分。经济的发展带动景观的发展，反过来，景观的建设也促进了社会经济的繁荣。西方许多地区的经济发展都是以景观的建设为先导的，通过良好的景观环境，带动周边地区的发展。

图 1-3-27

（3）案例三：巴黎贝尔西公园

巴黎贝尔西公园的建造为其周边地区的开发创造了良好的生态环境和休闲交往场所。在保持地区历史特色的同时，提升了土地的价值及地区的竞争力（见图 1-3-28）。

图 1-3-28

（4）案例四：得克萨斯州休斯敦布法罗河湾景观

得克萨斯州休斯敦布法罗河既是城市商业区的泄洪河流，又是河两岸商业运输的出入通道，在十年前两岸是混凝土砌筑的硬质垂直河岸，河流完全是一个排水通道，河岸的环境状况很糟糕，与世界上诸多城市河岸和水景区一样，其休闲、环境和美学价值并没有被体现出来，要么被掩盖，要么被填充，或者与城市肌理相割裂。布法罗河湾环境在改善后，已经成为周边居民散步、慢跑、骑行和进行其他休闲活动的常去之处，也带动了周边地产的价值，提升了城市的经济活力（见图 1-3-29）。

（5）案例五：“变化的花园”

2002 年汉诺威世界博览会是在德国举办的第一次世博会，它以“人、自然、技术”为主题。“变化的花园”由柏林的景观设计师卡梅·劳阿菲设计，展示了设计者的诗意和想象力，参观者在花园中可以尽情游览，并时时有所感悟。设计把世博会后的经济和时间因素也考虑了进去——“演进将取代公园的维护”，“变化的花园”将成为未来新市镇的中心（见图 1-3-30）。

2. 景观与艺术

毋庸置疑，景观设计是一门艺术。它与其他艺术形式之间有着必然的联系。现代景观设计从一开始，就继承了现代艺术丰富的形式与语言。对于寻找能够表达当前的科学、技术和人类意识活动的形式语汇的设计师来说，艺术无疑是最直接、最丰富的源泉。今天，艺术的概念已发生了相当大的变化，“美”不再是艺术的目的和评判艺术的标准。艺术形式层出不穷，纯艺术与其他艺术门类之间的界限日渐模糊，艺术家们借鉴了电影、电视、戏剧、音乐、建筑、景观等的创作手法，创造了如媒体艺术、行为艺术、光效应艺术、大地艺术等一系列新的艺术形式，而这些反过来又给其他艺术行业的从业者以很大的启发。绘画由于自身的线条、块面和色彩似乎很容易被转化为设计平面图中的一些要素，因而一直影响着景观设计的发展。

（1）案例一：加利福尼亚州韦斯特伍德盖蒂中心

盖蒂中心是保罗·盖蒂基金会在加利福尼亚州洛杉矶韦斯特伍德山上建造的新园区。园区建设历时多年，并分为多个阶段，每个阶段都有若干个风景园林师参与。其中的低地花园是由南加利福尼亚州艺术家罗伯特·艾尔文与风景园林师史柏路克·波里尔一起合作完成的。该花园的设计过程颇具艺术性，就如同艺术家在画布上作画一样，设计师将花园作为一件立体的艺术作品来创作。在该案例中，植物种植、石头和水景的选择和布局，以及人行道、景墙和低地喷泉的组织都仿佛画布上的颜料，精心塑造了一个既能在高处台地上欣赏，又可以走进里面去体验感受的景观艺术作品（见图 1-3-31）。

图 1-3-29 图 1-3-30 图 1-3-31

（2）案例二：柏林索尼中心

负责柏林索尼中心景观设计的是极简主义设计大师彼得·沃克，他以极少的设计语言创造出丰富多彩的公共空间，设计在现代主义的基础上吸取了当代艺术的营养，既新颖前卫，又典雅大方。中心广场上空的圆形穹顶已成了该项目的象征，远望犹如飞碟落在建筑上，张拉膜屋顶变化的彩灯夜景更增添了一份神秘感。方向一致的铺装条带和办公楼间的几何绿篱构成统一的基底，似断非断的 LED 灯带具有很强的视觉导向性，结合采光天窗的圆形水景巧妙聚焦且优雅简洁，从中可以看到现代艺术如极简艺术、光效应艺术的影响（见图 1-3-32）。

（3）案例三：巴黎联合国教科文组织总部庭院

1956 年，野口勇负责巴黎联合国教科文组织总部庭院的设计。野口勇是 20 世纪最著名的雕塑家之一，也是最早尝试将雕塑和景观设计结合的人。野口勇曾说：“我喜欢把园林想象成空间的雕塑。”巴黎联合国教科文组织总部庭院面积约 0.2 公顷，是一个用土、石、水、木塑造的庭院景观，由位置高些的供代表休息的内院石园和日本风格的下沉式庭院两部分组成。石园的中心是一块像碑一样立着的石块，上面刻有书法般的凹线，水从其中流出并跌入矩形池中，然后通过几级叠水流向下沉的日本园。他的作品开启了园林殿堂的一扇新的大门，并激励了更多的艺术家投身到室外环境的塑造中去（见图 1-3-33）。

（4）案例四：瑞典隆德大学 MAX IV 实验室大地景观

后工业时代，现代艺术如极简艺术、大地艺术、波普艺术等仍然为景观设计师提供了设计语言，为各种作品所借鉴。其中对景观形式的变化与发展影响最大的也许是“大地艺术”。大地艺术因将自然环境作为创作场所，使用大尺度、抽象的形式及自然材料，与景观作品愈加接近，同时后工业时代的众多旧工业基地也为艺术家们提供了将景观再生并与大地艺术结合起来的机会。同时，大地艺术对景观的一个重要影响就是带来了艺术化地形设计的观念。

景观项目的设计出发点源于实验室 MAX IV 建筑功能降噪的需要，MAX IV 是国家级实验室，建筑基地周边的高速公路会导致地面振动，从而影响实验室的实验，因此该项目景观方案通过论证设计成以实验建筑为中心的放射状旋转形“小山丘组”大地艺术景观，“小山丘组”不规则的斜坡和多变的表面将地面振动频率逐步降低，同时景观设计还兼顾了雨水收集的需要（见图 1-3-34）。

图 1-3-32 图 1-3-33 图 1-3-34

（5）案例五：巴塞罗那北站公园

位于巴塞罗那市拿波尔斯和阿莫加夫斯大街之间的城市火车北站，由于地铁建设而废弃，后为迎接 1992 年的奥运会被规划为公园用地。北站公园由建筑师与艺术家合作设计，通过三件大尺度的大地艺术作品为城市创造了一个艺术化的空间。公园主入口处两片高大扭曲的三角形挡土墙构成公园入口的景框，挡土墙墙面用专门烧制的不规则淡蓝色陶片拼成一幅抽象线条图。公园南北两个空间的中心是分别结合现状地形设计的名为《落下的天空》和《树林螺旋线》的大地景观艺术作品。

《落下的天空》是个大地陶艺作品。中心部分与小山丘融为一体，长 45 米，南面最高处高达 75 米，成为公园最醒目的景物，其四周稍平坦的草坡上设置了半弧形和月牙形两组线状陶艺品与之相呼应，这些作品表面均用与主入口一样的蓝色调陶片饰面。《树林螺旋线》位于公园的沙德尼亚桥入口南面，地势较低。陶片刻画出椭圆形螺旋线，沿螺旋线按放射状种植了一排排的椴树。《树林螺旋线》与《落下的天空》两组景物在地形形体上形成一凹一凸相互互补、相互映衬的景观。

北站公园采用巧妙的艺术形式成功地解决了基地与城市网格的矛盾，提供了公园的各种功能，成为当代城市设计中艺术与实用结合的成功范例（见图 1-3-35、图 1-3-36）。后工业时代，美不再是评判艺术的标准，这意味着我们也不能用“如画的”去理解景观。景观设计可以成为某种或多种艺术思想的载体，它可以表现出多样的形式和风格。

3. 景观与生态

景观的生态性并不是什么新鲜话题，因为后工业时代的环境问题更为突出，所以生态似乎成了最为时髦的话题之一。目前，生态主义的设计在国际上早已不是停留在论文和图纸上的空谈，也不再是少数设计师的试验，生态主义已经成为景观设计师内在的和本质的考虑。在设计中对生态的追求已经与对功能和形式的追求同等重要，有时甚至超越了后两者，占据了首要位置。设计中要尽可能使用再生原料制成的材料，减少施工中的废弃物，保留当地文化特点，充分利用场地原有的建筑和设施，减少水资源消耗，建立水循环系统，尊重场地上的自然再生植被，生态化的视觉景观等，这些都属于生态设计的原则，越来越多的景观设计师在设计中主动地遵循生态的原则。

（1）案例一：海尔布隆砖瓦厂公园

海尔布隆砖瓦厂公园充分利用了原有的废弃材料，砾石作为道路的基层或挡土墙的材料，就铁路的铁轨作为路缘，所有这些废旧物在利用中都获得了新的表现，从而也保留了上百年的砖厂的生态的和视觉的特点（见图 1-3-37）。

（2）案例二：杜伊斯堡风景公园

杜伊斯堡风景公园坐落于杜伊斯堡市北部，占地 200 公顷，由一个废弃钢铁厂改建而成，是彼得•拉茨的代表作品之一。拉茨在设计中大量地保留了原有场地的工业遗址特征，并成功融入了娱乐、体育和文化等新的功能。在设计中，工厂中的构筑物都予以保留。原有植被得以保留，荒草也任其自由生长。工厂中原有的废弃材料也得到最大限度的利用。水进行循环利用，污水被处理，雨水被收集，引至工厂中原有的冷却槽和沉淀池，经澄清过滤后，流入埃姆舍河，达到了保护生态和美化景观的双重效果。水经过处理后被拉茨将整个公园分成四个景观层：由水渠和储水池构成的水园、散步道系统、使用区以及铁路公园、高架步道。这些景观层自成系统，各自独立而连续地存在，只在某些特定点上用一些要素如坡道、台阶、平台和花园将它们连接起来，获得视觉、功能、象征上的联系。杜伊斯堡风景公园体现了西方现代环境主义、生态恢复和城市更新等思潮，是废旧工业设施如何进行生态恢复和再利用方面优秀的范本（见图 1-3-38）。

（3）案例三：波茨坦广场

波茨坦广场的水景为都市带来了浓厚的自然气息，形成充满活力的、满足各种人需要的城市开放空间，这些水都来自雨水收集系统。地块内的建筑都设置了专门的中水系统，用于建筑内部卫生洁具的冲洗、室外植物的浇灌及补充室外水面的用水。水的流动、水生植物的生长都与水质的净化相关联，景观被理性地融于生态的原则之中（见图 1-3-39）。

（4）案例四：哈特斯海姆市政广场

在哈特斯海姆市政广场中，水是一个起连接作用的要素，仿潮汐状的盆形景观池中，瀑布悬挂倾泻而下，表现出一种戏剧化而迷人的姿态，同时它还起到了水体净化的作用（见图 1-3-40）。

图 1-3-35 图 1-3-36 图 1-3-37

图 1-3-38 图 1-3-39 图 1-3-40

4. 景观与文化

现代文明之前几千年，是各个民族传统文化相对独立发展并定型的时期。文化活动成为人类社会的自觉行为，这种有意识的文化行为进一步强化了某些基于基因的理想环境的特征，并弱化了另一些特征，从而逐渐形成了具有鲜明的传统文化特征的景观理想与景观模式。从古埃及的金字塔群，古希腊、古罗马的神庙建筑，中国古代的皇城和园林艺术，到欧洲的宫殿和园艺，无不反映着文化对景观格局的强烈影响。现代社会，不同传统文化之间的交流越来越频繁，并有逐渐融合成一种现代文化的趋势。在这种融合中，技术层面的因素一度占据了主导地位。西方社会生产力发达，技术先进，在现代景观设计领域中具有一定的优势。然而，社会的飞速发展与传统文化的缓慢积淀形成了对比，景观设计领域也面临着传统文化的衰落与被融合的危机。几乎每一个设计师都面临过传统与现代的困惑。但是在今天，越来越多的人认识到二者之间的必然联系。任何一个设计师都是在一定的社会土壤中成长起来的，即使将自己标榜为最前卫的设计师，也无法回避自己作品中沉淀的文化痕迹。然而，珍视传统的价值，并不是要无视社会的进步与科技的发展，一味地模仿过去。优秀的设计不是对传统的简单模仿，而是将悠久的地方文化、地域特色及历史与现代生活需要和美学价值很好地结合在一起，并在此基础上进行精练提高的作品。这一点从当代西方优秀的景观作品中都能深深体会到。

（1）案例一：加利福尼亚州洛杉矶潘兴广场

位于加利福尼亚州洛杉矶市中心的潘兴广场由欧林事务所设计。广场用象征的手法展示了西班牙殖民时期以来南加利福尼亚州的文化和自然历史。广场由一系列相互联系的空间组成，每一个空间都用来叙述洛杉矶的一段历史。在广场空间中的设计分别隐喻了加利福尼亚州 20 世纪初期随处可见的草莓或其他农作物田地、该州闻名的柑橘树林、农业灌溉所需的水利基础设施和当地地质断裂带等地域性文化和地理特征。这些元素被精心组织起来，塑造出一个极具地域文化特征的广场（见图 1-3-41）。

（2）案例二：荷兰乌特勒支 VSB 公司花园

乌特勒支 VSB 公司花园设计最大的特点就是很好地处理了建筑和自然的关系，这也是它的成功之处。VSB 公司明快、端庄的银行大楼和周围原生的自然生态环境之间需要一个过渡环节将它们融合到一起，设计师借鉴了意大利文艺复兴园林中把花园作为建筑与自然之间的过渡环节的造园手法，采用规则化的带状黄杨绿篱放在建筑外侧，200 米长的带状黄杨篱与红色的碎石地面构成了一个狭长的下沉式花园，花园外围阵列状种植了一片桦树林，既与高大的公司办公建筑取得了尺度上的协调，又与周围的布卢门达尔生态公园融合在了一起。在这个花园的设计中，设计师追求的不是对过去形式的拷贝，而是将历史上园林文化的精神吸收过来，把它们转换为适应新情况的合适的表达方式，通过匠心营造，在建筑与自然之间建立起协调的过渡关系（见图 1-3-42）。

图 1-3-41 图 1-3-42

（3）案例三：巴黎贝尔西公园

现代景观与文化的关系的另一个方面在于，新的景观设计不但要展现当今社会的需要，而且它们在保护或重新塑造城市历史地段的价值方面也扮演着越来越重要的角色。巴黎贝尔西公园保留了地段上原有酒厂的老街区构成的网格系统、酒窖和 500 棵古树等历史遗迹，并将这些历史信息与现代设计要素叠加重合，形成历史和现实的对话。公园唤起了对过去生活的记忆，使这一区域城市的发展具有了历史延续性（见图 1-3-43）。

5. 景观与建筑、城市规划

现代景观早已从被围墙围起来的世外桃源中走了出来。今天，传统的花园、庭院、公园，城市的广场、街道、街头绿地，大学和公司园区以及国家公园、乐园，甚至整个大地都是景观设计的范畴。景观不可避免地与大自然、城市和建筑密切地联系在一起，景观设计师有责任通过自己的努力，将景观融于城市，从而改善城市的生态环境和视觉环境。当今，越来越多的景观设计师具备城市景观设计的综合能力。社会经济的发展为景观设计、城市规划和建筑设计三者的平衡发展创造了条件。在今天的社会，越来越多的工作需要三个行业的从业者紧密合作才能完成。景观与建筑、景观与城市规划之间的界限也越来越模糊。当今西方一些优秀的城市设计或建筑设计项目，都是规划师、建筑师和景观设计师合作的结晶。

（1）案例一：英国伦敦 2012 年奥运主题公园

英国 LDA 设计公司和美国哈格里夫斯设计事务所合作完成了英国 2012 年奥运主题公园的设计。场地原来为受到污染的城市工业景观，设计师为公园制定了净化的策略，同时谋求振兴公园所在的伦敦东北地区、拓宽河道、增强蓄水能力、改善水质条件、重建其与城市周边的联系。在奥运主题公园的总体规划中，许多奥运设施在事后可以转变用途服务于社区居民，支持多种土地用途和功能（见图 1-3-44）。

（2）案例二：西班牙马德里电话办公园区

西班牙国家电话公司总部位于电话办公园区，园区建筑是由玻璃和钢结构组成的现代风格建筑，办公园区的景观遵循建筑扩展的建筑模块化结构体系的模式，步行道、聚集场所和景观种植区设计是模块化网格的延伸。树木的栽植位置、步行道、墙体和座位等都按照模块化进行设置，且与空间中的线性水景设施保持一致，这种网格化的景观与建筑相互呼应、相互协调，与周围模块化的建筑环境融合统一（见图 1-3-45）。

图 1-3-43 图 1-3-44

6. 景观与技术

随着现代材料技术、加工技术、环境科学技术的迅速发展，以及受现代美学、现代艺术和现代建筑理论、观念的影响，现代景观的审美观念、设计理论和景观形式发生了转型和变化，景观创造的技术主义倾向日益突出。技术是人类文明的经验和实践经验的积累，它在被物质化的同时，也在被精神化和审美化。著名的建筑设计师密斯·凡·德·罗说："当技术完成其使命时，就升华为艺术。"在传统的景观设计中，设计师常常用到的构成要素有：草地、花境、灌木丛、铺装小路、水池、亭台以及规则或是不规则的装饰。但是这些都是传统设计材料或传统技术建造，这样的设计始终脱离不了传统景观的局限。在现代景观设计中运用不同于传统景观的塑料、金属、玻璃、合成纤维等新材料；采用现代技术诸如再循环技术等新技术，在材料和方法应用上摒弃了以往景观设计的常规。在这样的景观设计作品中，有些只是即时性的，另有一些则纯粹是实验性的，但是它们都有一个共同的特点，即采用一种令人激动的、充满活力的新方法，为传统的景观设计观念增添了一种新选择，这就是新技术在景观设计中的应用。现代的景观设计师采用新材料和新工作方法促进了景观概念的进一步发展，也为新的景观构思开辟了广阔的可能性。

（1）案例一：阿尔可花园

阿尔可花园是由设计师盖瑞特·埃克博设计的自己的花园，这里也是他反复实施新思想、试验新材料的场所，园中最著名的是用铝合金建造的花架凉棚和喷泉。盖瑞特·埃克博充分发挥想象力，在花园中用闪着金属光泽的各种电镀铝合金型材和网孔板建造廊架，并利用网纹的细密度设置了屏风和格栅，整个构架带着浓郁的咖啡色和优雅的金色，在阳光照射下形成迷人的光影，显得十分神秘而高贵。他在靠近廊架处设计了一座小水池，放置了一个铝制灰绿色喷水钵，形状好似用纸折成的多边形，水从钵内喷出后流回水钵再溢入水池中。阿尔可花园在新材料的应用上很具有开创性，以至于在美国掀起了铝合金造园的热潮，埃克博也因此而赢得了巨大的声誉（见图1-3-46）。

（2）案例二：舒乌伯格广场

舒乌伯格广场位于鹿特丹市中心，紧临火车站和战后第一个被规划为步行区的商业区——林巴恩。设计师阿德里安·高伊策运用现代的设计语言使其与四周的商业文化建筑有机结合。高伊策认为，新的设计语言的产生应该从材料的使用开始。在这里，高伊策采用许多景观材料，如木材、橡胶、金属和环氧基树脂等，它们以不同的图案被镶嵌在广场表面的不同区域，不同的质感传递出丰富的环境气氛。广场的中心是一个打孔金属板和木板铺装的活动区，夜晚，白色、绿色的荧光从金属板下射出，形成了广场上神秘的、明亮的"银河系"（见图1-3-47）。

图1-3-45 图1-3-46 图1-3-47

【思考题】

1. 景观的定义是什么？
2. 狭义景观设计中的主要要素和主要设计对象分别有哪些？

第二章 居住区规划设计基础

1933年8月，国际现代建筑协会(CIAM)第四次会议在雅典召开，这次会议通过的《城市规划大纲》是一个关于城市规划理论和方法的纲领性文件，是现代城市规划理论发展历程的里程碑，这个文件又被称作《雅典宪章》。《城市规划大纲》提出了城市的四大功能：工作、游憩、交通、居住，其中居住是城市的一个重要功能，《城市规划大纲》指出城市中心区的居住密度太高，人口过度拥挤，所以要提升居住的生活环境，满足公共设施娱乐活动和停车需要，让城市人口密集区的人们也能享受阳光、空气和美好的景观。城市居住区(Urban Residential Area)指的是城市中住宅建筑相对集中布局的地区，简称居住区。

居住用地是在城市各类型用地中占比最大的建设用地，在城市中居住用地约占城市总建设用地面积的30%，可见城市居住区的规划设计十分重要，居住区规划设计也是社区景观设计的基础，在进行社区景观设计介绍之前，我们需要对居住区规划的内容有一个大概的了解。

第一节 居住区概述

一、居住区规划的概念

居住区规划是在城市总体规划的基础上，根据计划任务和城市现状条件，对居住区的布局结构、住宅群体布置、道路交通、生活服务设施、各种绿地和游憩场地、市政公用设施和市政管网各个系统等进行综合性的具体安排，为居民创造一个舒适、卫生、安全、经济、美观的生活居住用地环境。

二、现代居住区规划理论沿革

居住区规划的理论经过了长时间的演变，之前道路将居住地块划分为一个个小单元，方格里居住人数不多，住宅面向街道设置，学生上学和人们购物都需要穿越街道，后来随着小汽车的大量使用，机动车交通量的增多，使道路不再安全。

1. 邻里单位

20世纪30年代，美国克拉伦斯•佩里提出了“邻里单位”(Neighborhood Unit)的规划理念，它与以前用城市道路划分成一小块一小块方格状居住地块的形式不同，是在较大的区块内统一规划居住区，使每一个“邻里单位”都成为城市的居住“细胞”。它有几个基本原则：用小学的合理规模来控制和计算“邻里单位”的人口和用地规模；“邻里单位”内部设置为居民日常公共活动服务的建筑和设施；小学和生活服务设施是“邻里单位”的中心，它们结合中心公共广场或者绿地布置；“邻里单位”外部包围着城市道路，内部道路大多是尽端道路，城市交通不穿越“邻里单位”内部，使小学生上学不必穿过城市道路；邻里单位的规模一般在5000人左右，占地约合65公顷。

“邻里单位”的居住社区规划理念解决了当时机动车交通发展带来的问题，将居住区的安静、朝向、卫生、安全放在首位，提升了居住区的生活环境。

2. “扩大街坊”

20世纪50年代，苏联提出了“扩大街坊”的规划理念，这个理念和“邻里单位”很相似，在一个“扩大街坊”中包含了若干个居住街坊，住宅布局上更强调轴线构图和周边式布置。

3. 居住综合体

在人口密集区还出现了大型的居住综合体建筑，这种建筑是指以居住建筑为主体，并与为居民生活服务的公共服务设施组成一体的综合大楼或是建筑综合体。例如：1940年末到1950年初，法国勒•柯布西耶设计的马赛公寓集中体现了居住综合体的设计理念，居住综合体建筑能在有限的用地上满足居住和公共服务多种功能，提高土地的使用效率。

4. 居住小区

第二次世界大战后，在欧洲城市重建和卫星城的建设中，在“邻里单位”的基础上“小区规划”的理念产生了，它将小区视为居住区的“细胞”，居住小区不再强调平面构图的轴线对称，打破了住宅周边式的封闭布局，配套设施更加齐全，居住小区也不仅仅以一般的城市道路来划分，它趋向于以人工的城市交通道路或其他天然的自然界限（如河流等）划分，不被城市交通干道所穿越。居住小区的规模一般以设置小学的最小规模为其人口规模下限，以小区内公共服务设施最大服务半径为用地规模上限。在此区域内，居住建筑、公共建筑、绿地等板块的布局与功能得到了综合解决，公共建筑的规模可以扩大，不仅能满足基本生活必需品的供应，还能满足人们的一般性生活服务需求。

5. 生活圈

在新型城镇化战略实施、社区人群的异质性增大和居民对设施服务需求升级等一系列背景下，城市发展观由过去的“以物为本”“见物不见人”逐渐转变为“以人为本”。

生活都市圈理论研究，起源于日本，之后相继传播到韩国、澳大利亚等国家。日本于 1965 年提出“广域生活圈”“地方生活圈”与“定住圈”等概念；20 世纪 80 年代，韩国借鉴日本的“分级理论”，将组团规划为小生活圈，将小区规划为中生活圈，将居住区规划为大生活圈；澳大利亚《墨尔本规划案》提出了“二十分钟生活圈”等概念。2017 年《上海十五分钟社区生活圈规划研究与实践》《上海市十五分钟社区生活圈规划导则》则是我国对生活圈规划的探索。

从邻里单位到生活圈规划的理念演变中可以看到，交通方式所带来的道路系统的改变、城市人口密集程度的提高、人们对于居住环境品质要求的提升、公共服务设施需求的变化等促进了设计观念的更迭。

三、中国居住区的历史演变

中国居住区的发展演变有自己的历史背景和地域特征，也受到国外设计思潮的影响。

中国古代城市居住区采用高度便于管理的形式，先秦到唐朝盛行封闭的里坊制，坊就是居住区，唐朝规定“非三品以上之人，不得沿街开门”，每个坊外设墙，墙上设门，晚上实行宵禁，将居民严格管理在一个个坊里。北宋开始，里坊取消了坊墙，住户直接面向街道，街坊结合利于商业的开展。

19 世纪末，中国一些通商口岸城市的繁华区出现了两三层联排里弄式居住区，住宅面向里弄，里弄通向街道，街道两侧布置商店，形成较为便利的生活环境。

1949 年后，百废待兴，为了解决城市住房短缺和居住环境脏乱差等问题，中国一些大城市运用西方“邻里单位”的设计理念进行居住区规划实践，例如北京的复外邻里和上海的曹杨新村。中国普遍的居住形态从封闭式内向型设计转变为外向开放式的设计。

1953 年，中国掀起了向苏联学习的热潮，引入了苏联“扩大街坊”的居住区设计理念，修建了一批街坊式的居住区。例如北京百万庄小区就是这一时期的典型案例。当时的街坊地块面积比较小，生活服务设施不太齐全。

20 世纪 50 年代后期，我国也引入了小区的设计理念，将其广泛应用在居住小区设计实践中，并在城市住宅规划设计规范的制定中加以体现。例如北京夕照寺小区就是居住小区的早期范例。

中华人民共和国成立初期到改革开放前，我国实行福利分房的国家“统代建”与单位建房相结合的模式，住房短缺，合住房、筒子楼、简易楼大量出现，居住质量差，不能满足人们的居住需求。

改革开放后，住宅建设也逐步走向市场商品化。为了适应住宅的大规模建设，“统一规划、统一设计、统一建设、统一管理”成为建设的统一模式，居住区规模扩大，小区空间结构日趋合理。

20 世纪 80 年代后开展的“全国住宅建设试点小区工程”推动了住宅建设质量的提高，90 年代开始的“中国城市小康住宅研究”和 1995 年推出的“2000 年小康住宅科技工程”使居住小区的建筑质量和生活环境进一步提升。

到现在，居住区的建设越来越成熟，出现了许多大型的楼盘，更加注重人们的生活品质和环境的质量，着力提升住宅建设的科技含量，满足市场多元化的需求。

城市居住区规划从设施供给视角出发，采取“千人指标”“服务半径”等规划方法，快速获得新建社区的设施种类与配置规模。在城镇化发展初期，此类居住区规划具有全覆盖、操作性强、空间蓝图的特点，适应城市快速扩张需求；但是在城市扩张放缓、城市规划从“增量扩张”逐渐转变成“存量优化”、城镇化从注重数量逐渐转变成关注质量的背景下，以将人的特征差异抹掉的“千人指标”作为核心的居住区规划显然不能满足未来发展的要求，现有研究也指出了居住区规划“一次性”“静态性”“自足性”及忽略个体需求的缺点。

随着经济的发展、时代和政策的变化、人民生活水平的提高，我国的居住区规划设计标准经历了多次修改完善。1993 年，我国制定了第一版的城市居住区规范设计规范，该规范后经过 2012 年、2016 年两次局部修订，并于 2018 年进行了全面修订。

目前我们应用实施的《城市居住区规划设计标准》（GB 50180—2018）是从居民设施需求出发的生活圈规划，生活圈居住区是指以满足居民“基本物质与生活文化需求为原则划分的居住区范围”。而城市生活圈规划指的是以整体的“人”为核心、以人的城市生活为规划对象、以引导人朝向理想生活为规划目标、以分析差异化个体需求为核心的，非规定性的、引导性的、社会合作行动式的规划。

相较以往，它调整了居住区分级控制的方式与规模，从按居住户数或人口规模划分的“居住区、小区、组团”，转变为以人的基本生活需求和步行可达为基础，综合考虑居民分布、出行范围，兼顾主要配套设施的合理服务半径及运行规模的“十五分钟生活圈、 十分钟生活圈、五分钟生活圈”及“居住街坊”。它统筹、整合、细化了居住区用地与建筑相关控制指标，优化了配套设施和公共绿地的控制指标和设置规定，增加了道路“步行系统”，并给予居住环境中的绿地、雨水、微环境概念更多的重视。

第二节 居住区规划的任务及编制

在了解了居住区理念的历史发展演变后，我们在这一节中来了解一下居住区规划的任务和编制要求。

一、居住区规划的任务

居住区规划的任务简单来说就是为居民经济合理地创造一个满足日常物质和文化生活需要的安全、卫生、舒适、优美的居住环境。

居住区规划不仅仅要布置用于居住的住宅，还需要配备居民日常所需的各类公共服务设施、绿地和活动场所、交通道路、停车场、市政工程设施等。

设计需要考虑建设的综合效益，这个效益不仅是经济效益，还有社会效益、可持续发展等，还要关注中长期的人口结构等的变化，留有发展的余地，保持居住环境持续健康的状态。

居住区规划任务的编制要根据项目具体的情况区别对待，通过实地调研得出判断，一般新建居住区的规划任务比较明确，城市旧居住区的改造就会面临比较复杂的情况，需要进行详细的调查和分析，根据改建的需要和可能性制定旧居住区改建规划的任务目标。

二、居住区规划的编制内容

接下来，我们看一下居住区规划的编制有哪些内容。总体来说，居住区规划的编制内容一般有如下几个方面：

①选择、确定用地的位置、范围（包括改建范围）；

②确定居住区要实现的功能和目标；

③确定居住人口数量规模（或户数）和用地面积；

④拟定居住建筑类型、层数比例、数量以及布置方式；

⑤拟定公共服务设施的内容、规模、数量、标准、分布和布置方式；

⑥拟定各级道路的宽度、断面形式、布置方式、对外出入口位置、泊车量和停泊方式；

⑦拟定绿地、活动、休憩等室外场地的数量、分布和布置方式；

⑧拟定有关市政工程设施的规划方案；

⑨拟定各项技术经济指标和造价估算；

⑩对不同阶段方案进行必要的公共参与和专家咨询，满足经济、社会和生态环境的综合协调要求。

第三节 居住区规划基本原则

一、居住区的组成

居住区是由什么组成的呢？这可以从组成要素、组成内容、用地组成和环境组成四个方面进行分析。

（一）组成要素

居住区的组成要素包括两个方面：物质要素和精神要素。

物质要素是实体可见的部分，它由自然和人工两大要素组成，自然要素包括建设用地的地形、地质，当地的水文、气象等；人工要素包括在用地上人工建设的建筑以及工程设施等。精神要素是无形的，但它无时无刻不在影响着居住区规划的全过程，精神要素包括社会制度、组织、道德、风尚、风俗习惯、宗教信仰和文化艺术修养等。

（二）组成内容

居住区人工建设的部分，根据工程类型基本分为以下两个部分。

建筑工程：主要是居住建筑，其次是公共建筑、市政公用设施用房和小品建筑等。

室外工程：包括地上和地下两个部分，主要是道路工程（各种道路、通道和小路）、绿化工程、工程管线（给排水、供电、燃气、供暖等管线和设施）以及挡土墙、护坡、踏步等。

（三）用地组成

根据居住区用地的不同功能，居住区用地大体可以分为以下几类。

1. 住宅用地

住宅用地（R01）是住宅建筑基底占有的用地及其四周合理间距内的用地的总称。居住街坊内的附属绿地（中心绿地和宅间绿地）属于城市用地分类中的住宅用地。

2. 配套设施用地

配套设施用地是指对应居住区分级配套规划建设，与居住人口规模或住宅建筑面积规模相匹配的生活服务设施用地，主要包括基层公共管理与公共服务设施、商业服务设施、市政公用设施、交通场站及社区服务设施、便民服务设施的用地，也包括建筑的基底占有的用地及其所配套的场院、绿地和配建停车场等。按照现行国家标准《城市用地分类与规划建设用地标准》（GB 50137—2011）的有关规定，居住区配套设施用地性质不尽相同。十五分钟、十分钟两级生活圈居住区配套设施用地属于城市级设施，主要包括公共管理与公共服务设施用地（A 类用地）、商业服务业设施用地（B 类用地）、道路与交通设施用地（S4 类用地）和公用设施用地（U 类用地）；五分钟生活圈居住区的配套设施，即社区服务设施属于居住用地中的服务设施用地（R12、R22、R32）；居住街坊的便民服务设施用地属于住宅用地可兼容的配套设施用地（R11、R21、R31）。

3. 城市道路用地

城市道路用地（R03）指居住区范围内不属于以上两项用地中的道路以及非公建配建的地面停车场、小广场、回车场等场地的用地。

4. 公共绿地

公共绿地（G）是为居住区配套建设、可供居民游憩或开展体育活动的公园绿地。十五分钟生活圈居住区、十分钟生活圈居住区、五分钟生活圈居住区的配建绿地属于城市公共绿地，指居住区各级生活圈配套建设的、向居民开放的绿地，属于城市用地分类的绿地与广场用地。各级生活圈居住区的公共绿地应分级集中设置一定面积的居住区公园，形成集中与分散相结合的绿地系统，创造居住区内大小结合、层次丰富的公共活动空间，设置休闲、娱乐、体育等活动设施，满足居民不同的日常活动需要。

（四）环境组成

居住区的环境组成分为外部生活环境和内部居住环境两个部分。外部生活环境指居住区的室外生活环境，包括居住区的空间环境、空气环境、声环境、热环境等。内部居住环境指住宅室内的生活环境和住宅楼公共部分的空间环境。

二、居住区规划设计的基本原则和建设方针

居住区规划设计应坚持“以人为本”的基本原则，遵循适用、经济、绿色、美观的建筑方针。居住区规划要秉持以下原则。

1. 整体性原则

居住区规划设计应符合城市总体规划及控制性详细规划，符合城市设计对公共空间、建筑群体、园林景观、市政等环境设施的设计控制要求，统一规划、合理布局、因地制宜、综合开发、配套建设，综合考虑日照、采光、通风、防灾、配建设施和管理要求，创造安全、卫生、方便、舒适和优美的居住生活环境。

2. 地方性原则

居住区规划要综合考虑城市的性质、社会经济状况、当地气候、地理环境条件、人口构成、居民的风俗习惯和当地的经济社会发展水平。

3. 节约土地、综合开发的原则

居住区规划应遵循统一规划、合理布局，要注重节约用地、节约能源、节约材料，充分利用基地的自然资源、现状道路、建筑物、构筑物等，因地制宜、配套建设、综合开发，充分考虑社会、经济和环境三者统一的综合效益与可持续发展。

4. 以人为本的原则

居住区规划要适应和满足人的需求，符合社区居民的生活行为规律，更好地满足住区居民的各种个人需求和社会交往活动的需求，提供安全、卫生、方便、舒适的居住条件，提供具有识别性与归属感的人居环境。此外，居住区规划还应关注弱势人群（如老年人、残疾人等）的生活和社会活动，为弱势人群的生活和社会活动提供便利的条件和场所。

5. 尊重历史文脉的原则

居住区规划要尊重和延续城市的历史文脉，注重对历史文化遗产的保护，与传统风貌相协调，继承创新。

6. 生态优化的原则

居住区规划要积极采用“四新”（新材料、新设备、新工艺、新技术）提高居住区质量，改善居住区功能，充分合理地利用当地的生态条件，注重经济环境效益，营造生态宜居的住区小环境。

居住区规划应有效组织雨水的收集与排放，并应满足地表径流控制、内涝灾害防治、面源污染治理及雨水资源化利用的要求。居住区地下空间的开发利用应适度，应合理控制用地的不透水面积，采用低影响开发的建设方式，采取有效措施促进雨水的自然积存、自然渗透与自然净化，用更生态、更合理的新技术，建设节约能源、减少污染、更加生态的住区环境。

7. 共享社区的原则

居住区规划要充分考虑全体居民对居住区利益的公平分享，共享设施、共享服务、共享景观、公平参与。

共享设施就需要在设施选择上注意为大众所接受和使用，注意空间布局上的均衡性。社区服务和管理方式注意均好性，妥善制定服务和管理细则，服务到位。社区景观上注重提升住宅区的生活品质，保证大多数居民的景观享有权，营造社区居民共同参与社区事务的保障机制。社区公众享有了解社区信息、参与社区管理，决策社区发展的权利。

8. 超前性和灵活性

居住区规划既要面对现实状况，又要兼顾未来的发展，设计应有弹性，保有发展的余地，为空间环境的未来发展创造条件，为商业化经营、社会化管理及社区建设的分期实施创造条件。

三、居住区选址

应选择在安全、适宜居住的地段进行居住区建设，并应符合以下规定：
①不得在有山体滑坡、泥石流、山洪等自然灾害威胁的地段进行建设；
②与危险化学品及易燃易爆品等危险源的距离，必须满足有关安全规定；
③存在噪声污染、光污染的地段，应采取相应的减少噪声和光污染的防护措施；
④土壤存在污染的地段，必须采取有效措施进行无害化处理，并应达到居住用地土壤环境质量的要求。

四、居住区规划的基础资料依据

1. 政策法规资料项目

政策法规资料项目包括：城市规划法规、居住区规划设计规范；道路交通、住宅建筑、公共建筑、绿化以及工程管线等有关规范；当地的城市总体规划、区域规划、控制性详细规划对本居住区的规划要求等。

2. 人文地理资料项目

基地环境资料项目包括：当地的建筑形式、环境景观、基地周边的近邻关系。
人文环境资料项目包括：文物古迹、历史传闻、地方习俗、民族文化。

3. 自然地理资料项目

自然地理资料项目包括：地块与地块周边一定范围之内的地形图、气象气候条件、工程地质资料、水源水文资料。

4. 工程技术资料项目

工程技术资料项目包括：城市给水管网供水、排水、防洪、道路交通、供电等。

五、相关术语

1. 城市居住区

城市中住宅建筑相对集中布局的地区，简称居住区。

2. 十五分钟生活圈居住区（15-min Pedestrian-scale Neighborhood）

以居民步行 15 分钟可满足其基本物质与文化需求为原则划分的居住区范围；一般由城市干路或用地边界线所围合，居住人口规模为 50000 ～ 100000 人（17000 ～ 32000 套住宅），配套设施完善。

3. 十分钟生活圈居住区（10-min Pedestrian-scale Neighborhood）

以居民步行 10 分钟可满足其基本物质与文化需求为原则划分的居住区范围；一般由城市干路、支路或用地边界线所围合，居住人口规模为 15000 ～ 25000 人（5000 ～ 8000 套住宅），配套设施齐全。

4. 五分钟生活圈居住区（5-min Pedestrian-scale Neighborhood）

以居民步行 5 分钟可满足其基本生活需求为原则划分的居住区范围；一般由支路及以上级城市道路或用地边界线所围合，居住人口规模为 5000 ～ 12000 人（1500 ～ 4000 套住宅），配建社区服务设施。

5. 居住街坊（Neighborhood Block）

由支路等城市道路或用地边界线围合的住宅用地，是住宅建筑组合形成的居住基本单元；居住人口规模为 1000 ～ 3000 人（300 ～ 1000 套住宅，用地面积为 2 ～ 4 公顷），并配建有便民服务设施。

6 居住区用地（Residential Area Landuse）

城市居住区的住宅用地、配套设施用地、公共绿地以及城市道路用地的总称。

7. 公共绿地（Public Green Landuse）

为居住区配套建设、可供居民游憩或开展体育活动的公园绿地。

8. 住宅建筑平均层数（Average Storey Number of Residential Buildings）

一定用地范围内，住宅建筑总面积与住宅建筑基底总面积的比值所得的层数。

第四节 居住区用地规模与配置

一、居住区分级控制规模与配置

（一）居住区分级控制规模

居住区按照居民在合理的步行距离内满足基本生活需求的原则，可分为十五分钟生活圈居住区、十分钟生活圈居住区、五分钟生活圈居住区及居住街坊四级，其分级控制规模应符合表 2-4-1 的规定。

分级是居住区规划的一个重要的概念，公共设施、公共绿地和道路、户外活动场地设置的项目、数量、面积等应根据居住区、居住小区、居住组团来进行分级配置，这是和服务的人数、使用的频次和服务的距离相关的，要考虑居民使用的便利性、设施的经济性等因素。新建居住区，应满足统筹规划、同步建设、同期投入使用的要求；旧区可遵循规划匹配、建设补缺、综合达标、逐步完善的原则进行改造。了解了居住区分级规模之后，我们来看一下各级生活圈居住区的用地配置。

(二)居住区用地与建筑

各级生活圈居住区用地应合理配置、适度开发，其控制指标应符合下列规定。

十五分钟生活圈居住区用地控制指标应符合表2-4-2的规定；十分钟生活圈居住区用地控制指标应符合表2-4-3的规定；五分钟生活圈居住区用地控制指标应符合表2-4-4的规定（注：居住区用地容积率是生活圈内住宅建筑及其配套设施地上建筑面积之和与居住区用地总面积的比值）。居住建筑高度最大控制值为 80 米，层数不超 26 层，容积率不超 3.1。

居住街坊是实际住宅建设开发项目中最常见的开发规模，而容积率、人均住宅用地、建筑密度、绿地率及住宅建筑高度控制指标是密切关联的。针对不同建筑气候区划、不同的土地开发强度，居住街坊住宅用地容积率所对应的人均住宅用地面积、建筑密度及住宅建筑控制高度要符合表 2-4-5 的规定。

表 2-4-1 居住区分级控制规模

距离与规模	十五分钟生活圈居住区	十分钟生活圈居住区	五分钟生活圈居住区	居住街坊
步行距离（米）	800 ～ 1000	500	300	—
居住人口（人）	50000 ～ 100000	15000 ～ 25000	5000 ～ 12000	1000 ～ 3000
住宅数量（套）	17000 ～ 32000	5000 ～ 8000	1500 ～ 4000	300 ～ 1000

表 2-4-2 十五分钟生活圈居住区用地控制指标

建筑气候区划	住宅建筑平均层数类别	人均居住区用地面积（平方米 / 人）	居住区用地容积率	居住区用地构成（%）				
				住宅用地	配套设施用地	公共绿地	城市道路用地	合计
Ⅰ、Ⅶ	多层Ⅰ类（4 ～ 6 层）	40 ～ 54	0.8 ～ 1.0	58 ～ 61	12 ～ 16	7 ～ 11	15 ～ 20	100
Ⅱ、Ⅵ		38 ～ 51	0.8 ～ 1.0					
Ⅲ、Ⅳ、Ⅴ		37 ～ 48	0.9 ～ 1.1					
Ⅰ、Ⅶ	多层Ⅱ类（7 ～ 9 层）	35 ～ 42	1.0 ～ 1.1	52 ～ 58	13 ～ 20	9 ～ 13	15 ～ 20	100
Ⅱ、Ⅵ		33 ～ 41	1.0 ～ 1.2					
Ⅲ、Ⅳ、Ⅴ		31 ～ 39	1.1 ～ 1.3					
Ⅰ、Ⅶ	高层Ⅰ类（10 ～ 18 层）	28 ～ 38	1.1 ～ 1.4	48 ～ 52	16 ～ 23	11 ～ 16	15 ～ 20	100
Ⅱ、Ⅵ		27 ～ 36	1.2 ～ 1.4					
Ⅲ、Ⅳ、Ⅴ		26 ～ 34	1.2 ～ 1.5					

表 2-4-3 十分钟生活圈居住区用地控制指标

建筑气候区划	住宅建筑平均层数类别	人均居住区用地面积（平方米 / 人）	居住区用地容积率	居住区用地构成（%）				
				住宅用地	配套设施用地	公共绿地	城市道路用地	合计
Ⅰ、Ⅶ	低层（1 ～ 3 层）	49 ～ 51	0.8 ～ 0.9	71 ～ 73	5 ～ 8	4 ～ 5	15 ～ 20	100
Ⅱ、Ⅵ		45 ～ 51	0.8 ～ 0.9					
Ⅲ、Ⅳ、Ⅴ		42 ～ 51	0.8 ～ 0.9					
Ⅰ、Ⅶ	多层Ⅰ类（4 ～ 6 层）	35 ～ 47	0.8 ～ 1.1	68 ～ 70	8 ～ 9	4 ～ 6	15 ～ 20	100
Ⅱ、Ⅵ		33 ～ 44	0.9 ～ 1.1					
Ⅲ、Ⅳ、Ⅴ		32 ～ 41	0.9 ～ 1.2					
Ⅰ、Ⅶ	多层Ⅱ类（7 ～ 9 层）	30 ～ 35	1.1 ～ 1.2	64 ～ 67	9 ～ 12	6 ～ 8	15 ～ 20	100
Ⅱ、Ⅵ		28 ～ 33	1.2 ～ 1.3					
Ⅲ、Ⅳ、Ⅴ		26 ～ 32	1.2 ～ 1.4					
Ⅰ、Ⅶ	高层Ⅰ类（10 ～ 18 层）	23 ～ 31	1.2 ～ 1.6	60 ～ 64	12 ～ 14	7 ～ 10	15 ～ 20	100
Ⅱ、Ⅵ		22 ～ 28	1.3 ～ 1.7					
Ⅲ、Ⅳ、Ⅴ		21 ～ 27	1.4 ～ 1.8					

表 2-4-4 五分钟生活圈居住区用地控制指标

建筑气候区划	住宅建筑平均层数类别	人均居住区用地面积（平方米 / 人）	居住区用地容积率	居住区用地构成（%）				
				住宅用地	配套设施用地	公共绿地	城市道路用地	合计
Ⅰ、Ⅶ	低层（1 ～ 3 层）	46 ～ 47	0.7 ～ 0.8	76 ～ 77	3 ～ 4	2 ～ 3	15 ～ 20	100
Ⅱ、Ⅵ		43 ～ 47	0.8 ～ 0.9					
Ⅲ、Ⅳ、Ⅴ		39 ～ 47	0.8 ～ 0.9					
Ⅰ、Ⅶ	多层Ⅰ类（4 ～ 6 层）	32 ～ 43	0.8 ～ 1.1	74 ～ 76	4 ～ 5	2 ～ 3	15 ～ 20	100
Ⅱ、Ⅵ		31 ～ 40	0.9 ～ 1.2					
Ⅲ、Ⅳ、Ⅴ		29 ～ 37	1.0 ～ 1.2					
Ⅰ、Ⅶ	多层Ⅱ类（7 ～ 9 层）	28 ～ 31	1.2 ～ 1.3	72 ～ 74	5 ～ 6	3 ～ 4	15 ～ 20	100
Ⅱ、Ⅵ		25 ～ 29	1.2 ～ 1.4					
Ⅲ、Ⅳ、Ⅴ		23 ～ 28	1.3 ～ 1.6					
Ⅰ、Ⅶ	高层Ⅰ类（10 ～ 18 层）	20 ～ 27	1.4 ～ 1.8	69 ～ 72	6 ～ 8	4 ～ 5	15 ～ 20	100
Ⅱ、Ⅵ		19 ～ 25	1.5 ～ 1.9					
Ⅲ、Ⅳ、Ⅴ		18 ～ 23	1.6 ～ 2.0					

表 2-4-5 居住街坊用地与建筑控制指标

建筑气候区划	住宅建筑平均层数类别	住宅用地容积率	建筑密度最大值（%）	绿地率最小值（%）	住宅建筑高度控制最大值（米）	人均住宅用地面积最大值（平方米／人）
Ⅰ、Ⅶ	低层（1～3层）	1.0	35	30	18	36
	多层Ⅰ类（4～6层）	1.1～1.4	28	30	27	32
	多层Ⅱ类（7～9层）	1.5～1.7	25	30	36	22
	高层Ⅰ类（10～18层）	1.8～2.4	20	35	54	19
	高层Ⅱ类（19～26层）	2.5～2.8	20	35	80	13
Ⅱ、Ⅵ	低层（1～3层）	1.0～1.1	40	28	18	36
	多层Ⅰ类（4～6层）	1.2～1.5	30	30	27	30
	多层Ⅱ类（7～9层）	1.6～1.9	28	30	36	21
	高层Ⅰ类（10～18层）	2.0～2.6	20	35	54	17
	高层Ⅱ类（19～26层）	2.7～2.9	20	35	80	13
Ⅲ、Ⅳ、Ⅴ	低层（1～3层）	1.0～1.2	43	25	18	36
	多层Ⅰ类（4～6层）	1.3～1.6	32	30	27	27
	多层Ⅱ类（7～9层）	1.7～2.1	30	30	36	20
	高层Ⅰ类（10～18层）	2.2～2.8	22	35	54	16
	高层Ⅱ类（19～26层）	2.9～3.1	22	35	80	12

住宅用地容积率是居住街坊内，住宅建筑及其便民服务设施地上建筑面积之和与住宅用地总面积的比值；建筑密度是居住街坊内，住宅建筑及其便民服务设施建筑基底面积与该居住街坊用地面积的比率；绿地率是居住街坊内绿地面积之和与该居住街坊用地面积的比率。

当住宅建筑采用低层或多层高密度布局形式时，居住街坊用地与建筑控制指标应符合表 2-4-6 的规定。

表 2-4-6 低层或多层高密度居住街坊用地与建筑控制指标

建筑气候区划	住宅建筑平均层数类别	住宅用地容积率	建筑密度最大值（%）	绿地率最小值（%）	住宅建筑高度控制最大值（米）	人均住宅用地面积（平方米／人）
Ⅰ、Ⅶ	低层（1～3层）	1.0、1.1	42	25	11	32～36
	多层Ⅰ类（4～6层）	1.4、1.5	32	28	20	24～26
Ⅱ、Ⅵ	低层（1～3层）	1.1、1.2	47	23	11	30～32
	多层Ⅰ类（4～6层）	1.5～1.7	38	28	20	21～24
Ⅲ、Ⅳ、Ⅴ	低层（1～3层）	1.2、1.3	50	20	11	27～30
	多层Ⅰ类（4～6层）	1.6～1.8	42	25	20	20～22

二、相关指标

（一）建设强度指标

1. 居住密度

居住密度是关系居住区环境质量的重要指标之一，指单位用地面积上居民和住宅的密集程度，它是一个包含人口密度、人均用地、建筑密度和建筑面积密度指标的综合概念。

2. 人口密度

居住区人口密度是反映居住区卫生条件的一项重要指标，有人口毛密度和人口净密度之分。

人口毛密度 = 居民人数 / 居住区用地面积

人口净密度 = 居民人数 / 住宅用地面积

3. 人均用地

人均用地 = 住宅区总用地 / 住宅区总人口

4. 住宅建筑面积密度

住宅建筑面积密度分为住宅建筑面积毛密度和住宅建筑面积净密度。住宅建筑面积毛密度，也称容积率，体现和控制着居住区建筑的总量，它与总建筑面积具有对应关系，是项目用地范围内地上总建筑面积与项目总用地面积的比值。

住宅建筑面积毛密度 = 住宅建筑总面积 / 居住区用地面积

住宅建筑面积净密度 = 住宅建筑总面积 / 住宅用地面积

5. 建筑密度

建筑密度是居住区用地内，各类建筑的基底总面积与居住区用地的比率，多层建筑密度一般为 25%，高层建筑密度一般为 15%。

建筑密度 = 各类建筑的基底总面积 / 居住区用地面积

（二）环境指标

住宅区在环境质量方面的量化指标主要包括绿化率、人口密度、套密度、人均住宅区用地面积、人均绿地面积、人均公共绿地面积、人均住宅建筑面积、日照间距。

1. 绿化率

绿化率在新区建设中不应低于 30%，旧区改造不宜低于 25%。

绿化率 = 总绿地面积 / 总用地面积

2. 套密度

套密度能在住宅规划设计阶段反映建成后住宅区在人口容量方面对居住环境质量的影响。

套密度 = 住宅区住宅总套数 / 住宅区总用地面积

3. 人口密度与人均住宅区用地面积

人口密度和人均住宅区用地面积虽然概念不同，但分别从人口和用地的角度反映了居住环境的质量。

人口密度 = 住宅区总人口 / 住宅区总用地面积

人均住宅区用地面积 = 住宅区总用地面积 / 住宅区总人口

4. 人均绿地面积与人均公共绿地面积

人均绿地面积反映了绿地的使用强度情况，人均公共绿地面积反映了用作居民直接使用的单独绿地的使用强度情况。

人均绿地面积 = 住宅区绿地总面积 / 住宅区总人口

人均公共绿地面积 = 住宅区公共绿地总面积 / 住宅区总人口

5. 人均住宅建筑面积

人均住宅建筑面积是反映住宅区内部居住环境的主要指标。

各级生活圈居住区用地控制指标及居住街坊用地与建筑控制指标均按小康社会城镇人均住房建筑面积 35 平方米的标准进行计算。人均住宅建筑面积应达到舒适标准，但也不是越大越好，以适应我国人多地少的国情，许多发达国家人均住宅建筑面积基本为 30 ～ 40 平方米。

第五节 居住区住宅规划布置

一般居住区住宅建筑面积占居住区总建筑面积的 80% 以上，住宅用地面积约占居住区总用地面积的 50%，在进行规划布置之前，首先要合理地选择和确定住宅的类型。

一、住宅类型

1. 住宅层数

按照住宅层数分类，住宅可分为低层住宅、多层住宅、中高层住宅、高层住宅。

低层住宅在建筑造价上比多层、中高层及高层造价经济，但占地面积大，从节约用地的观点看，高层住宅是解决城市用地紧张的途径之一。建筑层数的增加和建筑面积的提高，能增加住宅居住面积密度，提高住宅的容积率，节约本就寸土寸金的城市用地，大大减少道路、管网以及其他市政设施投资费用。当然，并不是层数越高用地越经济，建筑密度过大会对居民生理和心理会产生一定不利的影响，在使用上造成诸多不便。

2. 住宅进深

住宅进深加大，外墙相应缩短，并增加建筑面积。据估算，住宅进深在 11 米以下时，每增加 1 米，每公顷能增加建筑面积 1000 平方米左右，当住宅进深在 11 米以上时，效果会相应减少。同时，加大住宅进深也有利于节约用地。

3. 住宅长度

住宅长度会直接影响建筑造价。单元拼接越长，越能节省山墙造价，并降低建筑外墙面积，减少采暖费。但住宅不宜设计得过长，否则对小区内的通风会产生阻碍，影响居住区环境质量，同时过长的建筑也对抗震和防火产生不利影响。

4. 住宅层高

住宅层高的增减会影响建筑造价，也直接和节约用地有关。据测算，住宅层高每降低 10 厘米，能降低造价 1%，节约用地 2%。当然过低的层高会降低住户的居住质量。因此合理确定住宅层高很重要。

二、合理选择住宅类型

合理选择住宅类型一般应考虑以下几个方面。

1. 住宅标准

住宅标准包括住宅面积标准和住宅质量标准。

2. 套型和套型比

套型指每套住房的面积及居室、厅和卫生间的数量（例如一室一厅一卫、二室二厅一卫等）。套型比指各类套型的比例。在确定套型比时应参照当地的人口结构和市场的需求。套型和套型比需要对该住宅的目标人群的家庭结构进行分析测算，有些居住区的住宅设计为了具有更大的适应性，会设计具有一定灵活可变度的户型。

3. 住宅层数和比例

住宅层数的确定要综合考虑用地的经济性以及目标人群的需求等因素。

4. 当地自然气候条件的特点和居民的生活习惯

我国地域辽阔，各地自然气候条件差异大，炎热地区需要通风降温，寒冷地区需要保温防寒，多雨地区需要除湿防潮，少雨的区域需要收集雨水、节约用水。各地居民的风俗习惯也各有不同，造成户型格局各有差异。这些都需要前期分析和调研，使所选择的住宅类型更适应当地的自然气候条件特点和居民的生活习惯。

5. 节约用地，结合地形

住宅设计的精巧构思能实现户型的多样化和节约用地的目的，特别是在地形复杂的用地上，住宅设计更需要结合地形。随着不同的坡度，可进行错层、跌落、分层入口等建筑构造处理，以应对复杂的地理状况。

6. 城市建筑面貌的要求

各地城市有自己的文化风貌和历史文脉，居住区的住宅是重要的城市风貌影响因素。因此住宅的设计要遵循城市控制性详细规划的要求，对城市建筑风貌的塑造起到正向的作用。

三、指标（概念）

1. 结构面积

结构面积指住宅的所有承重墙（柱）和非承重墙所占的面积总和，即内墙、外墙、柱等结构件所占面积的总和。

2. 使用面积

使用面积指住宅各层平面中为生活起居所使用的净面积之和。房屋租赁时一般计算使用面积（可全面反映住宅所有权人和住宅使用权人的租赁关系）。

3. 建筑面积

建筑面积指建筑物外墙外围所围成空间的水平面积。如果计算多层或是高层住宅楼的建筑面积，则是各层建筑面积之和。

4. 公用面积

公用面积指住宅内为住户方便出入、正常交往、保障生活所设置的公共走廊、楼梯、电梯间、水箱间等所占面积的总和。

5. 居住面积

居住面积指住宅各层中直接供住户使用的居室净面积之和。所谓净面积就是要去除墙、柱等结构件所占有的水平面积(即结构面积）。

套内使用面积系数（得房率）= 套内使用面积 /（套内建筑面积 + 规定分摊的公用面积）

四、住宅群体空间组合

（一）住宅群体空间组合应考虑的因素

住宅群体空间组合是住宅建筑之间的组合关系，它形成了住宅外部的空间环境，这是居住区景观设计的基础。住宅群体空间组合应考虑的因素：一是构筑适宜在住宅群体空间中进行各类户外生活活动的空间环境；二是满足住户基本生理和物理需求，以及满足住宅空间安全和心理要求；三是形成居住区良好而富有特征的景观环境。

构筑良好的空间环境与景观环境在后面的章节有详细的叙述，在这里我们简单介绍一下第二点，住宅群体空间组合如何满足住户基本的生理和物理需求。

住宅群体空间组合要满足住户基本的生理和物理需求，就要满足住宅日照环境、营造良好的自然通风和防风效果，以及注重住宅噪声的防治。

1. 住宅日照

住宅日照是指居室内获得太阳的直接照射。

日照间距是指前后两排南向房屋之间，为保证后排房屋在冬至日（或大寒日）底层获得不低于两小时的满窗日照（日照）而保持的最小间隔距离。

日照间距以房屋长边朝阳面向正南，正午太阳照到后排房屋底层窗台为依据来进行计算。

由图 2-5-1 可知 $\tan h = (H - H')/D$，由此得到日照间距应为

$$D = (H - H')/\tan h$$

式中 h——太阳高度角（度）；

H——前幢房屋女儿墙顶面至地面高度（米）；

D——日照间距（米）；

H'——后幢房屋窗台至地面高度（米）。

根据现行设计规范，一般 H' 取值为 0.9 米，大于 0.9 米时仍按照 0.9 米取值。实际应用中，日照间距一般用 $H:D$（前排房屋高度与前后排住宅之间的距离之比）来表示，经常以 1:1.0，1:1.2，1:0.8，1:2.0 等形式出现，它表示的是日照间距与前排房屋高度的倍数关系。如前排房屋为 6 层，高度为 18 米，要求日照间距是 1:0.8，则该日照间距的实际距离应是 14.4 米。

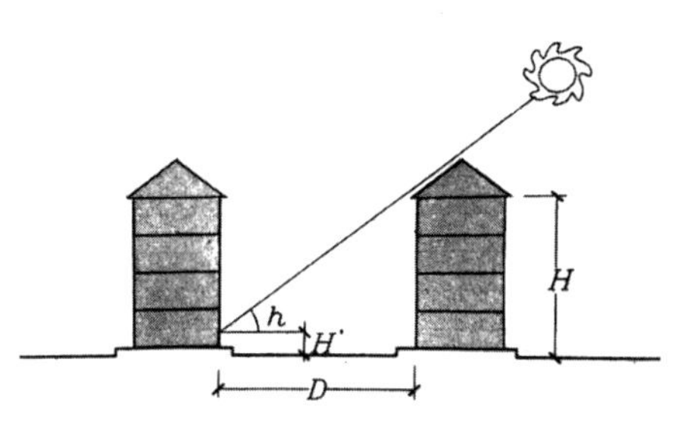

图 2-5-1

如居室所需日照时数增加时，其间距就相应加大，或者当建筑朝向不是正南时，其间距也有所变化。在坡地上布置房屋，在同样的日照要求下，由于地形坡度和坡向的不同，日照间距也会随之改变。

若为建筑平行于等高线布置的向阳坡地，坡度越陡，日照间距可以越小；反之，则越大。有时，为了争取日照，减少建筑间距，可以将建筑斜交或垂直于等高线布置。

由于日照计算采用人工计算方式比较复杂，而且容易产生误差，因此目前常常用计算机软件进行日照计算分析。

住宅建筑的日照标准应符合表 2-5-1 的规定，对特定情况，还应符合下列规定。

老年人居住建筑日照标准不应低于冬至日日照时数 2 小时；在原设计建筑外增加任何设施不应使相邻住宅原有日照标准降低，既有住宅建筑进行无障碍改造加装电梯除外；旧区改建项目内新建住宅建筑日照标准不应低于大寒日日照时数 1 小时。

表 2-5-1 住宅建筑日照标准

建筑气候区划	Ⅰ、Ⅱ、Ⅲ、Ⅶ气候区		Ⅳ气候区		Ⅴ、Ⅵ气候区
城区常住人口（万人）	≥ 50	＜ 50	≥ 50	＜ 50	无限定
日照标准日	大寒日			冬至日	
日照时数（小时）	≥ 2	≥ 3		≥ 1	
有效日照时间带（当地真太阳时）	8 时—16 时			9 时—15 时	
计算起点	底层窗台面				

注：底层窗台面是指距室内地坪 0.9 米高的外墙位置。

2. 住宅间距

住宅间距是住宅前后（正面和侧面）、左右（侧面）外墙之间的水平距离。住宅间距和日照间距（南北向建筑）、消防距离、视线干扰等因素相关。低层、多层和高度小于 24 米的中高层住宅，前后间距不小于规定的日照间距，住宅两侧之间的距离要考虑消防要求和通道设计距离。建筑消防设计规范规定多层住宅建筑左右之间，当侧墙上不开窗时，住宅间距不小于 6 米，侧墙上有窗时，住宅间距不小于 8 米。

对于高度大于 24 米的中高层住宅和高层住宅，其与北面建筑的距离经日照分析后确定，住宅建筑南侧的建筑间距根据其南侧建筑的高度来决定是采用日照间距还是进行日照分析，其侧面建筑间距一般不小于 13 米的消防距离。

住宅建筑之间的间距还要考虑户外场地的设计需要。建筑的遮挡会造成一些终年的阴影区，终年阴影区的产生与建筑形体和建筑群的组合相关，户外儿童活动场地和老年人的室外休憩场地需要良好的日照，需要避开这些终年阴影区。因此住宅建筑之间的距离、建筑的外形、建筑的布局形态需要对日照情况进行分析，保证这些场地有充足的日照。

视线干扰造成的住户私密性问题也会对住宅之间的间距产生影响，住户与住户相互平行对视的窗户容易产生私密性问题，这可以通过住宅户型的设计、住宅群体空间的组合布局设计来尽量避免。如果无法避免，则需要增加住宅的间距。

住户与户外场地、住户与和户外道路之间也需要考虑视线干扰问题。住宅建筑与活动场地应保持一定距离，在住宅与活动场地之间用植物进行遮挡等手法可以防止视觉干扰造成的私密性问题。

3. 自然通风

居住区的自然通风指的是空气依靠风压产生流动。在夏季炎热地区，自然通风尤其重要，能减轻酷热，在冬季严寒地区，就要注意防风，避免北风长驱直入。建筑本身的自然通风和建筑的高度、进深、长度、外形、迎风方位有关；对于建筑群体的自然通风，建筑的间距、建筑的排列组合关系、建筑群体的迎风方位与之有很大关系；居住区的自然通风，依靠居住区的合理选址、景观的合理布局来进行调节。

4. 噪声防治

住宅是一个安静私密的空间领域，设计中要避免噪声的干扰。居住区的噪声干扰主要源于交通噪声、人群活动噪声、居住区周围和内部少量遗存的工业区产生的噪声。交通噪声有来自居住区外部的城市交通噪声，需要进行选址避免和采用建筑、绿化进行隔离。社区内部的交通噪声通过居住区本身的交通组织、停车设施布局，以及利用绿化、地形、人工壁障等措施来避免。工业区的噪声一般较少，通常通过防护隔离的措施加以防范。天空中的飞机经过的噪声也是噪声的一种，需要在居住区选址时就加以防范与规避。

（二）住宅群体平面组合的基本形式及特点

住宅建筑群体组合和户外空间形成了图底关系，它为居住区景观设计提供了空间环境基础，从丰富居住区景观多样性和塑造居住区景观特色来说，居住区住宅群体的组合应该呈多样化。

1. 行列布置

行列布置就是将建筑按照一定朝向（日照和景观朝向）和合理间距成行成列进行布置的形式。这种布置形式能使绝大多数居室获得良好日照和通风，但在空间上如果大量采用这种形式会使建筑像兵营一般，没有空间变化，比较呆板。

2. 周边布置

周边布置是建筑沿街坊和沿着院落围合布局的形式。周边布置会形成较封闭的院落空间，形成围合度较强的活动和休憩场地，有利于节约土地，提高居住建筑密度，阻挡冬季寒风的侵袭，形成相对稳定的户外小环境，但会形成一部分朝向差的住宅，而且施工复杂，对于抗震不利。

3. 点群式布置

点群式布置是低层独立式、多层点式、高层塔式住宅建筑以相对独立的方式进行布置的形式，这种形式有助于形成良好的自然通风和日照。

4. 混合布置

混合布置是以上三种形式的结合，综合采用行列式、点群式、围合式布置，能创造较为丰富的户外空间。

5. 自由式布置

自由式布置是指不规则的建筑平面外形住宅或者住宅不规则地组合在一起，在结合地形并照顾日照、通风等要求的前提下，成组自由灵活进行布置。

第六节 居住区配套设施

居住区配套设施是为居住区居民提供生活服务的各类必需的设施。配套设施用地是指对应居住区分级配套规划建设，并与居住人口规模或住宅建筑面积规模相匹配的生活服务设施用地，主要包括基层公共管理与公共服务设施、商业服务设施、市政公用设施、交通场站及社区服务设施、便民服务设施的用地，同时也包括建筑的基底占有的用地及其所配套的场院、绿地和配建停车场等。

一、配套设施布局基本原则

居住区配套设施应以保障民生、方便使用、有利于实现社会基本公共服务均等化为目标，统筹布局、集约建设。居住区各项配套设施还应坚持开放共享的原则，例如中小学的体育活动场地宜错时开放，作为居民的体育活动场地，提高公共空间的使用效率。

配套设施布局应综合统筹规划用地的周围条件、自身规模、用地特征等因素，并应遵循集中和分散布局兼顾、独立和混合使用并重的原则，集约节约使用土地，提高设施使用便捷性。

有条件的城市新区应鼓励基层公共服务设施（尤其是公益性设施）集中或相对集中配置，打造城市基层“小、微中心”，为老百姓提供便捷的“一站式”公共服务，方便居民使用。十五分钟和十分钟生活圈居住区配套设施中，同级别的公共管理与公共服务设施、商业服务业设施、公共绿地宜集中布局，可通过规划将由政府负责建设或保障建设的公益服务设施，如文体设施、医疗卫生设施、养老设施等集中布局，来引导市场化配置的配套设施集中布局，形成居民综合服务中心。

在居住区土地使用性质相容的情况下，还应鼓励配套设施的联合建设，十五分钟生活圈居住区宜将文化活动中心、街道服务中心、街道办事处、养老院等设施集中布局，形成街道综合服务中心。五分钟生活圈居住区配套设施规模较小，更应鼓励社区公益性服务设施和经营性服务设施组合布局、联合建设，鼓励社区服务设施中社区服务站、文化活动站（含青少年、老年活动站）、老年人日间照料中心（托老所）、社区卫生服务站、社区商业网点等设施联合建设，形成社区综合服务中心。独立占地的街道综合服务中心用地和社区综合服务中心用地应包括同级别的体育活动场地。

城市旧区改建项目应综合考虑周边居住区各级配套设施建设实际情况，合理确定改建项目人口容量与建筑容量。旧区改建项目的人口规模变化较大时，应综合考虑居住人口规模变化对居住区配套设施需求产生的影响，增补必要的配套设施。补建的配套设施，应尽可能满足各类设施的服务半径要求，其设施规模应与周边服务人口相匹配。

二、配套设施分级布置

配套设施应遵循配套建设、方便使用、统筹开放、兼顾发展的原则进行配置，其布局应遵循集中和分散兼顾、独立和混合使用并重的原则，并应符合下列规定。

①十五分钟和十分钟生活圈居住区配套设施，应依照其服务半径相对居中布局。

②十五分钟生活圈居住区配套设施中，文化活动中心、社区服务中心（街道级）、街道办事处等服务设施宜联合建设并形成街道综合服务中心，其用地面积不宜小于 1 公顷。十五分钟生活圈居住区对应的居住人口规模为 50000 ～ 100000 人，应配备一套完整的、可以满足日常生活需要的服务设施，其服务半径不宜大于 1000 米。必须配建的设施主要包括中学、大型多功能运动场地、文化活动中心（含青少年、老年活动中心）、卫生服务中心（社区医院）、养老院、老年养护院、街道办事处、社区服务中心（街道级）、司法所、商场、餐饮设施、银行、电信、邮政营业网点等，以及开闭所、公交车站等基础设施。宜配建的配套设施主要包括体育馆（场）或全民健身中心，它们与大型多功能运动场地类似，可作为大型多功能运动场地的替代设施，但体育馆（场）或全民健身中心的体育活动场地应满足大型多功能运动场地的设置要求。派出所因各城市建设规模不一、变化较大，可结合各城市实际情况进行建设。市政公用设施、交通场站设施可结合相关专业规划或标准进行配置。

③十分钟生活圈居住区对应的居住人口规模为 15000 ～ 25000 人，其配建设施是对十五分钟生活圈居住区配套设施的

必要补充，服务半径不宜大于500米。必须配建的设施主要包括小学、中型多功能运动场地、菜市场或生鲜超市、小型商业金融网点、餐饮店、公交首末站等设施。健身房作为十五分钟、十分钟生活圈居住区宜配置项目，可通过市场调节补充居民对体育活动场地的差异性需求。

④五分钟生活圈居住区配套设施中，社区服务站、文化活动站（含青少年、老年活动站）、老年人日间照料中心（托老所）、社区卫生服务站、社区商业网点等服务设施，宜集中布局、联合建设，并形成社区综合服务中心，其用地面积不宜小于0.3公顷。五分钟生活圈居住区对应居住人口规模为5000～12000人，其配套设施的服务半径不宜大于300米，必须配建的设施主要包括社区服务站（含社区居委会、治安联防站、残疾人康复室）、文化活动站（含青少年、老年活动站）、小型多功能运动（球类）场地、室外综合健身场地（含老年户外活动场地）、幼儿园、老年人日间照料中心（托老所）、社区商业网点（超市、药店、洗衣店、美发店等）、再生资源回收点、生活垃圾收集站、公共厕所等。五分钟生活圈居住区的配套设施一般与城市社区居委会管理相对应。随着我国社区建设的不断发展，文体活动、卫生服务、养老服务都已经作为基层社区服务的重要内容，因此本标准将五分钟生活圈居住区的设施称为社区服务设施。室外综合健身场地（含老年户外活动场地）宜独立占地，但可结合五分钟生活圈的居住区公园进行建设，并应满足本标准提出的居住区公园体育活动场地占地比例要求。

随着城市居民生活水平的提高，一些城市已经出现了一些新的社区服务设施或项目，例如服务小学生的养育托管、服务老年人或双职工家庭的社区食堂等，标准将社区食堂纳入配套设施的按需配建的项目，养育托管服务建议纳入社区文化活动站统筹组织安排，各城市可结合居民需求、城市服务能力，确定配建方式。

⑤居住街坊，一般用地面积为2～4公顷，对应的居住人口规模为1000～3000人，应配置便民的日常服务配套设施，通常为本街坊居民服务；必须配建的设施包括物业管理与服务、儿童老年人活动场地、室外健身器械、便利店（菜店、日杂等）、邮件和快递送达设施、生活垃圾收集点、居民机动车与非机动车停车场（库）等。居住街坊的配套设施一般设置在住宅建筑底层或地下，属于住宅用地可兼容的服务设施，其用地不需单独计算。

⑥旧区改建项目应根据所在居住区各级配套设施的承载能力合理确定居住人口规模与住宅建筑容量；当不匹配时，应增补相应的配套设施或对应控制住宅建筑增量。

第七节 居住区公共绿地

一、公共绿地概念

公共绿地指的是居住区配套建设、可供居民游憩或开展体育活动的公园绿地。

十五分钟生活圈居住区、十分钟生活圈居住区、五分钟生活圈居住区的配建绿地属于城市公共绿地，指居住区各级生活圈配套建设的、向居民开放的绿地，属于城市用地分类的绿地与广场用地（G），各级生活圈居住区的公共绿地应分级集中设置一定面积的居住区公园，形成集中与分散相结合的绿地系统，创造居住区内大小结合、层次丰富的公共活动空间，设置休闲娱乐、体育活动等设施，满足居民不同的日常活动需要。

居住街坊内的附属绿地（中心绿地和宅间绿地）属于城市用地分类中的住宅用地。

二、三级居住区公共绿地

新建各级生活圈居住区应配套规划建设公共绿地，并应集中设置具有一定规模，且能开展休闲、体育活动的居住区公园，公共绿地控制指标应符合表2-7-1的规定。

表2-7-1 公共绿地控制指标

类别	人均公共绿地面积（平方米／人）	居住区公园		备注
		最小规模（公顷）	最小宽度（米）	
十五分钟生活圈居住区	2.0	5.0	80	不含十分钟生活圈及以下级居住区的公共绿地指标
十分钟生活圈居住区	1.0	1.0	50	不含五分钟生活圈及以下级居住区的公共绿地指标
五分钟生活圈居住区	1.0	0.4	30	不含居住街坊的公共绿地指标

为落实《中共中央国务院关于进一步加强城市规划建设管理工作的若干意见》提出的“合理规划建设广场、公园、步行道等公共活动空间，方便居民文体活动，促进居民交流，强化绿地服务居民日常活动的功能，使市民在居家附近能够见到绿地、亲近绿地”的精神，2018年的居住区规划设计标准提高了各级生活圈居住区公共绿地的配建指标。

十五分钟生活圈居住区按2平方米／人设置公共绿地（不含十分钟生活圈及以下级居住区公共绿地指标）、十分钟生活圈居住区按 1 平方米 / 人设置公共绿地（不含五分钟生活圈及以下级居住区公共绿地指标）、五分钟生活圈居住区按 1 平方米 / 人设置公共绿地（不含居住街坊绿地指标）。

居住街坊内集中绿地的规划建设，应符合下列规定：新区建设不应低于 0.5 平方米 / 人，旧区改建不应低于 0.35 平方米 / 人；宽度不应小于 8 米；在标准的建筑日照阴影线范围之外的绿地面积不应少于 1 / 3，其中应设置老年人、儿童活动场地。

标准对集中设置的公园绿地规模提出了控制要求，以利于形成点、线、面结合的城市绿地系统，同时能够发挥更好的生态效应；有利于设置体育活动场地，为居民提供休憩、运动、交往的公共空间。同时体育设施与该类公园绿地的结合较好地体现了土地混合、集约利用的发展要求。

当旧区改建确实无法满足表 2-7-1 的规定时，可采取多点分布以及立体绿化等方式改善居住环境，但人均公共绿地面积不应低于相应控制指标的 70%。

三、居住街坊附属绿地

居住街坊的附属绿地应包括集中绿地和宅间绿地；对其最小规模和最小宽度的要求，是为了保证居民能有足够的空间进行户外活动。

居住街坊内的绿地应结合住宅建筑布局设置集中绿地和宅间绿地；绿地的计算方法应符合下列规定。

①满足当地植树绿化覆土要求的屋顶绿地可计入绿地面积。绿地面积计算方法应符合所在城市绿地管理的有关规定。

②当绿地边界与城市道路临接时，应算至道路红线；当与居住街坊附属道路临接时，应算至路面边缘；当与建筑物临接时，应算至距房屋墙脚 1.0 米处；当与围墙、院墙临接时，应算至墙脚。

③当集中绿地与城市道路临接时，应算至道路红线；当与居住街坊附属道路临接时，应算至距路面边缘 1.0 米处；当与建筑物临接时，应算至距房屋墙脚 1.5 米处。

第八节 居住区道路与居住环境

一、居住区道路

居住区道路包括居住区内的城市道路和居住街坊内的附属道路。

①居住区内道路的规划设计应遵循安全便捷、尺度适宜、公交优先、步行友好的基本原则，并应符合现行国家标准《城市综合交通体系规划标准》（GB/T 51328—2018）的有关规定。

②居住区的路网系统应与城市道路交通系统有机衔接，并应符合下列规定：

a. 居住区应采取“小区街、密路网”的交通组织方式，路网密度不应小于 8 千米 / 平方千米；城市道路间距不应超过 300 米，宜为 150 ～ 250 米，并应与居住街坊的布局相结合；

b. 居住区内的步行系统应连续、安全、符合无障碍要求，并应便捷连接公共交通站点；

c. 在适宜自行车骑行的地区，应构建连续的非机动车道；

d. 旧区改建，应保留和利用有历史文化价值的街道、延续原有的城市肌理。

③居住区内各级城市道路应突出居住使用功能特征与要求的相关规定，以及居住街坊内附属道路的规划设计，居住区道路边缘至建筑物、构筑物的最小距离，“支路”的红线宽度和断面形式，附属道路最大坡度及坡长控制指标等细致规定，在本章就不进一步阐述了。

二、居住环境

①居住区规划设计应尊重气候及地形地貌等自然条件，并应塑造舒适宜人的居住环境。

②居住区规划设计应统筹庭院、街道、公园及小广场等公共空间形成连续、完整的公共空间系统，并应符合下列规定：

a. 宜通过建筑布局形成适度围合、尺度适宜的庭院空间；

b. 应结合配套设施的布局塑造连续、宜人、有活力的街道空间；

c. 应构建动静分区合理、边界清晰连续的小游园、小广场；

d. 宜设置景观小品美化生活环境。

③居住区建筑的肌理、界面、高度、体量、风格、材质、色彩应与城市整体风貌、居住区周边环境及住宅建筑的使用功能相协调，并应体现地域特征、民族特色和时代风貌。

④居住区内绿地的建设及其绿化应遵循适用、美观、经济、安全的原则，并应符合下列规定：

a. 宜保留并利用已有树木和水体；

b. 应种植适宜当地气候和土壤条件、对居民无害的植物；

c. 应采用乔、灌、草相结合的复层绿化方式；

d. 应充分考虑场地及住宅建筑冬季日照和夏季遮阴的需求；

e. 适宜绿化的用地均应进行绿化，并可采用立体绿化的方式丰富景观层次、增加环境绿量；

f. 有活动设施的绿地应符合无障碍设计要求并与居住区的无障碍系统相衔接；

g. 绿地应结合场地雨水排放进行设计，并宜采用雨水花园、下凹式绿地、景观水体、干塘、 树池、植草沟等具备调蓄雨水功能的绿化方式。

⑤居住区公共绿地活动场地、居住街坊附属道路及附属绿地的活动场地的铺装，在符合有关功能性要求的前提下应满足透水性要求。

可见配建绿地和雨水结合以及透水性场地设计是根据海绵城市建设和排水防涝、面源污染防治的要求制定的，突出了生态性的要求，居住区绿地应结合场地雨水规划、建筑布局及排水、休憩、景观的要求进行设计，同时因地制宜。

⑥居住街坊内附属道路、老年人及儿童活动场地、住宅建筑出入口等公共区域应设置夜间照明；照明设计不应对居民产生光污染。

⑦居住区规划设计应结合当地主导风向、周边环境、温度湿度等微气候条件，采取有效措施降低不利因素对居民生活的干扰，并应符合下列规定：

a. 应统筹建筑空间组合、绿地设置及绿化设计，优化居住区的风环境；

b. 应充分利用建筑布局、交通组织、坡地绿化或隔声设施等方法，降低周边环境噪声对居民的影响；

c. 应合理布局餐饮店、生活垃圾收集点、公共厕所等容易产生异味的设施，避免气味、油烟等对居民产生影响。

⑧既有居住区对生活环境进行的改造与更新，应包括无障碍设施建设、绿色节能改造、 配套设施完善、市政管网更新、机动车停车优化、居住环境品质提升等。

【思考题】

1. 居住区的分级控制规模有哪几级？

2. 居住区的用地构成分为哪几类？

第三章 居住社区景观设计基础

第一节 居住社区景观设计概述

一、居住社区环境的变迁

从人类文明史的角度看，人类文明从渔猎文明发展到农业文明再到工业文明，居住环境从原始洞穴到现代化的智能居住社区。在不同的社会形态下，人们的居住观念和居住社区环境也在不断地变化。

翻开世界历史，我们会发现凡是文化发达区、文明中心区、著名的经济中心等皆发源于湿地或湿地的周边地区，都有一个相对稳定、和谐的自然环境，利于该地区的人们生产、生活、经济发展、社会稳定和文化进步。这既是天性使然，也是生存的需要。因此，水系发达、湿地集中的地区，往往也是最早有人类聚居的地方。

（一）我国古代社会的居住社区环境

景观设计工程是项庞大、复杂、综合性极强、需要多方配合的工程，整个过程十分复杂。一般情况下，完整的景观设计程序包括参加建设项目的决策，编制各个阶段的设计文件，配合施工和参加验收，进行总结的全过程。

自古以来，我们的先祖就把选址定居作为安居乐业的头等大事。在古代社会，大到城市的选址，小到平民住宅的选址，都受到风水的影响。风水的有机论自然观表现在人地关系上：人们择地而居，选择较好的地理环境。风水家择地而居的观点是科学的，直到现在仍有现实意义。不过在人地关系上，风水学说体现的是地理环境决定论，以为只要地好就得福得志，地灵则人杰，宅吉则人荣。

纵观我国古代的大小城市，许多在兴建之初都是以风水理论为指导进行选址的。城市内，皇宫和官员的住宅由于受风水的影响，追求与自然环境的和谐统一。同时，为了接近自然，他们在自己的住宅里进行了“小桥流水，假山层叠”的工程，模仿自然环境，刻意营造出近乎自然的环境。从现在北方的皇家园林、南方的诸多私家园林中我们依然可以感受到这些“明珠”们散发出的属于中国文化和建筑的光彩（见图 3-1-1、图 3-1-2）。

普通民居也非常注意住宅地的环境，一般也会在房间周围种植树木花草。宋代大学者苏轼在其《司马君实独乐园》一诗中写道“青山在屋上，流水在屋下。中有五亩田，花竹秀而野”，勾画了一个令人心驰神往的天地人合的“独乐园”。

（二）鸦片战争之后的居住社区环境

鸦片战争以后，中国在外来势力的影响下逐渐沦为半殖民地半封建社会，城市作为社会经济的产物也在内容和形式上发生了显著变化。

随着工业区在城内的落户，住宅彼此交错混杂形成工作、居住一体化的新模式。城市居住地域上主要出现了两类分化：一类是帝国主义和官僚买办资产阶级所拥有的新型高级居住社区，其占据着城市中环境较好的地段，风景优美，自然环境好；另一类则为广大城市工人、破产农民和其他劳动者居住的破旧贫民棚户区以及密集的里弄街坊，都位于城市环境最差的地段，一般多接近码头、车站、工厂和租界，便于劳动者谋生，在这里居住的人们每天都为了温饱而忙碌，对于住宅周围的环境根本没有心思也没有能力去考虑。

图 3-1-1

图 3-1-2

（三）中华人民共和国成立之后的居住社区环境

中华人民共和国成立后的头 30 年，是以计划经济与“单位”为主体的时期，在中国现代城市发展史上是个特殊时期，在这一时期，“天人合一”的传统思想作为封建糟粕被抛弃，苏联、东欧国家的城市规划和建设理论被推广。

当时，居住社区往往表现为工业用地的附属，工业用地摆在哪里，哪里就附带规划配套的居住用地。

在单位制管理模式下，各单位都在自己的地块，并可在邻近地块内为本单位职工建立居住社区。这属于计划体制下“大锅饭”式的住房分配方式。

这一时期人们还处在生活贫困阶段，所关注的是事物、服装等基本生活需要，环境质量的边际效用为零，不可能有环境质量需求，这时要讲环境质量只能由国家供给。所以这一时期的住宅建设主要考虑的是经济适用，建设的是大量低标准的居住社区，人们并不关心居住社区的居住环境是否美观，尽管这是人们自己的休养生息之地。

改革开放时期，由于大量落实政策后的回城户、无房户面临住房问题，住宅供需依然是主要矛盾，这一时期住宅的建设主要是对“量”的追求，直到20世纪80年代末期商品性住宅的发展，情况才开始好转。但此时的商品性住宅还处于“饥不择食”的卖方市场。

这一时期，人们基本脱贫。当人们脱贫之后，开始由低到高不断追求家庭物质消费。这时，人们关注的是户内的物质条件，把物质享受水平视为生活质量的主要内涵，户外环境只是在影响到户内物质消费时被人们偶尔注意。但这一时期的住宅建设已经开始注意到了住宅周围环境的重要性，很多居住社区种植相应的树木花草，有的小区已经建有水池，同时栽有观赏性植物，如睡莲等。

20世纪90年代以来，房地产业得到了迅猛的发展，建设了很多新的小区。在这一时期，住宅的建设由注重对“量”的追求转向对“质”的追求。房地产经营理念发生了变化，概念地产（主题地产），如景观主题地产、环保主题地产、文化主题地产、休闲主题地产、智能主题地产等开始出现。房地产从单纯的楼盘买卖转向对环境和文化的关注，倡导社区新的生活方式。有几个比较重要的因素使得人们开始注重居住社区内的环境，使得居住社区内湿地景观的建设成为必需。

首先，在实现了大量物质消费的基础上，人们开始更多地追求提高生活水平的家庭以外的因素。这时人们的消费由物质领域向精神领域延伸，由家庭条件向户外条件扩展，人们出于对自己的生活质量和身心健康的考虑，开始关心居住社区的环境，环境意识由被动变为主动，居住在人们的消费支出中占有的比例逐渐增大。

其次，最有影响的事情是1998年国家全面停止住房实物化分配，实行住房分配货币化的决定，房屋产权基本私有以及商品住宅房的比例迅速提高，这极大地提高了人们在购房时对居住社区环境的关注度。

在住房制度改革后，大量的住宅都是个人自筹资金购买的。对于多数购房者而言，这笔资金的数目不小，必须审慎研究、比较，以确保自己购买的不动产能够保值。随着人类对环境问题的日益重视，良好的居住社区内外环境已成为房地产中的有利因素。而居民为确保在今后长期的换房及房产转让中居于有利地位，就不能不在房屋购置时考虑景观环境因素。

另外，中国传统人居理念随着人们对儒家思想的再次肯定而得到最大限度的回归，“天人合一”观点同时在理论界和房地产实业界备受推崇。为了在城市中也能呼吸到清新的空气，亲近自然，看到青山绿水，人们便在居住社区周围以人工湿地的方式模拟自然，重现自然。于是一批批“绿色住宅”“生态住宅”“可持续发展住宅”“自然水景住宅”“人工水景住宅”“环保住宅”“超额绿色住宅”等出现了。当然，自然湿地的急剧减少及污染也是很重要的原因。在这种情况下，人工湿地景观在居住社区的出现就顺应了人们对环境的追求。

景观是永恒的主题，与传统相比，伴随经济的发展和人们对高品质生活的追求，景观的规划设计逐渐成为现代居住社区设计不可或缺的重要因素之一。近几年来，房地产经营的理念发生了变化，环境景观主题已开始出现在房地产的营销活动中。静观楼市风云变幻，可以发现景观才是永恒的主题。和传统居住社区相比，现代居住社区的环境景观规划设计出现了一些新趋势。

1. 强调环境景观的共享性

要使每套住房都获得良好的景观环境效果，首先要强调居住社区环境资源的共享，在规划时应最大限度地利用现有的自然环境创造景观，让所有的住户均能享受这些优美环境。

2. 强调环境景观的文化性

崇尚历史、崇尚文化是近来居住景观设计的一大特点。开发商和设计师开始不再机械地割裂居住社区建筑和环境景观，开始在文化的大背景下进行居住社区规划，通过建筑与环境艺术来表现历史文化的延续性。

3. 强调环境景观的艺术性

20世纪90年代以前“欧陆风格”影响到我国居住社区的设计与建设，我国曾盛行欧陆风情的环境景观。20世纪90年代以后，居住社区环境景观呈现出多元化发展的趋势，提倡简洁、明快的景观设计风格。同时环境景观更加关注居民生活的舒适性，不仅为人所赏，还为人所用。创造自然、舒适、亲近、宜人的景观空间，是居住社区景观设计的又一新趋势。

二、居住社区景观设计基本概念和分类

居住社区是人类生存和发展的主要场所。人一生的大部分时间是在自己的居住社区中度过的。居住社区环境质量对人的身心健康有很大影响，而且居住社区作为城市环境的组成部分，其环境状况直接影响着城市的面貌。正如日本相马一郎、佐古顺彦在《环境心理学》中所说：“人以破坏和利用自然环境的方式，扩大其居住范围，其主要原因在于科学技术的发展，但究其根源似乎还是为了生活得到舒适和快乐而不断追求行为上的方便。”随着现代化的发展，人们渴望在自己居住的小区里看到清澈的流水，听到鸟语，闻到花香，感受生机盎然的湿地景观给感官、心灵带来的轻松与愉悦，因此越来越多的人工湿地景观正以小区主景观的形式进入人们的生活。同时，湿地景观所具有的生态环境效益、视觉美学效应等，顺应了当今人们对环境的要求。

而能否做好居住社区的规划、建设与管理工作，直接关系到居住社区环境的优劣。可以说，做好居住社区的规划与管

理意义重大。景观设计是一项创造性的工作，在实际工作过程中，景观设计离不开规划设计师的创造，要运用已有的景观设计理论并受其指导。

在本书中，居住社区景观主要指户外环境景观，是一个包含了软质景观（绿地）在内的概念。

（一）居住社区景观设计的基本概念

1. 景观的概念

“景观”一般是指大的自然风景、小的自然山水景观、自然地貌、人文景观等自然物质要素及人文要素所构成的景观综合体，它是某一地方的综合景观特征的体现。“景观”一词产生于近现代，既区别于传统意义的园林，又并非局限于居住景观、公共景观、商业景观等，它是一个广义的、综合的概念。从历史脉络来看，“园林”出现在先，“景观”出现在后。早期的园林称为“圃”和“囿”。何为圃？即“菜地”“蔬菜园”。何为囿？即围起一块地，里面有野生的动物和驯养的动物，有自然的植物和栽植的植物，可以供人打猎、休闲、娱乐等。从历史发展脉络可以看到，“园林”经历了从圃到囿、从苑到园林这样一个过程。到了近现代，“园林”有了进一步发展，有了更加丰富多彩的空间环境，包括传统的、现代的、城市的、社区的空间环境。现代景观与传统的皇家园林和私家园林不同，因为现代社会有自由、民主、平等的特征，所以现代景观除了具有传统园林私有的特点以外，还具有公共和大众的特点。

2. 现代景观设计产生的历史背景

现代景观设计是指通过生态观、文化观、历史观、美学观等对环境进行设计利用和改造，为人类创造更美好的生活环境，使人与自然和谐共存。现代景观设计是近代工业化生产的产物、现代科学与艺术的结晶，融合了工程技术和艺术审美。现代景观设计产生有以下几个方面的历史背景：一是工业革命带来社会工业化大生产，城镇化迅速发展，生态环境被破坏，人们的工作和生活环境越来越恶劣；二是工业化带来环境污染的问题，人们开始对自然环境和城市居住环境进行反思，并开始探寻解决环境污染和美化生活环境的途径。城市公园是在城市建设问题中用以提高城市居民生活质量的重要手段之一。

现代景观设计学科的产生受美国景观规划设计师奥姆斯特德和英国社会学家霍华德的影响最大。从 19 世纪中叶到 20 世纪初，奥姆斯特德在城市公园、广场、街区绿化、校园、居住社区及自然风景保护区等方面设计实践的探索，奠定了现代景观设计学科的理论与实践基础。霍华德在其著作《明日的田园城市》中表达了他对理想城市的构想，书中这样描述：“城市的生长应该是有机的，一开始就应对人口、居住密度、城市面积等加以限制，配置足够的公园和私人园地，城市周围有一圈永久的农田绿地，形成城市和郊区的永久结合，使城市如同一个有机体，能够协调、平衡、独立、自主地发展。”这为近现代城市景观设计指明了发展方向。

3. 景观规划设计

景观规划设计是以城市或居住社区中的自然要素与人工要素的协调配合来满足人们的活动要求，以创造具有地方特色与时代特色的空间环境为目的的工作过程。其工作领域覆盖从宏观整体环境规划到微观细部环境设计的全过程，一般分为总体景观规划设计、区域景观规划设计与局部景观规划设计三个层次。景观规划设计是对城市或居住社区空间视觉环境的保护、控制与创造，它和城市规划（总体规划、分区规划等）、城市设计、建筑设计、景观建筑设计有着密切关系，它们之间互相渗透、互为补充。

4. 居住社区景观设计

居住社区景观设计是指住宅建筑外环境景观设计，其构成元素有物质元素和精神元素。居住社区的环境景观，直接影响着居民的生活质量。而景观设计师的目标，就是将居住社区的景观环境与住宅建筑有机地融合，为居民创造出经济上合理，生活和心理功能上方便舒适，安全、卫生且优美的居住环境。

（二）居住社区景观设计的分类

以居住社区的居住功能特点和环境景观的组成元素为依据，基于有助于工程技术人员对居住社区环境景观的总体把握和判断的考虑，居住社区景观设计的类别可以分为以下五种。

1. 硬景

硬景就是硬质景观，是相对种植绿化这类软质景观而确定的名称，泛指用质地较硬的材料组成的景观。硬质景观主要包括地坪、地面铺装、雕塑小品、围墙、栅栏、景观墙、花池、树池、挡墙、坡道、台阶及一些便民设施等。

2. 软景

软景就是软质景观，主要是指以植物配置与种植布局为主要内容的绿化设计。绿化设计的主要内容包括乔木布置、灌木布置、地被布置等。

3. 庇护性景观

庇护性景观构筑物所构成的专门景观可称为庇护性景观，主要包括亭、廊、榭、棚架、膜结构等。这类构筑物是居住社区重要的交往与休憩空间，是居民户外活动的集散点，既有开放性，又有遮蔽性。

4. 场所景观

场所景观主要是指由居住社区中的户外活动场所地构成的娱乐休闲空间，包括健身运动场、儿童游乐场、休闲广场等。

5. 水景景观

水景景观是指以水为主构成的景观，既包括与海、河、江、湖、溪相关联的自然水景，也包括以人工水景居多的庭院水景，还包括起烘托环境作用的装饰水景等。

三、居住社区景观设计特点与设计原则

(一)居住社区景观设计的特点

居住社区景观的设计包括对基地自然状况的研究和利用，对空间关系的处理和发挥，与居住社区整体风格的融合和协调，包括道路的布置、水景的组织、路面的铺砌、照明设计、小品设计、公共设施的处理等，这些方面既有功能意义，又涉及视觉和心理感受。在进行景观设计时，应注意其整体性、实用性、艺术性、趣味性的结合。

1. 空间组织立意

景观设计必须呼应居住社区设计整体风格的主题，硬质景观要同绿化等软质景观相协调。不同居住社区设计风格将产生不同的景观配置效果，现代风格的住宅适宜采用现代景观造园手法，地方风格的住宅则适宜采用具有地方特色的景观设计。当然，城市设计和园林设计的一般规律诸如对景、轴线、节点、路径、视觉走廊、空间的开合等，都是通用的。同时，景观设计要根据空间的开放度和私密性组织空间。

2. 点、线、面空间相结合

环境景观中的点是整个环境设计中的精彩所在。这些点元素通过相互交织的道路、河道等线性元素串联起来，点线景观元素使得居住社区的空间变得有序。在居住社区的入口或中心等地区，线与线的交织与碰撞又形成面的概念，面是居住社区中景观汇集的高潮。点、线、面结合的景观系列是居住社区景观设计的基本原则。

在现代居住社区规划中，传统空间布局手法已很难形成有创意的景观空间，必须将人与景观有机融合，从而构筑全新的空间网络。

①亲地空间：增加居民接触地面的机会，创造适合各类人群活动的室外场地和各种形式的屋顶花园等。

②亲水空间：居住社区硬质景观要充分挖掘水的内涵，体现东方文化，营造出人们亲水、观水、听水、戏水的场所。

③亲绿空间：软硬景观应有机结合，充分利用车库、合地、坡地、宅前屋后，营造充满活力和自然情调的绿色环境。

④亲子空间：居住社区中要充分考虑儿童活动的场地和设施，培养儿童友好、合作、冒险的精神。

3. 道路空间系统对居民的影响

规划师或建筑师很容易改变街道的基本形式，但却很难改变人们的居住形式。很多人从旧城区搬迁到新城区，在搬新家的喜悦过后，便马上落入了一种失去了往日邻居的孤独，现今的社区却对此无能为力：各组团之间分块过大，缺乏邻里间的亲密感；虽然居住社区内有各种配套设施，但是使用者也较少，而且社区离中心商业繁华区远，远不及旧时一出家门就能购物方便，街区缺乏生机，几乎没有生活乐趣，步行困难，居民从商业区回来后，只能待在家里；汽车泛滥，人们的自尊所有感和对一个地方的认知感都大幅下降（根据美国著名城市交通学家唐纳德·阿普尔亚德在加利福尼亚州伯克利市的研究所得）。由此可知：窄街道、小道路面积、减慢车速、控制流量才是一个适宜性强的居住社区所应有的。

(二)居住社区景观的设计原则

居住社区环境基本上由住户小庭院、组团级公共用地和小区级公共活动场地构成，这些空间往往互为补充，构成了居住社区外部环境的物质基础。居住社区环境景观设计的主要目标是营造生态化、景观化、宜人化、舒适化的物质环境以及和睦、亲近、具有活力的社会文化环境。设计要注重使用者的特性和需求，达到人性化的设计目标，创造具有积极意义的居住社区环境景观，既要有“以人为本”的思想，又要有尊重自然、利用自然、设计结合自然的观点。因此，主要应遵从以下原则。

1. 社会性原则

赋予环境景观亲切宜人的艺术感召力，通过美化生活环境，体现社区文化，促进人际交往和精神文明建设，并提倡公共参与设计、建设和管理。

2. 安全性原则

安全性需求是居民最基本的需求。安全的居住社区环境可以提高居民的生活质量，增强归属感。安全性在设计中既体现在空间安全感营造方面，又体现在景观元素的设计上，例如道路安全、水景观安全和无障碍设施安全。

（1）道路安全

随着车辆的普及，居住社区中机动车的数量越来越多，内部交通安全问题也逐渐暴露出来。对于人车混行的居住社区，要处理好道路的规划、引导和改造，消除道路交通给居民带来的安全隐患。

（2）水景观安全

水的深度直接影响居民生活的安全性。水景观设计应该考虑儿童、老人等特殊人群的活动特点，在水边应设置各种警示牌，如果水过深，还是需要采取进一步的安全措施。水质问题同样是居住社区景观设计中应该注意的安全问题。许多水景观设计之初水质不错，但水循环设计不到位，夏天蚊蝇滋生，美景变成陋景，直接影响居民的环境健康安全。

（3）无障碍设施安全

无障碍设施设计应该注重环境的安全性设计，为特殊群体提供安全放心的生活环境。

3. 经济性原则

经济性原则是居住社区景观设计的宗旨。居住环境建设应在把握经济性的前提下，提高户外环境的使用率。通过相对少的投入最大限度地提升居住社区户外环境效果，尽量减少轴线式喷泉水景、罗马柱、尺度夸张的中心广场、大草坪等与人的使用限度相背离的设计手法，在满足生态功能要求的基础上，使户外环境设计真正为人服务，而非只从感观上吸引人的眼球。

4. 历史文化原则

居住社区景观设计要把握地域的历史文化脉络。崇尚历史和文化是近来居住社区景观设计的一大特点，开发商和设计师已经不再机械地割裂居住建筑和环境景观，而是开始在文化的背景下，进行居住社区景观设计，通过建筑与环境的艺术来表现历史和文化的延续性。居住社区环境作为城市人类居住的空间，是居住社区文化的凝聚地与承载点；所以，在居住社区环境的规划设计中要认识到文化特征对于居住社区居民健康、高尚情操培育的重要性。营造居住社区环境的文化氛围，在具体的规划和设计中，应注重居住社区所在地域自然环境与地方建筑景观的特征；挖掘、提炼和发扬居住社区的地域历史文化和传统，并在规划中体现出来。与此同时，还需要注意居住社区环境文化构成的多元性、延续性与丰富性，使得居住社区的环境具备高层次的文化品位与特色。设计者在景观设计之初要对居住社区所在的地域文化、民俗风情等进行调研，通过对地域文化的珍视，使居住者得到精神上的慰藉。居住社区景观设计还应充分利用区域的小地形、地貌特点，一方面运用我国古典园林景观营造的精髓，利用自然、依托自然；另一方面用现代的技术手法借景而造景，从而塑造出富有创意和个性的景观空间。

5. 可持续原则

居住社区景观设计走可持续发展的道路，具体表现为自然环境的可持续发展和社会环境的可持续发展。自然环境的可持续发展表现为居住社区景观设计要真正体现生态的内涵。居住社区景观设计不仅要提高居住社区的绿化率，扩大水体的面积，还要将居住社区景观设计作为自然系统中的开放子系统，合理利用现有条件，保护和治理生态环境，避免过多空间闲置与空间的浪费，避免超过实际使用需要的环境尺度，合理采用节能的活动设施和小品，避免不必要的豪华装饰所造成的浪费。随着社会的进步和科学技术的提高，居民们势必会对居住社区的功能提出更高的要求。任何一个当前看似完美的景观设计在时间的长河中必会露出某些缺陷，因此设计者在景观设计时要考虑到更长远的需求，为小区的未来发展留下余地，以供日后居民根据他们的实际体验进行建设。

6. 地域性原则

居住社区景观的设计要充分体现地方的特征和基地的自然特性，体现所在地域的自然环境特征，因地制宜地创造出具有时代特点和地域特征的空间环境。我国幅员辽阔，自然的区域和文化的地域的特征差别很大，居住社区的景观的设计要把握这些特色，来营造富有地方特色的环境。比如海口“椰风海韵”就是一副南国的风情；青岛“碧水蓝天白墙红瓦”体现出滨海城市的特点；苏州“小桥流水”则是江南水乡的韵味了；重庆错落有致应该是山地城市的特色。

7. 生态性原则

生态设计的核心思想就是人与自然生态的共生共存、和谐发展。应尽量保持现存的良好生态环境，改善原有的不良生态环境。提倡将先进的生态技术运用到环境景观的塑造中去，以利于人类的可持续发展。首先，景观设计应尊重传统文化和乡土知识，考虑当地人的风俗文化传统。其次，应因地制宜，合理利用原有景观，当地植物和建材的使用是景观设计生态化的一个重要方面。再次，居住社区环境与生态环境各要素应达到整体协调。

8. 以人为本的原则

以人为本的“人”包括不同地域、阶层、年龄、性别、喜好的人，也就是说景观设计只有在充分尊重居住社区内各式各样不同的人的生理和审美需求，才能体现设计以人为本理念的真正内涵。以人为本的原则在居住社区环境景观中应体现在以下两个方面。

景观不仅具有单纯的观赏和生态价值，还应形成有序的空间层次多样的交往空间，加强人与自然的交流，居民的交流参与。需要将人和景观有机融合在一起，构筑崭新的空间网络。亲地空间必须增加居民与地面接触的机会，从而创造适合各种人群活动的室外场地以及各种形式的屋顶花园等场所。亲水空间要充分挖掘水的丰富内涵，从而体现东方理水文化，营造人们戏水、听水、观水、亲水的场所。亲绿空间应该有机地结合在一起，充分利用车库、台地、坡地、宅前屋后的空间，构造出充满活力的和自然情调的绿色环境。亲子空间必须充分考虑儿童的活动场地和设施，体现友爱、冒险、合作的精神。

以人为本还应考虑到居住社区外部空间的空气环境、湿热环境、声环境、光环境、水环境等五大环境健康性问题。应通过景观的高低、穿插、围合、引进、剔除以及生态技术等的运用，尽量消除或减轻五大环境的污染。如对小区汽车噪声和尾气的隔绝以及避免汽车对小区住户的干扰，可以通过人车分行，在车行道两旁种植绿化带；也可以将小区汽车直接停放在小区周边，使其不进入小区内部，实行小区内部步行化，辅以自行车交通等措施解决。

9. 参与性原则

居住社区景观设计中居民的参与具有重要的意义。居住社区景观设计的目的是为居民提供一个可以参与交往的空间，这是住房商品化的特征。居住社区景观设计必须唤起居民的参与性，让居民享受生活在居住社区景观环境中的乐趣。例如一些互动性、体验性强的景观或设施，能够充分调动起居民的参与性；还可以通过居民对环境的绿化、美化以及维护工作的参与，让环境既满足居民的需求，又在参与的过程中加强了居民间的了解和认同，为居民的和谐交往也提供了一种途径。

10. 整体性原则

居住社区环境的整体性原则主要体现在各类空间的设置比例适当，设施的配置位置、数量平衡，植物配置整体统一。在居住社区景观的设计中，各类空间相互联系，形成居住社区的空间网络，这个网络要与居住社区整体规划和谐统一。

11. 可识别性原则

居住社区景观设计中的可识别性原则主要指有利于人们形成对居住社区清晰的印象并对环境产生控制感。对于整个环境来说，只要方向明确，结构清晰，即使局部存在一些认知模糊的区域也不影响整体环境的可识别性。在居住社区景观设计中有许多方法可以提高居住社区的可识别性，如竖立标志物、设计节点、创造独特的景观小品及形成特有的空间环境等。

12. 私密性原则

居住社区景观设计中的私密性原则主要指在景观设计中让居民生活的私密性能够得到保障。现代居住社区开放程度越来越高，容纳的居民也越来越多，尤其与建筑的底层相连的景观设计应该考虑私密性处理。例如可以在住宅前用栅栏围出一定空间，作为住户花园，加强住户的私密感和控制感；还可以在设计围墙时，将视线以下的部分设计成实墙，视线以上部分设计成栏杆或木栅栏，视线可以穿过，这样住宅内的人可以看到花园以外的情景，外面的人看不到花园里面的情况，既保证了私密性，又不妨碍将室外的景观引入室内。

13. 全球化原则

要以开放的心态来提升理念，共享信息等资源，吸纳一切有益的外来的景观规划设计理论和方法为我所用。实践层面的中国景观的设计将会在民族与国际语境的碰撞中，展开一系列全新的试验。但融入全球化并不意味着完全的一体化，吸纳融合的前提条件是保持自我的独立性和纯洁性，同时要反对抛弃中国优秀园林的设计传统、肤浅的西化、极力模仿外来景观设计表象的“拿来主义”，倡导以自身的特色特征和其他设计思想为内容的相互交流、相互对话、相互碰撞，从而激发出创造的活力和激情。中国现代景观的规划设计只有融入了全球化，才能够意识到地域性的存在与意义，才能够在全球化的世界中发挥积极的影响，全球化和地域性因为开放的设计观念而实现辩证的统一。

14. 多元化原则

景观的设计即将向着多元化发展，在强调文化多元与整合的全球化的环境中的景观必然朝着多样化、特色化的方向发展，既能充分表达世界性的共同主题，又能展示地域的文化特征；既能承袭历史的传统，又具有时代的特性。它包含更多全球的文化特征，能为更多人所理解和欣赏。它专注于那些能引起所有人共鸣的文化的开拓，表现了人类生存的普遍意义和与时俱进的生活真谛。更多地体现了科技和文化、生态的文化，揭示高科技与人类感情的关系、可持续的发展、人对自然的再认识等。它以一种与新时代结合的方式具体体现传统的复兴，体现地域的文化在当代的延续，与地域文化的传统的特殊性相结合，来展示出独特的面貌，用以确立地区、民族赖以获得存在的文化上的认同性。

第二节 居住社区景观的构成与营造

一、居住社区景观设计的美学构成

现代居住社区的景观设计，不是为了设计而设计，也不是为了纯粹的技术而技术，而是回归到最本质的以人为本的设计，应符合美学原则。一切设计要围绕为人服务这个主题，美学原则同样服务于这一主题。居住社区景观设计的美学构成有三个要素：环境要素、文化要素、心理要素。这三方面的要素使得居住社区景观设计具有其特殊性，在把握美学原则的同时，也应考虑设计中的规范。居住社区景观设计是一门综合的设计学科，需要考虑环境要素、文化要素和心理要素。同时，它对于设计者自身的文化修养要求很高，优良的文化品质和高尚的人格是优秀设计师所要具备的素质。在当今学科交叉十分普遍的时代，学科之间的互补性日益明显，努力做到触类旁通是设计者所要追求的。

（一）环境要素

设计离不开环境，总在特定的环境中展开。环境分为非生物自然环境和生物自然环境两类。那么设计行为只有在一定的环境和时代的历史社会环境中，才能产生居住社区景观设计的需要和创作内驱力。居住社区景观设计行为所需要的材料、技术、信息，都来自相应的环境。

1. 自然环境要素

自然环境要素分为非生物环境和生物环境两个类别。非生物环境包括土地、山川、河流、气候等。生物环境包括动物、植物。二者紧密联系在一起。居住社区景观设计是以自然环境为载体的，所以必须遵循当地的实际情况进行设计。如当地的植物类别、气候情况、地势情况都影响设计的可行性原则。比方说以当地美观的植物为主，搭配种植于居住社区，多雨的地区应多考虑雨水的排水问题和布置景观的亭、廊等避雨设施等。这符合设计所倡导的以人为本的原则，同时也符合美学要求，体现出当地的景观环境特色。

2. 社会环境要素

社会环境要素可分为经济环境、政治环境、军事环境、宗教环境、技术环境、习俗环境等，这些要素彼此紧密联系在一起。居住社区景观设计必须着手研究其环境要素，特别是社会环境要素，从中获取原料、技术、知识、人力、规范等的支持。因此这里谈到的居住社区景观设计是综合性的行为，所包含的内容也十分广泛。一个区域的原料、人力、技术等方面的社会环境要素具有很强的约束力。

（二）文化要素

居住社区景观设计必须在一定的文化条件下展开。文化包括精神文化和物质文化两方面，是人们在一定环境范畴中所产生的共识。居住社区景观设计就是将文化的精神层面物质化，再通过物化的精神转化为精神层面的形态。文化的发展是动态的，每个时期有其主导的文化，同时文化还具有区域性的差别。因此居住社区景观设计应该符合当代区域文化的大背景，这样的设计才能符合当代的美学需求。居住社区景观设计师应发挥自身的专业优势赋予作品时代内涵。居住社区的景观设计特别要注重其人文内涵，可通过雕塑作品等将其展现出来。这样，景观设计便有了点睛之笔，更加符合居住社区景观设计的人文特征要求。

（三）心理要素

当代设计已经不是单一的学科，讲究与其他学科的交流与互补。居住社区景观设计也是如此，设计心理学和行为心理学对景观设计的影响是较为直接的。作为景观设计师必须了解和掌握相关的设计心理学和行为心理学，这直接影响设计的合理性。当然对景观设计的美学要求也是有影响的。试问不符合心理和行为规范的景观设计又怎么会美呢？从心理要素上居住社区景观设计美学构成要素大致可分为色彩感、空间感、比例与尺度感、形式感。

1. 色彩感

环境心理学研究表明，视觉神经是人们接收外部信息的主要渠道。视觉是能动的，对色彩的感知能力强。色彩能影响人们的情绪，不同的色彩给人的感受不同。色彩有冷暖、轻重、软硬、强弱、明暗等。休闲生活居住社区的景观设计包括硬质景观的设计和植物绿化配置，应协调色彩。硬质景观道路铺贴的整体色彩倾向由材料所决定，以灰色花岗岩为主。黑色大理石作为立面装饰效果较好。绿化设计也应在整体颜色协调的基础上，在局部主要区域进行点缀。特定区域如儿童游乐场等，可以强化色彩的纯度，营造愉快的气氛。

2. 空间感

空间的营造是居住社区景观设计的重点，人们对于空间的感受有相同的心理规律。居住社区景观设计主要是通过设计营造合理的建筑与它周围环境的空间。居住社区景观设计需要划分出不同功能的景观区域，通过开敞、围合、半围合等设计手法来实现。如入口处一般设置在较为明显的、交通方便的区域，空间形式较为开敞，易于辨认。休闲区绿化较为多样化，绿化量较大，可以隔绝外部的噪声干扰，一般有较好的围合感，配合休闲散步道使景观具有层次感。树池、树阵是较好的休闲聊天的场合，可设计成半围合空间，在容易识别的同时又具有一定的私密性。运用点、线、面的结合可以很好地组织空间。

①点是最小的形式单元，在几何学上，点没有长、宽、厚度，只有位置的几何图形。在居住社区景观设计中，点可以是主要或是次要的景观节点，也可以是中心水景。

②线是运动的，它具有方向感。康定斯基这样来比较点和线的不同本质：点是静止的；线产生于运动，表示内在活动的紧张。居住社区景观设计中的线可以是道路系统，也可以是绿化带和楼房的交界。线是灵活的，具有动感的。线的设计能活跃整体。不同的线条可表现不同的运动状态。

③居住社区景观设计的面可以视为有较大面积的景观空地或绿化、景观设施的立面等。如在威斯康星州斯普林格林的住宅东西塔里辛中，无论是其外部还是室内，那些巧妙的、复杂的立面、斜面、大小面的结合都给人留下深刻印象。

3. 比例与尺度感

重视比例的传统，源于古希腊毕达哥拉斯派关于美是和谐与比例的观点。《建筑十书》也强调建筑物整体与局部以及局部与局部之间的比例关系。众所周知，包豪斯的建筑师和设计师普遍认同比例在设计中的重要性。景观设计作为一门新兴的设计门类也同样重视比例和尺度。除了硬性规范的消防通道标准外，其他的比例和尺度也很重要。景观构筑物与构筑物之间的比例尺度，以及景观构筑物与局部之间的比例尺度关系都同等重要。

4. 形式感

现代设计强调其形式感，个性化的形式实质上是设计语言的多样化所带来的。居住社区景观设计应注重和建筑的配合，小到细部元素，大到风格都应该是统一的整体。居住社区景观是建筑的一部分，和建筑密不可分。从这点来看，从设计建筑开始，景观设计就应介入，往往在多数情况下这点被忽略了。为了弥补之前的配合不足，居住社区景观设计就应更注重形式感的设计，在符合建筑风格的前提下设计景观形式亮点，提高区域识别度，提升居住社区文化品位，创造形式上的美感。

二、居住社区景观元素的构成

居住社区景观构成要素可分为两种。一种是物质的构成，即人、绿化、水体、道路、设施小品等；一种是精神文化构成，即环境的历史文脉、特色等。

（一）水景

水是生态景观中很重要的元素之一，有水才会有生命。中国传统文化中就有“智者乐水，仁者乐山”的说法。现代人也越来越深刻地意识到真正高品质的生活在于融入自然和谐的生态环境。水景住宅以其独有的魅力满足了人们追求自然和亲近自然的向往。通过各种设计手法和不同的组合方式，如静水、动水、落水、喷水等不同的设计，把水的精神做出来，给人以良好的视觉享受，达到丰富层次的效果。

静水有着比较良好的倒影效果，给人诗意、轻盈和梦幻的视觉感受。在现代建筑环境中这种手法运用较多，通过挖湖堆山，布置江河湖沼，辟径筑路，形成居住社区大面积的水面，给人以宁静致远之感，可以取得丰富环境的效果。

（二）绿化

绿化具有调节光、温度、湿度，改善气候，美化环境，消除疲惫，有益身心健康的功能。尤其是在当前绿色住宅、生态住宅呼声日益高涨的今天，居住社区的绿化设计更应兼顾观赏性和实用性，在绿化系统中形成开放性格局布置文化娱乐设施，使休闲、运动、交流等人性化空间与设施融合在景观中，营造有利于人际交往的公共空间。同时，设计应充分考虑绿化的系统性、生物发展的多样性，以植物造景为主题，达到平面上的系统性、空间上的层次性、时间上的相关性，从而发挥最佳的生态效益。

在植物的选择上应注重配置组合，倡导以乡土植物为主，还可适当选用一些适应性强、观赏价值高的外地植物，尽量选用叶面积绿化系数大、释放有益离子多的植物，构成人工生态植物群落。做到主次分明和疏朗有序，讲求乔木、灌木、花草的科学搭配。要合理应用植物围合空间，根据不同的地形、不同的组团绿地选用不同的空间围合。如街道、人行道两边，可用封闭性空间，与外界的噪声、灰尘等相隔离，闹中取静，形成一个宁静和谐的休憩场所。要特别强调人性化设计，做到景为人用，富有人情味；要善于运用透视变形几何错觉原理进行植物造景，充分考虑树木的立体感和树形轮廓，通过里外错落的种植及对曲折起伏的地形的合理应用，使林缘线（树冠垂直投影在平面上的线）、林冠线（树冠与天空交接的线）有高低起伏的变化韵律，形成景观的韵律美。

（三）道路

道路是居住社区的构成框架，一方面它起到了疏导居住社区交通、组织居住社区空间的作用；另一方面，好的道路设计本身也构成居住社区的一道亮丽风景线。按使用功能划分，居住社区道路一般分为车行道和宅间人行道；按铺装、材质划分，居住社区道路又可分为混凝土路、沥青路以及各种石材、仿石材铺装路等。居住社区道路尤其是宅间路，其往往和路牙、路边的块石、休闲座椅、植物配置、灯具等，共同构成居住社区最基本的景观线。因此，在进行居住社区道路设计时，有必要对道路的平曲线、竖曲线、宽窄和分幅、铺装材质、绿化装饰等进行综合考虑，以赋予道路美的形式。如区内干路可能较为顺直，由混凝土、沥青等耐压材料铺装；而宅间路则富于变化，由石板、装饰混凝土、卵石等自然和类自然材料铺装。

（四）环境设施

环境设施设计是环境的进一步细化设计，是一个具有多项功能的综合服务系统，它在满足人的生活需求，方便人的行动，调节人、环境、社会三者之间的关系等方面具有不可忽视的作用。在这个系统中，包含有硬件和软件两方面内容。

硬件设施是人们在日常生活中经常使用的一些基础设施，包含四个系统：信息交流系统（如小区示意图、公共标志、阅报栏等）、交通安全系统（如照明灯具、交通信号、停车场、消防栓等）、休闲娱乐系统（如公共厕所、垃圾箱、健身设施、游乐设施、景观小品等）、无障碍系统（如建筑、交通、通信系统中供残疾人或行动不便者使用的有关设施或工具）。软件设施主要是指为了使硬件设施能够协调工作，为社区居民更好地服务而与之配套的智能化管理系统，如安全防范系统（闭路电视监控，可视对讲、出入口管理等）、信息网络系统（电话与闭路电视、宽带数据网及宽带光纤接入网等）。

任何环境设施都是个别和一般、个性和共性的统一体，安全、舒适、和谐是住宅环境设施的共性。但由于环境、地域、文化、使用人群、功能、技术、材料等因素的不同，环境设施的设计更应体现多样化的个性，例如，不同地域之间气候的差异性也会影响环境设施的设计。

（五）铺地

广场铺地在居住社区中是人们通过和逗留的场所，是人流集中的地方。在规划设计中，可通过它的地坪高差、材质、颜色、肌理、图案的变化创造出富有魅力的路面和场地景观。目前在居住社区中使用的铺地材料包括广场砖、石材、混凝土砌块、装饰混凝土、卵石、木材等。优秀的硬地铺装往往别具匠心，极富装饰美感。如某小区中的装饰混凝土广场中嵌入孩童脚印，具有强烈的方向感和趣味性。值得一提的是现代园林中源于日本的“枯山水”手法，用石英砂、鹅卵石、块石等营造类似溪水的形象，颇具写意韵味，是一种较新的铺装手法。

（六）小品

小品在居住社区硬质景观中有举足轻重的作用，精心设计的小品往往成为人们视觉的焦点和小区的标志。

1. 雕塑小品

雕塑小品又可分为抽象雕塑和具象雕塑，使用的材料有石、钢、铜、木、玻璃钢等。雕塑设计要同基地环境和居住社区风格主题相协调，优秀的雕塑小品往往起到画龙点睛、活跃空间气氛的功效。同样值得一提的是现在广泛使用的“情景雕塑”，表现的是人们日常生活中动人的一瞬，耐人寻味。

2. 园艺小品

园艺小品是构成绿化景观不可或缺的组成部分。苏州古典园林中，太湖石、花窗、石桌椅、楹联、曲径小桥等，是古典园艺的构成元素。当今的居住社区园艺绿化中，园艺小品则更趋向多样化，一堵景墙、一座小亭、一片池、一处花架、一堆块石、一个花盆、一张充满现代韵味的座椅，都可成为现代园艺中绝妙的配景，其中有的是供观赏的装饰品，有的则是供休闲使用的“小区家具”。

3. 设施小品

在居住社区中有许多方便人们使用的公共设施，如路灯、指示牌、垃圾桶、公告栏、自行车棚等。

三、居住社区景观界面的设计

大多从事建筑设计工作的人们相信所有故事都是在空间里发生的。这个空间指的就是我们身处其中的具体空间。在大自然中，空间是无限的，犹如一块大蛋糕，人们所要做的只是用各种手段和物体去切割围合它。围合一个具体空间，通常需要三种界面去完成，包括底界面、侧界面和顶界面。

(一) 界面

对于“景观设计要素”建造功能的设计基础界面处理场地的面貌是由若干界面体现的，人与环境的关系也是通过场地中各种类型的界面完成的，同时，界面也是设计师运用设计语言最为直观的表现。景观场地中的界面主要由“地”“墙”“天”组成。

底界面：在居住社区景观构造中，底界面指的就是人工建造的地面，也可以称为地面铺装（见图 3-2-1），可以分为高级铺装、简易铺装、轻型铺装。

侧界面：在居住社区景观构造中，侧界面指的是建造在地面之上、对人的视觉产生阻挡的人工建造物，也可以称为立面构造，主要包括挡土墙、围墙、栅栏、竹篱、围墙、大门等立面视觉因素（见图 3-2-2）。

顶界面：在居住社区景观构造中，顶界面指的是景观上方对人的视觉产生阻挡的界面，主要指人工建造物，也可以将有意规划的大自然中的星空、云彩等视觉因素纳入顶界面设计的范畴中（见图 3-2-3、图 3-2-4）。

图 3-2-1　图 3-2-2　图 3-2-3　图 3-2-4

(二) 空间划分

当我们了解了各种空间基本是底界面、侧界面、顶界面的边界组合之后，就可以根据这个理论把居住社区景观的具体空间进行如下划分。

外部空间：只有底界面的空间，如大地、海洋、草原、戈壁、马路、广场等。

内部空间：底界面、顶界面和侧界面都具备的空间，如建筑室内等。

模糊空间：当我们明确了什么是内、外空间后，那些内外不分或相对模糊并交织在一起的空间，或者缺失、省去某些界面的综合空间就属于模糊空间了。比如：传统中式园林，将室外风景引入室内的居住空间；亭子、游廊的底界面、顶界面清晰，而侧界面模糊。事实上，进行作业时，如果没有边界的限制，设计几乎是无从下手的。每一个项目都拥有各种各样的边界，理清各种边界的主次关系就拥有了设计的方向。

(三) 界面与人的感受

界面分割和场地空间是密不可分的，或者说，它本身就是一种空间，起着过渡、分割或者围合的作用。界面的出现可以是硬性的也可以是柔性的，在视觉上起到连接功能区域的作用，它为整合、混合、丰富以及设计空间提供了多种机会。由于界面包含着人的丰富感受、使用功能和文化意义，因此在场地景观设计中，设计师对它的定性和分析工作是非常重要的。

1. 人的感受

边界的敏感性在于它是场地与社会交际的一部分。人们在场所边界休息、等待等，往往使场所的边界成为社交的平台。边界成为场所的第一庇护所，是场所吸引力的直观反映。从内容组织的角度出发，场地被分为建筑、停车场、绿化带、各级道路等，场地布局时应对其进行归纳整理。

2. 场地关系

边界也是一种空间，并且还附载着两个空间的过渡功能，或者说，它隐含着从公共属性向私密属性过渡的功能。设计师在营造边界时，其实也是在回答它在场地中的空间属性问题。公共—半私密—私密的层次的丰富性决定了在边界处理时的技巧也是多样的。

3. 界面的形态分类

①自然过渡，包括：滩涂，如河滨、海滨等；生态群落，如草地、牧场、沼泽等；地形，如峭壁、沟脊等。

②肌理的层次，包括：硬质的，如梯步、石等；软质的，如植物、沙砾等。

③障碍的设置，有连贯型和阻隔型两种。

四、居住社区景观节点的设计

(一) 节点的含义和类型

1. 节点的含义

节点在场地中起着连接的作用，它可以是道路的交叉或汇聚点，也可以是一种结构向另一种结构的转换处，某些集中的节点成为一个区域的中心和缩影，由它向外辐射，形成核心。有时对于一个区域尺度的规划来说，节点本身也有可能就是一个集中的区域。细分来说，以下空间都有节点的性质。

①路径上向其他空间过渡的小空间（见图 3-2-5）。路的曲折变化可引起视野范围的不断变化，形成一系列连续的道路空间。道路宽窄变化处或道路转折处的景观会造成对视觉的吸引，显示道路的方向。这种控制性节点的设计是增强道路与组团可识别性的重点。

②不同场所之间的交会处（见图 3-2-6）。一个小空间可以作为节点来考虑：比起大空间占主导地位的景观，它允许有不同的空间感受和用途。小空间通常保持自我独立性，这种交会处的空间节点是活跃而敏感的，通常给人带来很多敏感、细腻的感受，因此这种空间能够适应人们多样性的生活。

③出入口或许有真实的物质构造，或许是象征性的存在，是空间转换的标志，这样的节点意味着其会成为被关注的焦点。出入口的构筑物由建筑、雕塑、地形或小尺度的植物构成（见图 3-2-7）。

④在一连串由节点连接的空间中，行走成为一个充满各种体验的过程。同时，节点也是过渡空间，能帮助人们整合物质景观与场所的感受。节点给出的空间形式用于调节人从一个空间到另一个空间的感受和状态（见图 3-2-8）。

图 3-2-5 图 3-2-6 图 3-2-7 图 3-2-8

2. 场地中节点的类型

（1）标志物

标志物是点状参照物，观察者只是位于其外部，而不会进入其中。它通常是一个定义简单的、有形的物体，比如建筑、标志、店铺或者山峦，或者就是从许多可能的元素中挑选出的一个突出元素（见图 3-2-9、图 3-2-10）。它有地域性特征，只能在有限的范围、特定的道路上才能被看到。只要它们是观察者意象的组成部分，就可以被称为标志物。随着游览者对于行程的逐渐熟悉，对场地中标志物的依赖程度也越来越高。

（2）建筑物

在设计建筑物时应充分考虑与邻近环境的关系，应把场地和建筑物变成环境的一部分，使场地和建筑物融合到与周边环境的整体之中（见图 3-2-11）。建筑物的外向性允许它的使用者享有户外空间，如果场地邻近的环境有不友好、不协调的情况，就应把场地和建筑处理得非常私密、内向。在许多情况下，建筑物是占主导地位的，而场地恰好是要布置建筑物的地方，或者场地上根本没有建筑物，场地有绝对优势。所以，它们之间暗含着取舍的关系，建筑物要反映场地的要求，而场地也要适应建筑物的要求，实现景观效果的优化：节点构筑物与场地周围之间应形成良好的互动关系，不应对场地周围环境产生不良效果。构筑物应结合四周环境，根据建筑物的性质，结合具体情况设计，形成良好的景观效果，同时应避免破坏原有的景观效果。

（3）构筑物

场地中的构筑物与场地的界限有紧密的关系（见图 3-2-12），表现在以下几方面：①构建筑物可以帮助界定场地；②场地的面积决定着构筑物的面积；③场地的形状影响着构筑物的形状；④景观是场地与构筑物的缓冲空间。

（4）地面标志物

地面标志物指的是在环境中起到引导、标志、识别作用的人为构筑实体，如雕塑、纪念碑、钟楼、牌楼等。这些标志物往往是一个场地中具有精神指向功能的实体，与空间、场所紧密联系在一起（见图 3-2-13、图 3-2-14）。

（二）节点空间的组织原则

空间的组织必须满足统一的造型形式和表现特定感情的需要，因此需要对节点的方向、大小、比例、节奏、对位以及过渡空间的设置做出恰当安排。

图 3-2-9 图 3-2-10 图 3-2-11 图 3-2-12 图 3-2-13 图 3-2-14

（三）节点处理

1. 地形

地形是竖向处理中的内容，同时也是界面处理中的内容。在空间组织中，大小穿插和变化能给人造成不同的心理影响。如果在空间组织中没有大的主导空间形态来控制全局，就会使空间丧失主从关系，空间的主导性就会模糊不清（见图 3-2-15、图 3-2-16）。

2. 整形

例如，对场地内的小土丘，可进行平整；同理，也可使陡峭的地形产生平台。在需要的情况下，还可以用整形的方法在平地上堆砌土丘。不同的形态空间也需要注意位置上的联系，使各空间组织成为一个统一的整体（见图 3-2-17）。

3. 肌理

（1）绿地

景观设计的地面肌理在很大程度上是由绿地构成的，它也被称为场地设计中的“软景观”。它的柔软性、生长性恰恰能衬托出人工构筑的建筑美感、工艺美感，丰富着场地的视觉肌理和触觉肌理。由于没有过多的规定，绿地在场地中的配置形式是十分自由的，其中存在着多样的变化和可能性。

绿地可分为三类：边缘性绿地、小面积的独立绿地、具有一定规模的集中绿地。这三种形式结合起来运用，共同构成场地的绿化景园系统。

边缘性绿地是一种最基本的形式，几乎所有的场地中都会有一些边角可供布置的绿地。比如建筑物与场地边缘之间形成的空地，道路两旁的边缘。

独立绿地是指小规模的绿化景观设施，如花坛（花境）、小块草地和孤植树木等。因为它们在场地中呈现出点状形态，具有独立性质，所以被称为独立绿地。它们具有很大的灵活性，用地不大且能取得良好的效果，最常出现在建筑物的入口、场地的入口等，还可以出现在建筑物所围合的天井、院落中，并且常和其他内容结合共同组织交通，具有营造景观和组织场地的双重作用。

集中绿地是绿地配置最为有利的形式，绿地的多重功能在这种形式下体现得最为充分。集中绿地都有一定的规模，一般都可以进入，并且包括一些设施。它对景观具有决定性的影响，并且作为与建筑物和其他内容形式比重相当的平衡要素，是场地布局的组织核心。一般情况下，在公共性的场地中，集中绿地多为公共性、开放式的，是靠近场地外边界，或临近场地内的主要人流路线，可以吸引更多使用者进入其中，从而充分发挥作用。有的集中绿地在住宅等类型的场地中，主要提供给内部的使用者，所以多会强调私密性和安静感，注重围合感、封闭性和内向性。

（2）地面铺装

一般来说，场地的室外部分除去有植被覆盖的地面外，还会根据需要设计某种形式的地面铺装，比如广场、庭院、通道等（见图 3-2-18、图 3-2-19）。铺装最为明显的功用是保护地面，承受磨压，为人的活动提供合适的条件。地面的不同铺砌形式能够标志不同区域的性质以及活动类型，暗示空间的划分，有助于分辨出各区域的不同特点。地面铺装所选择的材料、尺寸及铺砌组合的图案会对空间的尺度及比例产生影响。铺装的色彩、质地、形式也能够创造视觉兴趣，增强空间的个性，如肃穆、粗犷、动感、活泼等。针对不同的使用要求，地面铺装可以使用多种材料，如石板、条石、砾石、陶瓷地砖、天然散石等。在质量要求较高的公共场合，如广场中，规则的石材地砖是常用的材料。混凝土、沥青等塑性材料则具有应用面广、施工方便、坚固耐用、造价较低等优点。卵石、砾石等天然石材常用来铺砌园中的小路或者用在内院、天井等比较亲切的环境中，以增添天然性和多变的趣味性，大面积使用则具有粗犷的性格。成型的石材、陶瓷地砖有广泛的应用范围。

图 3-2-15　图 3-2-16

图 3-2-17　图 3-2-18　图 3-2-19

五、居住社区景观营造

（一）居住社区景观分类

居住社区景观包括：绿化种植景观、道路景观、场所景观、硬质景观、水景景观、庇护性景观、模拟化景观、高视点景观、照明景观（见表 3-2-1）。

（二）居住社区景观设计艺术规律

在现代居住社区景观设计中，对居住社区的要求不仅仅局限于营造简单的室外场地或绿地种植堆砌的景观环境，科学的组织与建设是必要的，居住环境的艺术表达也是重要的。居住社区景观设计艺术主要体现在居住社区景观的形式美、设计风格以及文化内涵三个方面，三者是设计工作的主要入手点，也是设计作品特征与个性化的体现。

1. 居住社区景观的形式美

形式是传达景观功能与审美的载体。良好的景观形式不仅能营造舒适的居住环境，还能给人强烈的审美感受。在居住社区景观设计中，从整体的平面规划，到景观细部的构造，景观的形式美无所不在。

表 3-2-1 居住社区景观分类

序号	设计分类	设计元素		
		功能类元素	园艺类元素	表象类元素
1	绿化种植景观	—	植物配置、宅间绿地、隔离绿地、平台绿地、屋顶绿地、绿篱设置、古树名树保护	—
2	道路景观	机动车道步行道、路、缘、车挡、缆柱	—	
3	场所景观	健身运动场、游乐场、休闲广场	—	—
4	硬质景观	便民设施、信息标志、栏杆 / 扶手、围栏 / 栅栏、挡土墙、坡道、台阶、种植容器、入口造型	雕塑小品	—
5	水景景观	自然水景、驳岸、木栈道、景观桥、泳池水景、景观用水	装饰水景、喷泉、倒影池、庭院水景、瀑布、溪流、跌水、生态水池、涉水池	—
6	庇护性景观	亭、廊、棚架、膜结构	—	—
7	模拟化景观	—	假山、假石、人造树木、人造草坪、枯水	—
8	高视点景观	—	—	屋顶、色彩、层次密度、阴影、轮廓
9	照明景观	车行照明、人行照明、场地照明、安全照明	—	特写照明 装饰照明

（1）整体的平面构成

景观平面的规划并不是随意的涂鸦，而是有迹可循的。在设计过程中，设计师拿到图纸后，常常不知从何下手，或者整体规划方案始终不能通过。对于景观平面规划，需要设计师有一定的设计构成基础与审美能力。成功的景观设计平面规划，就像绘画作品一样，具有美感及艺术性。在居住社区景观平面规划中，应有主有次，根据主次规划不同的组团与轴线，这些组团与轴线则主宰着居住社区景观的整体平面构成。从概念到图纸完成，景观设计平面规划在形式上包括几何形式、自然形式和混合形式三种。

1）几何形式的景观构成

几何基本图形包括矩形、三角形和圆形等。利用形式法则，将简单的几何图形进行重复排列，通过调整大小与位置，就能从排列的图形模式中衍生出新的设计形式。在基本图形中，矩形被认为是最简单、最有用的设计图形，在建筑与景观形式中是最易于衍生和组合的图形；三角形被认为是有运动趋势的图形，其组合的形式具有动感；圆的魅力在于它的简洁性、整体感和统一感（见图 3-2-20）。

2）自然形式的景观构成

设计是多元化的，有些设计师主张，景观设计在满足功能与形式后，要做到对场地的最小干预；有些场地，在设计风格和设计要求上，不宜用几何形式去设计；有些场地本身也不允许运用几何形式去设计。

自然环境与建筑环境的强弱程度具有弹性，取决于居住社区设计中具体的设计方法和场地特性，自然形式的景观构成本身在生态上和形式上都符合现代景观的要求。居住社区自然形式的景观构成方式之一是充分尊重场地，依势而建，利用自然景观要素、地形高差和自然条件，做到对场地的最小干预，这种方式在独栋别墅或者旅游地产建筑中较为多见；另外一种方式是对自然界中存在的元素和形态进行重组，通过人工创造自然形的居住社区景观，这种方式的运用频率较高。人工打造自然形式景观的时候，会不断向大自然学习，并寻找规律，这个过程在居住社区景观平面的整体构成和局部构成中得以反映。自然式平面的形式可以通过模仿自然中的形态、临摹自然事物的肌理而形成，这样的平面规划往往使用曲线和自由形态较多，没有明确的轴线，整体构成流畅而柔和（见图 3-2-21）。

3）混合形式的景观构成

混合形式是多种形态的组合，是为了达到理想的景观效果而对各种形态的综合组织与利用。在平面布局上，善于利用各种几何图形与自然流线相结合，在构成上寻找关系，达到形散而神聚的效果，最终形成的景观构成感、形式感强，整体协调。混合形式的景观平面布局在实际设计工作中是最为常用且灵活性较强的一种设计方法（见图 3-2-22、图 3-2-23）。

图 3-2-20　图 3-2-21　图 3-2-22　图 3-2-23

（2）细部的构造

居住社区建筑景观的细部形式美主要体现在形态、色彩、材质、植物配置等方面。细节决定成败，细节也是居住社区景观质量的重要体现，出色的景观细部构造，能够大大提高居住社区景观的品质（见图 3-2-24 至图 3-2-28）。

图 3-2-24　图 3-2-25

图 3-2-26　图 3-2-27　图 3-2-28

2. 居住社区景观常见的设计风格

所谓“风格”，是指不同时代的艺术思潮与地域特征相融合，通过设计师创造性的构思和表现逐步形成的一种具有代表性的典型形式，是设计师在设计构思过程中赋予空间整体的艺术形象的宏观定位。设计风格由建筑风格和景观风格组成，两种风格在具体设计中应该是相互协调的。居住社区景观风格是指居住社区景观在整体上所呈现出的具有代表性的独特面貌。

居住社区景观风格的设计主要是利用植物的独有特色，配合园林建筑、小品的特色，将居住社区景观设计成为一个既统一又富于变化、既有节奏感又有韵律感、既有相对稳定性又有生命力的现代生活空间。此外，居住社区中的景观设计对城市的整体面貌和城市生态系统平衡也起着重要的调节作用，已经成为衡量现代社区居住环境质量的重要标志，在缓解人们的生活压力、舒缓心情方面起着不可估量的作用。因此，居住社区园林景观设计的好坏，将直接关系到整个社区居住环境的好坏，对整个居住社区生活质量的高低具有重要影响。

现代居住社区中的景观风格设计最早发源于西方发达国家，20 世纪四五十年代，伴随着工业化的迅速发展，原有脆弱的生态环境不断遭到破坏，人们的生活环境受到了严重影响，为了改变人们的居住环境，一些国家不得不采取相应的措施来完善居住社区的生态环境。20 世纪 70 年代，日本首先从国家角度制定了改善居住社区环境的方针政策，提出了居住环境设计的基本要求：舒适、优美、安全、卫生、方便。随着经济社会的发展，到 20 世纪 80 年代，英国政府在新城市和居住社区建设中，提出“生活要接近自然生态环境”的设计原则，这一原则的出台得到了广大人民的认可，从此，居住社区景观风格设计在各个国家相继展开。

我国的居住社区景观风格设计大概是从 20 世纪 70 年代末引进组团绿化概念开始的，随着社会的发展，到 20 世纪 80 年代末，便开始学习借鉴国外居住社区集中绿化和规模化绿化的景观风格设计方式。直到 20 世纪 90 年代，随着城市社会的发展、城市规模的不断扩大、房地产产业的蓬勃发展及人们生活质量的提高，人们的环保意识越来越强，对整体生活质量提出了更高的要求。

近年来，景观设计风格呈现出多元化的趋势，划分的方式有所不同，根据市场上常见的居住社区类型，在此介绍以下几种典型风格。

（1）现代风格

现代风格可以细分为现代简约风格、现代自然风格。

现代简约风格（见图 3-2-29 至图 3-2-31）在现代主义基础上进行简约化处理，受到极简主义风格的影响，提倡“少即是多”的理念。简约被认为是景观设计的基本原则。简约的手法包括三点，一是设计的简约，要求对场地进行认真的研究，以最小的改变取得最大的成效；二是表现手法的简约，要求简明和概括，以最少的景物表现最主要的景观特征；三是设计目标的简约，要求充分了解并顺应场地的文脉、肌理、特性，尽量减少对原有景观的人为干扰。现代简约风格的景观以硬质景观为主，多用树阵点缀其中，形成人流活动空间，突出交接点的局部处理，对施工工艺要求较高。现代简约风格的景观，善于大胆地利用色彩进行对比，主要通过引用新的装饰材料加入简单抽象的元素，景观的构图灵活简单，色彩对比强烈，以突出新鲜和时尚的超前感。在景观构成上，一般以简单的点、线、面为基本构图元素，以抽象雕塑品、艺术花盆、石块、卵石、木板、竹子、不锈钢为一般的造景元素，取材上更趋于不拘一格。在现代居住社区开发建设中，此风格比较适合受众以年轻人为主的居住社区景观建设。

现代自然风格（图 3-2-32）强调现代主义的硬景塑造形式与景观的自然化处理相结合，整体线条流畅，注重微地形空间和成形软景配合，材料多选用自然石材和木头。一般通过现代的手法组织景观元素，运用硬质景观，如铺装、构筑物、雕塑小品等，结合故事情景，营造视觉焦点，运用自然的草坡、植物造景，结合丰富的空间组织，形成现代景观与自然生态的完美结合。

图 3-2-29　图 3-2-30　图 3-2-31　图 3-2-32

（2）欧式风格

欧洲的艺术在人类历史上占有重要的地位，但是由于其地理位置相对中国来说比较遥远，多数人不能亲身或者长期体验欧洲国家的风情。近年来房地产行业发展的高热化与普遍化，打破了这一格局，欧洲园林风格逐渐被移植到中国，在中国各个建造领域得到了广泛的运用和传播，在居住社区景观建设中尤为盛行。这里的欧洲风格指的是泛欧风格，由于欧洲地域广、国家众多，不同国家和地域也呈现更多细分的风格形式。按不同地域的文化合成可分为北欧、简欧和传统欧式；根据地域的不同，相应也在市场上形成了意大利风格、法式风格、英伦风格、西班牙风格、地中海风格等。诸多的欧式风格在现代建筑设计室外景观和室内设计上都得到了广泛的应用。

1）北欧景观风格

北欧人口稀少、资源丰富，人民生活富裕、福利优越。北欧景观设计注重人情，一切设计都以人为本，表现对人的尺度和活动方式的尊重，体现北欧风格特有的舒适和亲切。北欧设计总是把舒适和适用放在首位，以内在价值和使用功能为主导，追求功能和艺术的统一。北欧人热爱自然，酷爱户外活动，注重对自然的体验和从自然中获得灵感，对自然的珍视和虔诚的热爱，带给了北欧设计师丰富的设计灵感和创作动机。因此在北欧风格的园林中常可见到质朴美观的植物景观。北欧景观艺术大量使用正方形和圆形。总之，北欧国家的景观设计具有欧洲北部凝练庄重的厚实感，色调深层，气势宏大，植被浓密丰富，设计追求朴实、实用和美观，其风格自成一体、独树一帜，在一些大型的居住社区规划中常常被采用（见图 3-2-33 至图 3-2-35）。

图 3-2-33　图 3-2-34　图 3-2-35

2）地中海景观风格

地中海北岸地区主要包括西班牙加泰罗尼亚地区、法国普罗旺斯地区及意大利托斯卡纳地区。这三大地区虽然所处不同国家，但其地理位置、地形地貌、气候特征都极为相似，甚至文化渊源也都一脉相承，所以其城市、建筑、园林都有着共同的特征，一般采用温暖、丰富的色彩，设计大胆、自由，尊重民族文化，整体风格质朴，彰显出明显的地中海烙印和特色（见图 3-2-36、图 3-2-37）。

图 3-2-36　图 3-2-37

3）西班牙景观风格

西班牙地处欧洲西南部伊比利亚半岛，属温带海洋性气候，气候温和、四季分明，可谓冬暖夏凉。西班牙风格景观建筑多结合了西班牙本身的气候条件，在建筑上多运用当地的石材，建设的房屋大多通风透气。在吸收了欧洲诸多文化建筑风格特点后，西班牙风格的景观建筑既有来自英国的田园风光、浪漫的艺术景观，也有来自意大利和法国的规则和不规则的自然景观。同时，西班牙景观还吸收了来自遥远东方的园林景观风格特点，最后将自身奔放的地中海浪漫气息完美融入其中，形成了现代西班牙风格景观特点。在西班牙园林景观中，轴线在空间的划分与界定中起到尤为重要的作用，园林中通常以十字形构成中轴线，围绕着轴线所展开的空间往往各具特色。西班牙宫苑典型的形式是矩形的院落，通常面积较小，建筑也较封闭，十字形的林荫路构成中轴线将园林分割。在园林中心、十字形道路交会点布设水池，以象征天堂。周围是装饰华丽的伊斯兰拱廊，在庭院的中轴线上，有一方形或矩形水池，设有喷泉，在水池和建筑物之间，种植乔木、灌木和花草。在园林景观植被方面，西班牙风格园林景观很注重运用植被，其中一些园林景观更是利用这些植被来对整体园林景观进行分区。而且在西班牙风格景观中，对于拱门、亭廊、台阶等的运用也非常多。除此之外，西班牙风格的园林对水的应用也十分广泛，多采用喷泉、水渠、水池等进行景观的营建，水被视为一种对田园生活的回归，同时也体现出对浪漫主义的追求（见图 3-2-38 至图 3-2-40）。

图 3-2-38　图 3-2-39　图 3-2-40

4）意大利景观风格

意大利风格景观摒弃繁复的线脚与细部塑造，省略部分过于宏大庄严的轴线、雕塑与水景，在尺度上更显得亲切与人性化，在色调上更趋于明快，在材质上更趋于自然。其把古典元素抽象化为符号，多使用艳丽而丰富的色彩，常以白色、金色、黄色、暗红色为主色调，且在绿化造景方面，其常采取多层次、高密度的绿化搭配手法，并用精致的亭、廊及陶罐等小品点缀，从而营造出高雅、尊贵的环境（见图 3-2-41、图 3-2-42）。

图 3-2-41

5）英伦景观风格

自然风景式的园林景观最能代表英国本土特色。造园者结合当地的自然条件、地形、地貌、地物来布置园林，在和缓的坡地上铺设草地，树木以自然的方式种植，仿佛是自然生长出来的，绿色的山坡上是半隐半露的帕拉第奥和哥特式的住宅，旁边大树下是原木制成的凉亭、棚架和篱栅，这些都成为英国传统园林环境景观的基本要素，这与国内近年兴起的“山水城市”概念非常相似。传统英式园林形成于 17 世纪布朗式园林的基础之上，撒满落叶的草地、自然起伏的草坡、高大的乔木，有着自然草岸的宁静水面，具有欧式特征的建筑点缀于其间。英伦风格的园林大气、浪漫、简洁，是对欧式风格的综合化和简约化，表现出了对自然无比尊崇的态度。自然的水系、喷泉、英式廊柱、英式雕塑、英式花架等景观小品，以及自然的草岸、草滩等独特的景观元素，都是经典的英伦风格景观元素（见图 3-2-43 至图 3-2-45）。

图 3-2-42

图 3-2-43 图 3-2-44 图 3-2-45

图 3-2-46

图 3-2-47

6）法式景观风格

法国勒诺特尔式园林是欧洲古典园林的典范，体现皇家园林风范，强烈表现人对自然的征服。在景观的布局上突出轴线对称，以烘托恢宏的气势，营造豪华舒适的空间。法式园林中，常把花圃当作整幅构图，按图案布置绣花式坛植。在细节处理上，运用法式廊柱、雕花、线条，制作工艺精细考究。其多运用透视原理，在轴线的终点或交叉点放置雕塑小品或点状水景。在核心空间，则以皇家园林体现核心空间的中正和大气，采用的艺术形态多以直线为主。在英国风景式园林和中国园林的双重影响下，法国出现了带有强烈的理想主义和浪漫主义色彩的绘画式风景园，其追求的是一种诗意、诗境。宅间空间和园路采用自由的形态和曲线，艺术形态的选择以曲线为主。核心空间和宅间空间的风格对立统一，可以在同一景观界面同时存在，这就是法式园林的多元化特点（见图 3-2-46、图 3-2-47）。

总之，欧式风格在整体上吸收了西方园林的特征，呈现厚重、大气、奢华的贵族气质。西方人的思想比较理性，这也同样反映在建筑景观风格上。西方园林强调建筑的主体性，强调突出建筑与轴线，园林的构图以建筑为中心。在景观布局中多采用几何对称式布局，大多有明确的贯穿整个园林的轴线。园林的空间关系明确，园中重点突出、主次分明，各个景观组成部分关系明确、肯定，边界和空间范围清晰明了，空间序列层次分明、有秩序。

在我国现代欧式风格的景观营造上，常常根据西方园林的普遍特征，采用一些普遍的元素与手法。欧式建筑中最明显的特征就是柱子的构造与装饰线脚，这些柱子的构造有多种形式，造型优美、比例协调，常常运用于居住社区景观的构筑物（如亭子、廊架）的建造上。欧式水景的运用也是十分普遍的，在西方园林中，水都是有其固定形态的，要么是规则形状的水池，要么是喷泉或者跌水，这些都为整个园林增添了鲜活的气氛。在景观小品上，其善于利用西方特色的雕塑小品，如人物、动物等，并常常结合水景进行综合利用。还有具有欧式风情的花体，通常结合楼梯、座椅和花坛进行运用。欧式风格在植物栽种上也十分有特色，在植物整体种植上常常运用大片修剪的草坪结合大型乔木打造；沿着道路多运用乔木或者灌木、模纹、绿篱打造有强烈序列感的林荫路景观；在小的景观节点的营造上，则善于利用耐修剪或者树形整齐的植物，营造规则的植物群景观。

（3）中式风格

中国已有上千年的历史，在传统园林发展上有着高深的造诣，但进入信息社会后，人们的居住行为在不断变化，也有了新的要求，故在景观营造的风格上有了传统中式与现代中式（新中式）之分。

1）传统中式风格

传统中式风格拥有典型的中式园林风格特征，设计手法往往是在传统苏州园林或者岭南园林设计的基础上，因地制宜进行取舍融合，呈现出一种曲折转合中有亭、台、廊、榭的巧妙映衬，溪山环绕中有山石、林荫的区位渲染的中式园林效果。传统中式风格是在现代建筑规划的基础上，结合中国传统园林造园手法运用于现代居住社区景观设计的一种风格。传统中式风格在居住社区内部景观化建设上，沿袭传统园林的造园特征，善于筑山、理水，注重建筑美与自然美的融合，注重诗画情趣，讲求意境内涵；在植物和山水营造上，善于模拟大自然的美景和布局，利用梅、兰、竹、菊等植物，延续古典园林风格。其总体上呈现出粉墙黛瓦、亭台楼阁、曲水流觞、曲径通幽的氛围。在现代居住社区景观建设中，传统中式风格造价高、耗时长、风格传统，因而不适用于大规模居住社区的景观建设，仅适用于一部分特殊住宅的景观建设（见图 3-2-48 至图 3-2-51）。

图 3-2-48 图 3-2-49 图 3-2-50 图 3-2-51

2）现代中式风格

现代中式风格，或称新中式风格，是在现代居住社区景观设计中，将中国文化与现代时尚元素高度融合的一种新形式。它利用现代设计语言和材料，在现代空间中对传统园林的构件和符号进行提炼和再生，展现中国历史悠久的传统文化。它突破了中国传统风格中沉稳有余、活泼不足等弊端，运用古典造园的典型特征和方法，呈现出一种新形象。其常常使用传统园林的造园手法，运用中国传统的色彩、中国传统的符号、植物空间的营造等来打造具有中国韵味的现代景观空间。现代中式景观是传统与现代设计艺术的交融，既满足人们对传统文化的向往，又符合当今社会的审美观念和生活需求。该风格在现代居住社区景观设计中，得到了广泛的运用（见图 3-2-52 至图 3-2-56）。

图 3-2-52 图 3-2-53 图 3-2-54 图 3-2-55 图 3-2-56

（4）东南亚风格

东南亚共有 11 个国家，由于其特殊的地理位置和气候，成了当今旅游的胜地。当地人利用其宜人的气候、迷人的滨海景观及热带观赏植物资源，兴建了许多高档的旅游度假别墅和酒店，促进了热带园林的大量建造，并把这种风格推向了世界的舞台。东南亚风格根据地域划分，典型的有泰式风格和巴厘岛风格两种。

1）泰式风格

泰国风情是一个自然与人文条件均很优越并发育完善的有机整体，它内容丰富、形式多样，而且民族特色与外来文化相互渗透，东方和西方流派多元融合，传统文化与现代观念有机共存。这些元素被赋予了新的使用功能，也常用于居住社区的园林景观设计。泰国园林具有建筑、小品、植物及理水等基本园林要素，其理水较为简约，以人工挖凿的湖面及引入的自然河流为主，水岸线柔缓舒畅，在形式上一般少有变化。园林景致更多是对自然的欣赏，其中很少表现出过于明显的人工雕琢痕迹。在植物修剪造型与体形变化上，泰国园林有较强的表现，加之有利于热带与亚热带植物生长的气候及自然环境条件，造型植物成为泰国造园要素中极为重要的一部分。尽管融合了东西方园林艺术风格和造园手法，泰国园林的本土特征依旧清晰明朗，大致表现在以池岛构图的园林布局，以及泰式风格的亭阁殿宇、民族风味的佛寺塔阁、热带亚热带的园林植物上。泰国园林不同于其他东南亚园林风格的部分，在于其中穿插了许多包含宗教元素的景墙、雕塑小品。浓厚的宗教色彩赋予了泰国园林以神秘感，使其在质朴明朗的同时，也带有一些欲说还休的神秘气质（见图 3-2-57 至图 3-2-59）。

2）巴厘岛风格

巴厘岛位于印度尼西亚南部，不但天然景色优美迷人，其丰富多彩的文化和独特的风俗习惯更是闻名于世。巴厘岛地处赤道，炎热而潮湿，是典型的热带雨林气候。受海洋的影响，气候温和多雨，土壤肥沃，林木参天，山花烂漫，植被为典型的热带植物。因此其园林在植物种植方面多以热带植物为主，以自然风格为设计蓝本，看似随意、率性，实则经过精心设计、合理配置、专业养护而成，出于自然而高于自然。巴厘岛建筑多是园林化布置，建筑的平面布局自由丰富，因形就势，与周边的环境紧密结合。酒店中的园林小品材料都很质朴：有自然石材、茅草、藤、麻竹、木质材料，还有一些当地特色的材料，色彩和肌理极富美感，让人从视觉、触觉上都有一种亲切感。园林建筑以亭的样式为主，功能包括议事亭、水吧、水疗室、休闲咖啡座等。建筑多为坡屋顶，有大缓坡，也有的坡度较陡，主要与面材的排水速度有关。屋面材料多为茅草、木材，有的茅草亭外面还用木质、竹质菱形压条固定。建筑的挑檐较深，以避热带骄阳。景观性建筑一般不做吊顶，结构清晰简洁，以原木色为主，施以清漆，质朴大方（见图 3-2-60、图 3-2-61）。

图 3-2-57 图 3-2-58 图 3-2-59

图 3-2-60

图 3-2-61

现代景观中的东南亚风格景观，具有相当高的环境品质，空间富于变化，植被茂密丰富，水景穿插其中，小品精致生动，廊亭较多，具有显著热带滨海风情特征，该风格常见于我国酒店或者高端会所的景观设计。近年来在旅游地产打造的居住社区和一些高档的居住社区也会经常运用东南亚风格。

打造东南亚风格景观时，常见要素与手法丰富且代表性极强。首先是对热带植物的运用，以大型棕榈及攀缘植物的效果为最佳。在东南亚热带园林植物中，绿色植物是突显热带风情的关键一笔，目前最常见的热带乔木有椰子树、铁树、绿萝、橡皮树、鱼尾葵、波罗蜜等，这些植物极富热带风情，在东南亚风格景观的打造中运用频率极高。其次，东南亚风格另一个有代表性的手法就是水景的打造，人造泳池和人造沙滩常常被运用到现代居住社区景观中，当然在一些中小型居住社区中，人造泳池和沙滩在体量上进行了一定的缩小和简化，但在具体的打造元素上并没有太多变化，比如泳池底部蓝色瓷砖的铺设、泳池边摆放躺椅和太阳伞，以及泳池周边运用器具、动物设置的小型喷泉等，整体上强调的是休闲、放松的气氛。再次是对凉亭的运用，常见的有茅草或者原木打造的亭阁，多供休闲纳凉所用，既美观又实用。最后一些细节的打造也十分具有代表性，比如园林中的小径和特色的装饰。在东南亚风格中，园路常用原木或者鹅卵石打造，也可用原木与鹅卵石结合，以突出东南亚的自然、质朴为原则。庭院中的装饰上，常常采用富有宗教特色的雕塑以及手工艺品。东南亚风格继承了自然、健康和休闲的特质，符合现代人对生活的追求，所以在现代居住社区景观中得以运用和传播，受到了房地产开发商和现代居民的青睐。

(5) 日式风格

日式庭院虽自成风格，但其也源于中国文化。日式庭院在模仿中国传统庭院的过程中，逐步摆脱了诗情画意，走向了枯、寂、侘的境界，形成了人们所熟知的“枯山水”庭院。此外，日式庭院还有几种类型，包括把细沙耙成波纹的禅宗花园，融湖泊、小桥和自然景观于一体的古典步行式庭院，以及四周环绕着竹篱笆的僻静茶园。日式风格的必备元素有碎石、残木、青苔、石灯笼、水等（见图 3-2-62 至图 3-2-64）。

3. 居住社区景观设计的文化体现

居住社区景观设计文化主要体现在两个方面，一是东西方文化碰撞下的现代居住社区景观设计；二是基于中国传统文化的现代居住社区景观设计。

首先，在信息社会的大背景下，现代社会开放性强，东西方文化不断交汇与碰撞，从而让现代居住社区景观设计呈现多元化的趋势。未来居住社区景观设计提倡东西方文化交融所带来的新思想、新技术，并加以运用，创造具有现代化气息的、新型的、符合现代人审美及居住要求的居住环境。

其次，中国现代景观设计起步较晚，发展时间短，虽然不乏优秀的作品，但是受近几年房地产市场的影响，居住社区景观在设计建造活动中往往一味追求设计的产量，而忽略了质量，显得盲目而乏味。中国有着广阔的地域、悠久的历史和深厚的文化底蕴，居住社区景观设计从文化角度去发扬与挖掘，其本身是一条可持续发展的思路，在一定程度上对未来景观设计有一定的指引价值，也是对我国物质与精神文化的延续。要做到中国居住文化的可持续发展，应从以下几个角度入手。

（1）传统造园手法的挖掘

中国园林在世界园林体系中占据着重要的地位，是世界三大园林体系之一，它凝聚着中国几千年的文化。值得注意的是“传统”并不意味着“陈旧”与“过时”，在当代居住社区景观设计中完全抛弃“传统”的造园手法是错误的。相反，针对居住社区景观设计，对传统的居住文化与造园手法的挖掘与延续才是科学的、可持续的，因此在未来建设过程中应力求延续传统、新旧结合。

（2）历史文脉的传承

不同的地域有着不同的历史文脉，东方与西方在造园上存在典型的差异、中国北方和南方的居住形式也有所区别，地域不同、诸多环境要素亦会有区别。具体的居住社区景观设计应当充分尊重当地的历史文化背景，梳理当地的文化脉络，挖掘当地的建筑及园林的营造法式，创造与当地历史文脉相契合的、与当地风貌相协调的居住环境。

（3）民俗风情的表达

地区不同，居民的生活方式与习惯亦存在差异。在现代居住社区景观设计中，应力求考虑当地民俗风情，了解当地人的生活与行为习惯，打造迎合市场需求的居住环境。

图 3-2-62 图 3-2-63 图 3-2-64

六、景观空间形态的设计

（一）平面布置法则

1. 基本要素

从点到一维的线，从线到二维的面，从面到三维的体。每个要素首先都被认为是一个概念性的要素，然后才是环境景观设计语汇中的视觉要素，由这些点、线、面所构成形态的视觉引起最直观的感知。

（1）点

点是视觉能够感觉到的基本单位。任何事物的构成都是由点开始的，它作为空间形态的基础和中心，本身没有大小、方向、形状、色彩之分。在环境景观中，点可以理解为节点，是一种具有中心感的缩小的面，通常起到线之间或者面之间连接体的作用。

在环境中，点有实点和虚点之分。实点是小环境中以点状形态分布的实体构成要素，是相对空间而言的点，本身有形状、大小、色彩、质感等特征。虚点是指人们在环境中进行观察的视觉焦点，可以控制人们的视线，吸引人们对空间的注意。

点在造景过程中的手法如下。

①运用点的积聚性及焦点特征，创造环境的空间美感和主题意境。如在轴线的节点上或者轴线的终点等位置，往往设置主要的景观要素形成景观的重点，突出景观的中心和主题；利用地形的变化，在地形的最突出部分设置景观要素；在构图的几何中心布置景观要素，使之成为视觉焦点（见图 3-2-65、图 3-2-66）。

②运用点的排列组合，形成节奏和秩序美。点的运动、点的分散与聚集，可以构成线与面。同一空间、不同位置的两个点之间会产生心理上的不同感觉：疏密相间、高低起伏、排列有序，从视觉上去欣赏，也具有明显的节奏韵律感。在景观中将点进行不同的排列组合，同样会构成有规律有节奏的造型，表示出特定的意义和意境（见图 3-2-67、图 3-2-68）。

③散点构成景观中的视觉美感。在景观设计中布置一些散点，可以增加环境的自由、轻松、活泼的特性，有时由于散点所具有的聚集和离散感，往往可以给景观带来如诗的意境。散点往往以石头、雕塑、喷泉和植物的形式出现在景观环境中（见图 3-2-69）。

图 3-2-65 图 3-2-66 图 3-2-67 图 3-2-68 图 3-2-69

（2）线

线也是空间形态中的基本要素，是由点的延续或移动形成的，也是面的边缘。

方向感是线的主要特征，一条线的方向影响着它在视觉构成中所发挥的作用，在环境设计中常利用线的这种性质组织空间。

直线在造型中常以三种形式出现：水平线、垂直线、斜线。水平线平静、稳定、统一、庄重，具有明显的方向性（见图 3-2-70）。垂直线给人以庄重、严肃、坚固、挺拔的感觉，环境中，常用垂直线的有序排列造成节奏、律动美，或加强垂直线以取得挺拔有力、高大庄重的艺术效果（见图 3-2-71）。斜线动感较强，具有奔放、上升等特征，但运用不当会有不安定和散漫之感（见图 3-2-72）。

曲线的基本属性是柔和、变化、虚幻、流动和丰富。曲线分两类：一是几何曲线（见图 3-2-73），二是自由曲线（见图 3-2-74）。几何曲线能表达饱满，有弹性、严谨、理智、明确的现代感，同时也会产生一种机械的冷漠感。自由曲线富有人情味，具有强烈的活动感和流动感。曲线在设计中的运用非常广泛，环境中的桥、廊墙及驳岸、建筑、花坛等处处都有曲线存在。

图 3-2-70 图 3-2-71 图 3-2-72 图 3-2-73 图 3-2-74

（3）面

把一条一维的线向二维伸展就形成一个面（见图 3-2-75、图 3-2-76）。面可以是平的、弯曲的、扭曲的。平面在空间中具有延展、平和的特性，而曲面则表现为流动、圆滑、不安、自由、热情。就设计而言，平面可以理解为一种媒介，用于其他的处理，如纹理或颜色的应用，或者作为围合空间的手段。

（4）体

体是二维平面在三维方向的延伸。体有两种类型：实体和虚体。实体是三维要素形成的一个体（见图 3-2-77）；虚体是空间的体由其他要素（如平面）围合而成（见图 3-2-78）。

概括地说，点、线、面、体是视觉表达实体——空间的基本要素。生活中我们所见到的或感知的每一种形体都可以简化为这些要素中的一种或几种的结合。

图 3-2-75 图 3-2-76 图 3-2-77 图 3-2-78

2. 基本要素平面布置的影响因素

（1）数量

单个要素可以独立存在，而且与其周围环境没有明显的关系，通过重复、相加或用其他方法增多，每个要素会与另一个发生视觉关系，这样就产生了某种空间效果（见图 3-2-79）。通常，一种要素的数量越多，环境景观的格局或设计就越复杂。

（2）位置

空间中的形状有三种基本位置：水平的、垂直的、倾斜的。水平的，平行于地平线；垂直的，垂直于地平线，即人的直立位置；倾斜的，在二者之间，斜的（见图 3-2-80 至图 3-2-82）。

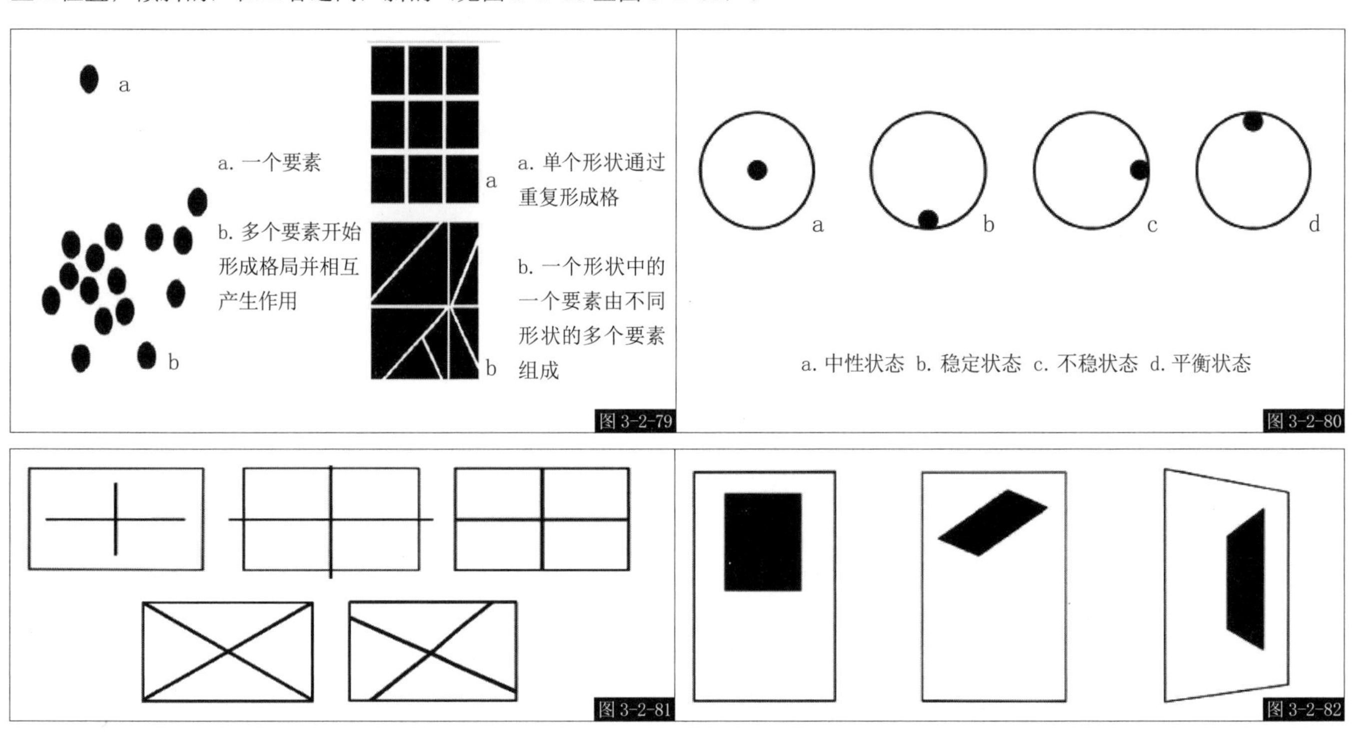

图 3-2-79 图 3-2-80 图 3-2-81 图 3-2-82

（3）方向

一个要素的位置可以由特定的方向决定。另外，它可能会表现出不稳定性，它可能隐喻着运动，这种运动几乎总是使人想到方向，例如上、下（垂直）或从一侧到另一侧（水平）。要素的形状也可以加强方向感，特别是线或线形形状（见图 3-2-83）。

（4）尺寸

尺寸是某一形式长、宽、深的实际量度。这些量度确定形式的比例。尺度则是由它的尺寸与周围其他形式的关系所决定的。

（5）形状

形状即某一特定形式的独特造型或表面轮廓，涉及线的变化和面、体的边缘的变化。它是我们识别形式的主要依据，是最重要的变量之一，在以一种格局感知周围环境时有特别强烈的效果。

（6）间隔

要素之间以及要素组成部分之间的间距是设计整体的必要部分。间隔可以是均等的，也可以是变化的。一个均等的间隔可营造一种稳定、规则和正式的感觉。变动的间隔可以是随机派生出来的，也可以是根据某种规则生成的，如数学数列，常用于非正式场合（见图 3-2-84）。

（7）质感

质感是小的形式单位群集组合的界面效果，界面的纹理反映界面基本形式单位组织的秩序和式样，赋予某一界面视觉以及特殊的触觉特性。所有的质感都是相对的，它们取决于观赏的距离，随着距离的变化，质感会发生极大的变化（见图 3-2-85）。

（8）颜色

在各种影响要素的变量中，色彩是最敏感的、最富表情的要素。色彩可以在形体上附加大量的信息，使环境的表达具有广泛的可能性和灵活性。

色彩在环境表达中有以下作用：①烘托气氛；②装饰美化；③区分识别；④重点强调；⑤表达情感。其中冷暖感、远近感、轻重感，在环境造型设计中具有广泛的实用意义。

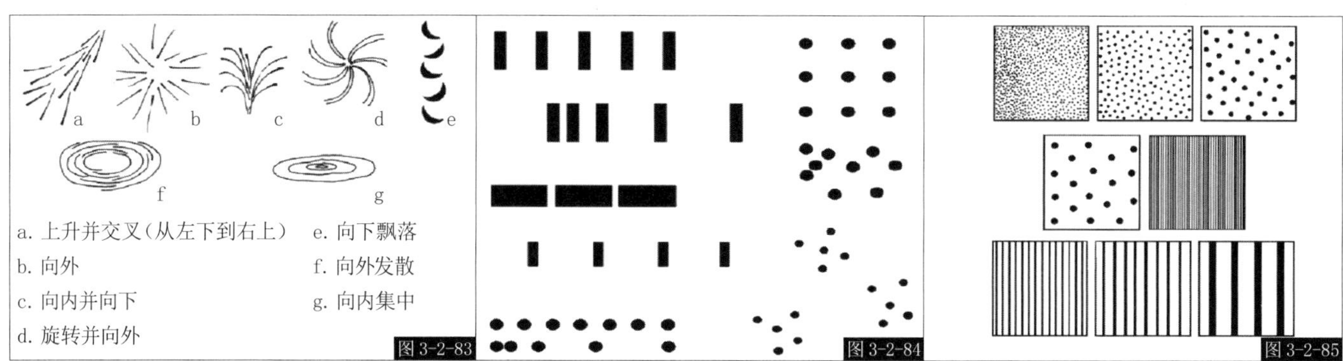

图 3-2-83　图 3-2-84

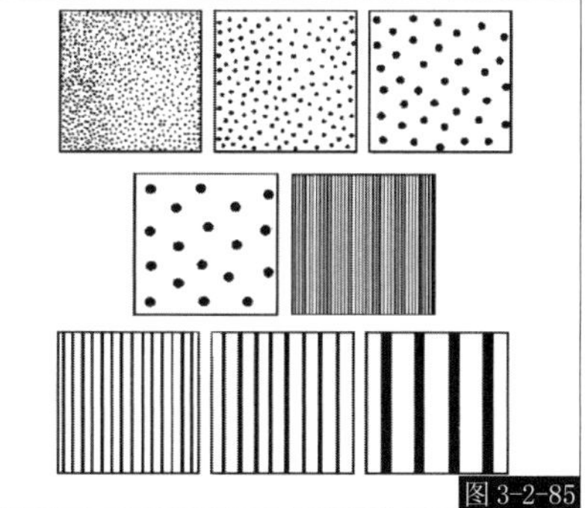
图 3-2-85

3. 景观平面构成的基本形式

掌握景观平面构成的基本形式，从最简单的形式入手进行训练，慢慢将功能渗透到形式当中，完成从形式到功能的完美结合。

（1）直线形式

由直线元素划分不同的功能，注意直线的长短、粗细的细节变化，结合使用功能统一设计（见图 3-2-86）。

（2）曲线形式

曲线形式的灵动性较大，但也较难塑造，适合地形的高差处理方式较多，注重流畅性、节奏感（见图 3-2-87）。

（3）折线形式

折线形式最适合小空间的处理，可以把有限的地块处理得变幻莫测，结合竖向设计（见图 3-2-88）。

（4）圆形组合形式

圆形最适合空间的限定，一个个大小不同的圆形组成不同的功能，利用曲线形式连接，组成丰富的空间（见图 3-2-89）。

（5）点线面组合形式

点线面的结合通常是指由大小不同的块的变化组合成丰富的景观空间，这种方式最为中规中矩，也最好掌握。主要注意块面的结合方式（见图 3-2-90、图 3-2-91）。

图 3-2-86　图 3-2-87　图 3-2-88　图 3-2-89　图 3-2-90　图 3-2-91

4. 平面布置法则

二维空间（即平面）的构成其实就是平面形式的构成。平面设计的基本构成要素为点、线、面。通过点、线、面的不同组合与排布，创造出变化丰富的图案。

（1）对称

对称是以对称轴划分，上下左右形体和分量均相同。对称的现象，在自然界从人体、动物、植物到抽象的图形构成中均可以找到。对称是个很传统的概念，具有理性的特点，能表达秩序、安静、稳定、庄重与威严等感受，并能给人以美感；而轴线则是达到这一效果的主要衡量依据。对称的适用范围在过去被人为扩大了，变成了一种建立统一感、实现简单控制的强有力的手段。由于规则性很强而获得统一感的特点，它往往用来创造有控制性的、庄严肃穆的场所。欧洲古典园林最常用的布局方式就是对称。其建筑景观往往以一条典型中轴线为对称轴完全对等地布局，有一种庄严、大气的奢华感。但是，由于这种手法极易流于程式化，设计效果往往趋于平庸而且易造成呆板的、令人厌倦的空间局面。现代设计运动的一个显著特点就是讲求自由布局，反对抄袭古典模式，将简单的空间控制变成有意味的、生动的、多变的、复杂的艺术形态（见图 3-2-92、图 3-2-93）。

（2）均衡

均衡是指在特定的空间范围内，形式诸要素之间保持视觉上的平衡关系。在视觉艺术中，均衡是任何观赏对象都存在的特性，它在审美上能使人产生视觉平衡，得到审美上的满足。审美上的均衡观念是人们在长期的审美经验中积累而成的。均衡有两种基本形式，一种是静态均衡，一种是动态均衡。静态均衡形式即我们常说的对称，它本身即具有一种严格的制约关系。此处我们要讨论的均衡特指动态均衡。比之于对称在心理上偏于理性，均衡则在心理上偏于感性与灵活，具有鲜明的动势，应用于设计中可以带来构成的无限变化，极大地开拓视觉表现空间。具有良好均衡性的设计作品，必须在均衡中心上予以某种强调，使人的视线在它上面停留下来，并产生一种满足和安定的愉快情绪。要达到这目的，均衡中心须具有很强的视觉吸引力（见图 3-2-94、图 3-2-95）。

（3）自由式

自由式平面布局形式是我国古典园林常见的一种布局方式，通过看似随意、实则精心布局的平面，形成一种步移景异，虽由人做，宛自天开的效果。自由式平面布局通常是一条曲折蜿蜒的小路，生态化的树木与花草配置，抑或由石头点缀，形成一种再现自然景观的效果。自由式平面布局看似随意，实则内涵丰富，其中蕴含了丰富的古典文化。它强调通过山水体现“意境”，将文人诗画的精神内涵融入景观，体现人的审美意趣（见图 3-2-96）。

例如，我国古典园林一般采用蜿蜒曲折的道路，但绝不是随意开来，而是一种环形道路，绕园区主要景点形成视觉动线，而且景观道路具有回环性，不走回头路，真正做到走一圈、游一圈。同时道路疏密适度，游刃有余，充满着大自然的随意性。另外景观道路与景区相通，曲径通幽，园中道路因景而得，随地形和景物而曲折起伏、若隐若现，丰富层次关系，活跃空间气氛。这种布局方式可以使较小的场地空间显得丰富而不局促，空间因曲折的层次而更显丰富。

（4）分割构成

分割构成是现代人们进行景观设计时常用的一种构成方法。分割构成法既不同于欧洲古典园林的完全对称式的庄重，又不同于中国古典园林的完全自由灵活，它是按照平面构成的原理，以不同几何形态的组合分割，道路交织形成既组织有序又灵活多变的景观空间（见图 3-2-97）。分割构成的平面布局方式利用点、线、面的构成关系形成一些看似无规律、实则充满对比与韵律感的平面布局。

图 3-2-92 图 3-2-93 图 3-2-94
图 3-2-95 图 3-2-96 图 3-2-97

（二）空间处理

1. 空间处理的方法

在“二维空间规划”中，我们所关注的是如何确定用地区域，以及区域间、区域和整个场地间的相互关系、每个区域的平面形式。但空间才是现代园林最重要的思想要素。著名的风景园林大师盖瑞特•埃克博说：“设计是三维的，人们生活在空间里，而不是平面中。”所以为了进一步深化概念规划，要将注意力集中于平面区域向功能空间的转化。当设计师第一次觉悟到人们所涉及的不是区域而是空间时，许多土地规划的艺术和科学才会展现在他们面前。例如，一个游乐场，如果游乐设施置于枯燥乏味的平地之上，对孩子们的吸引力是极小的；如果同样的设施安排在富有想象力的一组游乐空间中，却可令人流连忘返。这就涉及如何设计空间围合和空间联系以适应用途的问题。每一个空间要从尺度、形状、材料、色彩、质地和其他特性上进行考虑，以便更好地调节和表达自身用途。

不同空间处理手段的运用，能使原本呆板沉静的空间变得丰富生动，也可以弥补场地过小等空间原有的不足。以下是几种常见的空间处理方法。

（1）围合

围合是限定空间最简单也是最有效的方式之一。它是用某种构件（墙、绿化、建筑等）围成所需的空间，不同的构建及围合方式产生强与弱、封闭与开放的空间感觉。围合可以是完全的围合，也可以是半围合或多种围合空间组合在一起，形成围合空间群，根据场地及需要进行调整设计（见图 3-2-98 至图 3-2-101）。

（2）覆盖

覆盖是指用某种构件（布幔、华盖）或构架遮盖顶面，形成较为灵活的不同空间限定。在进行这种空间处理时，覆盖物可以是实体块面，也可以仅仅是一些绿色植物，如藤蔓。这种处理手法尤其适用于天气炎热地区的社区聚集点（见图 3-2-102 至图 3-2-104）。

使用覆盖方式进行空间限定时，覆盖物的高度直接影响其限定程度与整体氛围。一般说来，覆盖物越高则限定性越弱，反之则越强。在设计中我们可根据场地的具体功能要求设定覆盖物的高度与形式，做到既满足空间限定要求又不使人产生压抑感，形成良好的空间氛围。通常对于距地面过低的覆盖物会选择通透性较好的材料与体量感较小的形式，减少压抑感，同时起到较好的空间限定作用。

图 3-2-98　图 3-2-99　图 3-2-100　图 3-2-101

图 3-2-102　图 3-2-103　图 3-2-104

（3）架起

架起的空间处理手法分为基面抬起和基面托起两类。基面抬起是通过抬高某一空间的地面，使该空间相对独立于其所从属的大空间。它与周围空间及视觉连续的程度，依抬起高度的变化而定。基面托起则是通过架空的方法使基面高于周围空间，同时由于该基面采用架空形式，因此形成了下方另外一个从属于架空面但又相对独立的空间。无论是架起还是抬起，都属于使场地基面高于周围环境而形成的视觉上的相对独立的空间（见图 3-2-105、图 3-2-106）。

架起可以用建筑作为架起介质。如屋顶花园就是一种常见的表现形式，通过建筑物架起而形成上下两个不同的空间，各自具有不同的使用功能。

悬挑结构是架起的另一种形式。在这种结构中的上下两层空间既被分割限定又相互联系，并根据悬挑形式而具有一定的渗透性。

（4）凹凸结构

凹凸结构则是指前面几种空间处理方法的综合利用，即基面下沉与抬起的综合运用。通过空间不同的高低变化丰富视觉效果，产生灵活多变的环境景观。通常在较小的景观空间中，为避免使人产生一眼即看到边界的苍白感，常通过灵活运用下沉及抬起的手段形成凹凸结构，以使空间在视觉上因变化而有扩大的感觉，使原本局促的空间显得丰富生动（见图 3-2-107）。

凹凸结构的运用除了丰富视觉效果外，还可以形成不同程度的空间限定，满足多方面需要。如在同一大环境内，下沉的空间就显得较为私密，抬起的空间则相对独立和开放，形成大环境内的视觉中心。

图 3-2-105 图 3-2-106 图 3-2-107

图 3-2-108

图 3-2-109

2. 景观设计的常用手法

（1）轴线法

轴线法即利用轴线来组织景点、控制景观要素的方法（见图 3-2-108）。

（2）因借法

因借法即通过视点、视线的巧妙组织，把空间的景物纳入视线，目的是丰富景观的层次，扩大空间感。

1）借景

借景是小中见大的空间处理手法之一。它将园外景色有意识地组织到园内来，使其成为园景的一部分，起着扩大园林空间、丰富园林景观的作用。借景分近借、远借、邻借、互借、仰借、俯借、应时而借七类手法（见图 3-2-109）。远借是把园外远处的景物借为本园所有。邻借是借临近的景物。仰借是利用仰视借取高处景物。俯借是居高临下俯视低处景物。应时而借是借一年四季自然景色的变化或一天之中景色的变化来丰富园景。

借景依内容区分，可分为借形、借声、借色、借香。借声是借园林中自然之声（雨声、水声、虫鸣声、鸟啼声等）给景致增添情趣。借香是借草木的气息使空气清新，可烘托园林景致的气氛。

从中国园林经典的案例中总结出来的借景方法有以下三种。

第一，开辟赏景透视线，对于赏景的障碍物进行整理或去除。例如修剪掉遮挡视线的树木枝叶等，在园中建轩、榭、亭、台，作为视景点；仰视或平视景物，纳烟水之悠悠，收云山之耸翠，看梵宇之凌空，赏平林之漠漠。

第二，提升视景点的高度，使视景线突破园林的界限，达到俯视或平视远景的效果。比如在园中堆山、筑台，建造楼、阁、亭等，让游者放眼远望，以穷千里目。

第三，借虚景。如朱熹的“半亩方塘”，圆明园四十景中的“上下天光”，都体现了“天光云影”；上海豫园中花墙下的月洞，透露了隔院的水榭。

作为居住社区的景观部分，其本身也是一个相对复杂的构造形式，在居住社区中只是起到了绿叶的作用，因此如果能够合理地运用这种方法，会给原本有限的居住社区景观空间增添别样的风味。

2）组景

组景作为园林构造手法，已经被广泛地应用到景观设计的过程之中，这也是中国园林构景手法中的瑰宝。我国古人总结的组景方法有对景、借景、夹景、框景、隔景、障景、泄景、引景、分景、藏景、露景、影景、朦景、色景、香景、景眼、题景、天景。组景作为景观设计构造的重要方法，在古代的应用过程中已经有很多优秀的例子。如何将传统的构造手法与现代的景观设计相结合，从而能够给现代景观设计提供丰富的借鉴知识，对景观设计从业者来说是一个十分值得关注的课题。事实上，组景本身包含了很多的构景方式，把组景方式中任意的构成方式进行使用，都有可能创造出具有特色的景观样式。在设计的过程中，只有正确合理地选择组合方式，才能达到比较好的设计效果，因为运用不同的组合方式，一定会呈现不同的效果。我们的最终目的是要营造出适合人们休息并且给人以美感的景观。

组景方法不仅可以运用于植物组景，同时也可以运用于山石的组景及水景与植物的组景等。只要能达到较好的艺术效果，组合方式本身是没有任何限定的（见图 3-2-110）。

①障景法：障景法是先抑后扬的手法，先抑视线，能引导空间转折，“欲露先藏”，避免一览无余（见图 3-2-111）。

②框景法：当景物被框在景框内或整体露空时，所观赏到的景色便更加美丽，层次也更加丰富（见图 3-2-112 至图 3-2-114）。在园林中用门、窗、树木、山洞等来框取另一个空间的优美景色，主要目的是把人的视线引到景框之内，故称框景。框景的形式有入口框景、端头框景、流动框景、镜游框景四种。

图 3-2-110 图 3-2-111 图 3-2-112

图 3-2-113 图 3-2-114

③对景法：位于景观轴线和视线端点的景称为对景，有正对景和互对景两种形式（见图 3-2-115）。

④点景法：点景是在园林中以对联、匾额、石碑、石刻等形式来概括园林空间环境的景象。它具有形象化、诗意浓、意境深等特色。它可借景抒情、画龙点睛，给人艺术的联想；又有宣传、装饰、导游的作用（见图 3-2-116）。

（3）相似法

相似包括形似、神似，这里主要是指形似，即使事物之间的形象相近似以求得整体的和谐。

（4）主景和配景的营造

主景，也称中景。它在园林中最易体现功能，在艺术上又富有很强的感染力。配景，包括前景和背景。前景起着丰富主题的作用；背景在主景背后，较简洁、朴素，起着烘托主题的作用。常用的突出主景的方法包括以下几种。

①主体升高，可产生仰视观赏效果，并可以蓝天、远山为背景，使主体的造型轮廓突出鲜明，不受或少受其他环境因素的影响（见图 3-2-117）。

②在轴线端点、视线焦点处进行布置。一条轴线的端点或几条轴线的交点常有较强的变现力。常把主景布置在轴线的端点或几条轴线的交点上（见图 3-2-118、图 3-2-119）。

③对比与协调。对比是突出主景的重要技法之一。在景观营造中，作为配景的局部，要对主景起到对比的作用。配景对于主景，线条、体形、体量、色彩、明暗、动势、性格，空间的开朗与封锁，布局的规则与自然，都可以用对比作用来强调主景（见图 3-2-120）。

④重心的处理。在静止和稳定的景观空间中，要求景物之间取得一定的均衡关系，为了强调和突出主景，常常把主景布置在整个构图的重心上（见图 3-2-121）。

⑤抑景的手法。景观中的构图和高潮，并不是开始就展现在眼前的，而是采用欲“扬”先“抑”的手法，来提高主景的艺术效果（见图 3-2-122、图 3-2-123）。

图 3-2-115 图 3-2-116 图 3-2-117 图 3-2-118 图 3-2-119 图 3-2-120 图 3-2-121 图 3-2-122 图 3-2-123

（三）空间深化设计

1. 空间区分与细化

景观空间的区分、围合是设计者根据具体使用功能及目的要求来决定的。可以用围合的方法产生不同的景观空间，使景观内涵更加丰富多彩。

（1）空间中心化

人处于一定的环境中，对于景观空间的知觉认识虽以各种感觉印象为基础，但已远远超过感觉印象简单相加的总和。狭义的空间是一种被限定的三维环境，是一个内空体、一个可以被感知的场所。人们在空间的不断转换以及与自然的不断接触、碰撞中，渐渐感悟到这是一种特有的审美观。在景观空间构成中，任何活动都必定会围绕一个中心进行，多种活动就会有多个中心。空间中心化可以强调空间所处的地域性和方向性，并可以提供中心化空间设计构成的安全感。空间中心化实际上是指景观构成中与人的活动相适应，从无中心向有中心发展，从多中心向单一中心汇集的转换过程。

景观构成需要空间中心化（见图 3-2-124），可以说它是艺术处理的“章法”之一。由于人与空间环境建立了一定的因果关系，空间环境也就因此变成了“属于人的环境”。在景观设计中，中心化、层次多的空间处理比层次少的空间中心化更具有突出的“地位感”。人们能自由地漫游在各个景观空间里，欣赏景观构成中的音乐喷泉、雕塑、壁画、植物，进而转入内部去体会空间的无限魅力。此时，人与景因共同语言而融为一体，由一种物质形态升华为另一种精神境界，而这些也正是景观构成艺术所要表达的最高境界和艺术魅力。

（2）大小空间

大小空间可产生鲜明的对比。大小空间反差越大，对比就越强烈。从小空间进入大空间时，人会豁然开朗；从大空间进入小空间时，人会产生紧张感，且视觉会高度集中。如果我们根据这一视觉心理经验进行设计，就会很好地利用大小空间来表现我们想要表现的景观（见图 3-2-125）。景观设计常常运用这一原理来着手布局整体空间、把握和支配观赏者的视觉心态，以此达到设计的真实意图。

（3）“灰空间”的营造

“灰空间”的建筑概念是由日本著名建筑师黑川纪章提出的。“灰空间”一方面指色彩，另一方面指介乎室内外的过渡空间。对于前者，他提倡使用日本茶道创始人千利休阐述的“利休灰”思想，以红、蓝、黄、绿、白混合出不同倾向的灰色装饰；对于后者，他强调大量利用庭院、走廊等过渡空间，并将其放在重要位置上。在日本建筑中，灰空间是一种过渡的空间，无法明确地界定是室外还是室内，但它的存在，却在一定程度上抹去了建筑内、外部的界限，使两者成为一个有机的整体。空间的连贯和设计的统一创造出内外一致的建筑，消除了内外空间的隔阂，给人一种自然有机的整体感觉。也可以说是“从内部进行的环境设计”。作为景观因素，它可以丰富园林景观的层次，增加园林景观的深度，由此产生有强烈对比效果的虚与实。留园入口空间“一波三折”的处理手法就是极佳的佐证。鉴于此，有必要对景观设计中的灰空间做出探讨、总结。因为这些地方往往是与人们关系最为密切又最易被忽视的。细部体现水平，细部同样表达着对人的关心（见图 3-2-126、图 3-2-127）。

图 3-2-124　图 3-2-125　图 3-2-126　图 3-2-127

2. 景观设计的常用手法

谈起空间，人们自然会想到目所能及的三维空间；但观察角度在时间上连续的移动给传统的空间增添了新的一维，于是成为“四维空间”。景观中可见的物体和形式系统与大环境之间有着强烈的对比，它不仅包括一个特定的场地和它周围的环境，还包括更广泛的、自然的有机节奏：太阳和月亮的升落、季节光线的变换和气候的交替，特别是自然的剧变，以及生命出生、生长和消亡等。这种自然，与即使是最简单的引入或放置的物体之间的关系，都被放大和混合在大地上。在构思作品时所承载的期望，使时间成为与场地一样重要的因素。此外，景观的时间性意味着景观随时间的变化和社会的发展而发生变化。任何景观的空间设计都不可能一蹴而就，它需要一个摸索、完善的过程。环境主体的改变、植物的生长过程、经济上投入的增多与减少，都可能给景观设计带来影响。景观的发展取决于人类的欲望、生产技术以及自然力三个方面。人类栖居地的景观从低级的求生繁殖欲望而产生的和谐田园，到不和谐的大工业城市中的物质交流，再到田园城市，最终走到花园郊区及现代景院，体现出欲望—技术—自然力之间永无止境的转变过程。人们的生活环境不可能在一朝一夕之间生成，而是一个连续的、动态的渐进过程，从原始、发展到回归自然，可以是白昼的变化也可以是季节的变化。绿植、水、空气、阳光和风是超越时间需保留的要素，随着时间的推移，树木会不断生长，环境逐渐从初期的青涩走向成熟，给人们带来无限的联想：冬季的满目萧条、夏季的生机勃勃、秋季的金黄收获和春季的万物复苏。空间在原有的三维基础上引入时间因素，而构成了四维的序列空间。环境内容逐渐充实，设备逐步完善。因此，设计要充分考虑环境变化发展的现实灵活性，考虑技术提供的可能性，以及景观中自然时效的变化因素，使各种动态因素成为景观环境发展的有利因素（见图 3-2-128 至图 3-2-130）。

图 3-2-128　图 3-2-129　图 3-2-130

七、居住社区建筑环境

早期居住社区的景观设计往往被简单地理解为绿化设计，景观布置也以园艺绿化为主，景观规划设计在居住社区规划设计中往往成为建筑设计的附属，常常是轻描淡写一笔带过，这种未经深入设计的环境效果难免会不尽如人意。如今，居住社区的景观环境越来越受房地产开发商和居民的重视，环境景观在居住社区中逐渐发挥着重要的作用，城市人将大约三分之二的时间花费在居住社区中，居住社区环境景观质量直接会影响人们的心理、生理以及精神生活。在人们经常活动的步行道、广场、休息观景的空间中，进行创造性的设计能赋予空间一定的特色，给人留下深刻的印象。

居住社区景观设计应根据居住社区不同的建筑形式而进行不同的处理，比如高层居住社区一般采用立体景观和集中的景观布局形式，可适当进行图案化，并注重俯瞰的景观艺术效果；多层居住社区则应采用相对集中、多层次的景观布局形式，保证合理的服务半径；低层居住社区应采用较分散的布局形式，使景观尽可能接近每户居民。总之，居住社区的景观设计和建筑各要素是密不可分的。

（一）居住社区建筑空间组合

任何建筑，只有和环境融合在一起，并和周围的建筑共同组合成一个统一的有机整体，才能充分地显示出它的价值和表现力。如果脱离了环境、群体而孤立地存在，即使本身尽善尽美，也不可避免地会因为失去了烘托而大为失色。当然，群体组合并不限于环境处理这一方面的问题，相邻的建筑，尽管都是人工产品，但是如果没有全局观念，每一幢建筑只顾及自身的完整统一而“独善其身”，这也不可能在更大的范围内达到统一。在进行组合空间的过程中也必须努力摆脱组合过程的偶然性；在设计规划的过程中，要使建筑之间建立起一种秩序，给人以舒适融合之感。

建筑组合必须处理好地形与建筑和环境的关系。任何建筑必然都处在一定的环境之中，并和环境保持着某种联系，环境对于建筑的影响很大。为此，在拟订建筑计划时，最先面临的问题就是选择合适的建筑地段。古今中外的建筑师都十分注意对地形、环境的选择和利用，并力求使建筑能够与环境取得有机的联系。然而建筑地段的选择并不总是符合理想的，特别是在城市中盖房子，往往只能在周围已经形成的现实条件下来考虑问题，这样就必然会受到各种因素的限制与影响。另外，功能因素、建筑地段的面积、地块形状、道路交通状况、相邻建筑情况、朝向、日照、常年风向各方面的因素也都会对建筑物的布局和形式产生十分重要的影响。那么，作为居住社区建筑群，一般有何组合特点呢？

居住建筑群中的住宅与住宅之间一般没有功能上的联系，所以在群体组合中不存在彼此之间关系的处理问题。往往以街坊或小区中的一些公共设施如托幼建筑、商业供应点、小学校等为中心，把若干幢住宅建筑组合成为团、块或街坊，从而形成较为完整的居住建筑群。居住建筑要给住户创造舒适的居住条件，因而对于日照和通风的要求比一般建筑要高，同时，为了保持居住环境的安静，在群体组合中还应尽量避免来自外界的干扰。居住建筑属于大量性的建筑，不仅要求建筑简单朴素、造价低，而且群体组合在保证日照、通风要求的前提下，应尽量提高建筑密度，以节省用地。居住建筑的功能要求大体是相同的，但也因地区气候条件、地形条件以及规模、标准、层高等条件的不同而在组织建筑群体时呈现出多样的变化，其大体可以归纳为三种基本类型。

1. 周边式布局

住宅沿地段周边排列而形成一系列的空间院落，公共设施则置于街坊的中心，这种布局可以保证街坊内部环境的安静而不受外界干扰；沿街一面建筑物排列较整齐，有助于形成完整统一的街景立面。但是由于建筑纵横交错地排列，常常只能保证一部分建筑具有较好的朝向。另外，由于建筑物互相遮挡不但会造成一些日照死角，而且不利于自然通风。这种布局形式比较适用于寒冷地区及地形规整、平坦的地段。

2. 行列式布局

建筑物各单元平行地排列，公共设施穿插地安排在住宅建筑之间，这种布局的绝大部分建筑都可以拥有良好的朝向，从而有利于争取有利的日照、采光和通风条件。但是它不利于形成完整、安静的空间和院落，建筑群组合也流于单调。这种布局对于地形的适应性较强，既适合地段整齐、平坦的城市，又适合地形起伏的山区。

3. 独立式布局

建筑物独立地分布，由于四面临空，有利于争取良好的日照、采光和通风条件。这种布局可以适用于不同的地形条件。在进行建筑群体组合时，如能综合地加以运用，也可以取得良好的效果。

（二）建筑造型

建筑是人类文明历史与科学技术的智慧结晶，其本身也是个复杂的综合体。一个城市建筑业的发展同时标志着它的综合实力和社会精神面貌。随着现代化科技和建筑艺术的进步，很多新的建筑设计理论在实践中不断产生。其中建筑造型设计更是建筑学所研究探索的重点内容之一，它也是整个建筑的外在体现。

设计一个建筑物，首先要从建筑物使用功能入手，设计时要考虑建设单位的设计意图和设计要求等有关方面。按照使用功能进行设计是现代建筑学要普遍遵循的原则，“安全、实用、美观、经济”永远是每个建筑设计人员的工作宗旨。徒有美丽的外观，而内部使用功能不能满足需要或不能发挥其效益是不可取的。现代建筑与古典建筑相比，更重视其内部空间的效果。简单来说，现代建筑设计更加注意功能的划分，当内部功能适用时，不必过多考虑外部窗口的排列关系，在尺寸上有大有小。所以说，功能合理性设计是远远超越物质需要之上的人类全部心理及精神的需要。

所谓建筑的整体空间，是以点、线、面的某种组合所成立的单位空间作为要素而构成的，因而可以说单位空间对于建筑整体空间的构成是至关重要的。建筑作为一种单位空间来说是静止的，然而在整体空间构成时又可构成动态的空间。建筑师常用各种各样的面来构成空间，其目的就是表达动态的效果。建筑不仅可以向上发展，而且可以向四周流动。建筑空间有内、外之分，做建筑设计时必须将内、外空间有机地融合在一起，这样才能使整个建筑给人自然、舒适的感觉，使观者如痴如醉，陶醉在其中。从建筑造型的层面来说，居住建筑的形式会受生活方式的制约。生活方式是经济基础和意识形态的综合反映，因此随着经济的发展，必然会产生相应的居住建筑形式。居住建筑形式大体可以分为如下几种。

1. 单元式住宅

单元式住宅是我国学习苏联住宅建设经验所引进的一种形式，中华人民共和国成立之初全国各个城市新建的住宅都是单元式住宅，它改变了我国各地区的民居风格，形成了千篇一律的新城区面貌。单元式住宅有着许多优点，便于定型、组合，便于大规模建设。地域不同，布局上也有行列周边式及自由式之区别；组合位置不同，则有两端单元、中间单元、拐角单元之分。单元式住宅的基本构成是一个单元只有一个出入口，有一组楼梯（电梯），在楼梯口设有两三个乃至五六个进户门。一般以纵向分隔的开间数称作单元。以单元长度可以判断户型的大小、优劣。在单元式住宅中也可有跃层、错层等各种形式的住宅，这是目前应用比较多的居住社区建筑样式。

2. 廊式住宅

廊式住宅有内走廊、外走廊、短外廊等多种形式。内廊式常用于学生宿舍和公寓楼。外廊式大多用于小面积住宅，其缺点是影响采光，各户门前人流大、干扰多，但可以减少垂直交通的投资。在朝向要求不严格的高档居住建筑中仍在采用廊式住宅，在交叉跃层住宅中也出现了内长廊式住宅，这样做的目的是用最少的楼梯和电梯（含前室）担负消防通道要求的水平长度内的最大户数。由于双向安排住宅，又可以达到较大的进深，所以这是一种很经济的形式。在当前用地需求越来越紧张的趋势下，这种形式不失为一种不错的选择。

3. 点式住宅（塔式住宅）

点式住宅是近年来在我国迅速发展的一种建筑形式。它可以采用四周采光，即可在一个交通中心设计出更多的户数。由于防火规范规定一个塔式住宅基底的面积不超过1000平方米，一般每层为六、八、十到十二家住户。当户数多时就出现单十字、双十字乃至腰间出两三个凹口的方案。各种方案的出现是与开发商的意愿和购房者的实力相关的。点式住宅能解决户数较多的问题，但在朝向上一般南向住宅较少，东西向住宅较多，东北向、西北向户型也不少。点式住宅在规划布局上较灵活，对周围的阴影遮挡会好于板式住宅，空间组合多有变化，对用地的要求也不严格，便于插建。因此，这种形式虽然不被居民看好，但它仍在大城市中被普遍采用。

4. 联列式住宅

联列式住宅是英国早期工人住宅的一种形式。这些年被当作一种较高级的住宅形式，在我国被较多采用。它的特点是一户一栋楼，有双向采光，每户与邻户相连接。它比独院式住宅用地要经济得多。往往在别墅区的边上会盖一些这样的房子以便享受到同样的环境。单独建的纯联列式的居住社区也被一些人士看好，如北京著名的高档居住社区橘郡、时代庄园等都是设计很好的住宅。这种形式可以做得很经济，也可以做得很豪华。居住社区的布局可以很平淡，也可以富有曲折变化。建筑一般为二三层，也有四层的，前后错落，多有前庭后院，相当于独院式别墅。每户建筑面积大多在150～300平方米之间，用地面积约在300平方米以内。

5. 独立式住宅

独立式住宅户型能大能小，一般以每户的占地面积作为价值标准。一亩地一栋是香港传入内地的一个概念，也有半亩地一套的密密麻麻的独院式住宅，这是因为受到香港用地紧张的影响。近年来受欧美居住建筑的影响，每户用地往往在1000平方米以上，有的豪宅甚至建设了一个人工岛。政府只控制容积率，为了节约用地，容积率不得小于0.06，为了防止过于密集，容积率不得大于0.2。独立式住宅在平面使用功能、建筑空间和造型上各种形式都有，可谓千变万化。

（三）建筑外立面

建筑外立面作为设计开始的部分，被赋予了重要的位置，建筑外立面的设计决定了整个建筑的造型个性，是建筑美化的重要部分。建筑外立面设计的过程可以从形体、材质、色彩和与居住社区景观的整体效果几个方面来研究。

1. 形体

形体如同建筑的一个大的骨架，有了这个骨架才能够决定建筑应该朝哪个方向定位，建筑本身在其发展的漫长历史中沉淀了很多的建筑风格，这些不同的风格分别应用到实际的建设中，也一定能呈现出很多不同的设计效果，但是作为居住社区的建筑立面，我们却不主张太过复杂，因而提倡以简洁的线条和现代风格，并能反映出建筑的个性特点为好。

2. 材质

如果说建筑的形体如同人的骨骼，那么材质就如同人身上的衣服面料，不同的面料装饰于外表之上会呈现出不同的感觉，或休闲、或舒适、或轻盈、或奢华。建筑也是如此，选用美观经济的新材料，一方面能满足造型美感上的需求，另一方面也能节约买房者的购房成本。当然也可以通过材质变化及对比来丰富外立面，使设计更为丰富，在进行建筑底层部分外墙处理时应该相对设计得更细致一些，外墙材料选择时一定要注重做防水处理。

3. 色彩

对于色彩在生活中的地位相信所有人都会深有感受，不同的色彩适合不同的面料，并具有不同的风格，建筑设计更是如此，只有当形体、材质、色彩有机地融为一体时，才能使设计的魅力充分地展现出来。对居住建筑而言，建议选择淡雅、明快的色调，能给人以家的舒适感，同时能够供更多的人群选择。在景观单调的地方，还可以通过建筑外墙面的色彩变化或适宜的壁画来丰富外部环境，充分发挥色彩营造环境的作用。

4. 和谐

整体效果的体现也就是和谐美的设计，在进行住宅建筑外立面设计时应充分考虑室外设施的位置，要保证整个建筑的设计和景观等配套设施的设计能够得到高度的融合，进而保证居住社区景观的整体效果。

5. 墙体垂直绿化

①垂直绿化植物材料的选择：必须考虑不同习性的攀缘植物对环境条件的不同需要，并根据攀缘植物的观赏效果和功能要求进行设计。应根据不同种类攀缘植物本身特有的习性，创造满足其生长的条件。东南向的墙面或构筑物前应种植喜阳的攀缘植物；北向墙面或构筑物前应栽植耐阴或半耐阴的攀缘植物；在高大建筑物北面或高大乔木下面，遮阴程度较大的地方种植攀缘植物，也应在耐阴种类中选择。植物种植带宽度一般为 500 ～ 1000 毫米，土层厚一般为 500 毫米，根系距墙 150 米，株距以 500 ～ 1000 毫米为宜。容器（种植槽或盆）内栽植时，高度应为 600 毫米，宽度为 500 毫米，株距为 2 米，容器底部应有排水孔。

②应用攀缘植物造景，要根据其周围的环境进行合理配置，在色彩和空间大小、形式上要协调一致，并努力实现品种丰富、形式多样的综合景观效果。此外，还应丰富观赏效果（包括叶、花、果、植株形态等），使品种间合理搭配，如地锦与牵牛、紫藤与茑萝分别搭配。要做到丰富的季节变化、远近期结合、开花品种与常绿品种相结合。攀缘植物造景形式有以下几种。

a. 点缀式：以观叶植物为主，点缀观花植物，实现色彩丰富的庭院效果，如地锦中点缀凌霄、紫藤中点缀牵牛等。b. 花境式：几种植物错落配置，观花植物中穿插观叶植物，呈现植物株形、姿态、叶色、花期各异的观赏景致，如大片地锦中有几块爬蔓月季、杠柳中有茑萝、牵牛等。c. 整齐式：体现有规则的重复韵律和整体美，成线、成片，但花期和花色不同。如红色与白色的爬蔓月季、紫牵牛与红花菜豆、铁线莲与蔷薇等搭配，应力求在花色的布局上达到艺术化，创造美的效果。d. 悬挂式：在攀缘植物覆盖的墙体上悬挂应季花木，丰富色彩，增加立体美的效果。需用钢筋焊铸花盆套架，用螺栓固定，托架形式应讲究艺术构图，花盆套圈负荷不宜过重，应选择适应性强、管理粗放、见效快、浅根性的观花及观叶品种。布置要简洁、灵活、多样，富有特色。e. 垂吊式：自庭院棚架顶、墙顶或平屋檐口处，放置种植槽（盆），种植花色艳丽或叶色多彩、飘逸的下垂植物，让枝蔓垂吊于外，既充分利用了空间，又美化了环境。材料可用单一品种，也可用季节不同的多种植物混栽，如凌霄、木香、蔷薇、紫藤、常青藤、菜豆、牵牛等，容器底部应有排水孔，式样轻巧、牢固、不怕风雨侵袭。

③攀缘植物的栽植，应按照种植设计所确定的坑（沟）位，定点挖坑（沟），坑（沟）穴应四壁垂直、低平，坑径（或沟宽）应大于根径 100 ～ 200 毫米。不能采用一锹挖一个小窝，将苗木根系外露的栽植方法。栽植前，在有条件时，可结合整地，向土壤中施基肥。肥料宜选择腐熟的有机肥，每穴应施 0.5 ～ 1.0 千克。将肥料与土拌匀，施入坑内。栽植后应做树堰，树堰应坚固，用脚踏实土埂，以防跑水。在草坪地栽植攀缘植物时，应先起出草坪，栽植后 24 小时内必须浇足第一遍水，第二遍水应在 2 ～ 3 天后浇灌，第三遍水隔 5 ～ 7 天后浇灌。浇水时如遇跑水、下沉等情况，应随时填土补浇。

④垂直绿化养护。攀缘植物的牵引工作必须贯彻始终。按不同种类攀缘植物的生长速度，栽后年生长量应达到 1 ～ 2 米。植株应无主要病虫危害的症状，生长良好，叶色正常，无脱叶落叶的现象，应认真采取保护措施，无缺株，无严重人为损坏，发生问题要及时处理，并实现连线成景的多样化效果。修剪要及时，疏密要适度，保证植株叶不脱落，维持长年的整体效果。此外，垂直绿化需要对植物做牵引，使其向指定方向生长，从植株栽后至植株本身能独立沿依附物攀缘为止。

【思考题】

1. 居住社区景观设计有哪些基本特征？
2. 景观设计在居住社区的发展是怎样的？
3. 居住社区景观设计的方式有哪些？
4. 居住社区景观设计的基本程序是什么？

第四章 居住社区道路景观设计

第一节 居住社区道路规划设计

一、道路的功能

在居住社区景观构造中，道路是人工建造的地面，是地面铺装的重要组成部分，从某种意义上来讲，也可以理解为地面景观。道路是克服或者改造地形变化的地面铺砌构筑物，是滞留空间的连接骨架。

①道路具有疏导和引导居住社区交通、分割和组织居住社区空间的功能。

②道路作为车辆和人员的汇流途径，具有明确的导向性，道路两侧的环境景观应符合导向要求，并达到步移景异的视觉效果。道路边的绿化种植及路面质地色彩的选择应具有韵律感和观赏性。

③居住社区道路对景观布局起决定性作用。休闲型人行道、园道两侧的绿化种植，要尽可能形成绿荫带，并串联花台、亭廊、水景、游乐场等，实现休闲空间的有序展开，增加环境景观的层次。

④居住社区内的消防车道占人行道、院落车行道合并使用时，可设计成隐蔽式车道，即在 4 米幅宽的消防车道内种植不妨碍消防车通行的草坪花卉，铺设人行步道，平日作为绿地使用，应急时供消防车使用，有效地弱化了单纯消防车道的生硬感，提高了环境和景观效果。

⑤好的道路设计本身也构筑了居住社区独特的形式美感。

二、居住社区道路的规划原则——道路规范及设置规定

1. 居住社区道路的规划原则

①根据地形、气候、用地规模和四周的环境条件、城市交通系统以及居民的出行方式，选择经济、便捷的道路系统和道路断面形式。

②小区内应避免过境车辆的穿行，避免道路通行不畅以及往返迂回的问题，并适于消防车、救护车、商店货车和垃圾车等的通行。

③道路规划应有利于居住社区内各类用地的划分和有机联系，以及建筑物布置的多样化。

④当公共交通线路引入居住社区级道路时，应减少交通噪声对居民的影响。

⑤在地震烈度不低于六度的地区，应考虑防灾救灾要求。

⑥应满足居住社区的日照通风和地下工程管线的埋设要求。

⑦城市旧区改建，其道路系统应充分考虑原有道路特点，保留和利用有历史文化价值的街道。

⑧应便于居民汽车的通行。

2. 城市规划相关居住社区道路规范

机动车道对外出入口间距不应小于 150 米。沿街建筑物长度超过 150 米时，应设不小于 4 米 ×4 米的消防车通道。人行出口间距不宜超过 80 米，当建筑物长度超过 80 米时，应在底层加设人行通道；居住社区内道路与城市道路相接时，其交角不宜小于 75°；当居住社区内道路坡度较大时，应设缓冲段与城市道路相接；进入组团的道路，既应方便居民出行和利于消防车、救护车的通行，又应维护院落的完整性和利于治安保卫；在居住社区内的公共活动中心，应设置为残疾人通行的无障碍通道。

3. 居住社区内道路的设置规定

①通行轮椅车的坡道宽度不应小于 2.5 米，纵坡坡度不应大于 2.5%。

②居住社区内尽端式道路的长度不宜大于 120 米，并应在尽端设不小于 12 米 ×12 米的回车场地。

③当居住社区内用地坡度大于 8%时，应辅以梯步解决竖向交通，并宜在梯步旁附设推行自行车的坡道。

④在多雪严寒的山坡地区，居住社区内道路路面应考虑防滑措施；在地震设防地区，居住社区内的主要道路宜采用柔性路面。

⑤居住社区内道路边缘至建（构）筑物的最小距离，应符合表 4-1-1 的规定。

表 4-1-1 道路边缘至建（构）筑物的最小距离

建（构）筑物			道路级别		
			居住区道路	小区路	组团路及宅前小路
建筑物面向道路	无出入口	高层	5.0	3.0	2.0
		多层	3.0	3.0	2.0
	有出入口		5.0	5.0	2.5
建筑物山墙面向道路		高层	4.0	2.0	1.5
		多层	2.0	2.0	1.5
围墙面向道路			1.5	1.5	1.5

三、居住社区道路分类及适用场地

居住社区内道路可分为居住区道路、小区路、组团路和宅前小路四级，其宽度应符合下列规定。

①居住区道路：居住社区的主要道路，用以解决居住社区内外交通的联系，道路红线宽度一般为 20 ～ 30 米。车行道宽度不应小于 9 米，如需通行公共交通时，应增至 10 ～ 14 米，人行道宽度为 2 ～ 4 米。

②小区路：居住社区的次要道路，用以解决居住社区内部的交通联系。道路红线宽度一般为 10 ～ 14 米，路面宽 5 ～ 8 米，人行道宽 1.5 ～ 2 米。建筑控制线之间的宽度，须敷设供热管线的不宜小于 14 米；无供热管线的不宜小于 10 米。

③组团路：居住社区内的支路，用以解决住宅组群的内外交通联系，路面宽 3 ～ 5 米。建筑控制线之间的宽度：采暖区不宜小于 10 米；非采暖区不宜小于 8 米。

④宅前小路：通向各户或各单元门前的小路，一般宽度不小于 2.5 米。

此外，在居住社区内还可有专供步行的林荫步道，其宽度根据规划设计的要求而定（见表 4-1-2、表 4-1-3）。

表 4-1-2 居住社区道路宽度表

道路名称	道路宽度
居住社区道路	红线宽度不宜小于 20 米
小区路	路面宽 5 ～ 8 米，建筑控制线之间的宽度，采暖区不宜小于 14 米，非采暖区不宜小于 10 米
组团路	路面宽 3 ～ 5m，建筑控制线之间的宽度，采暖区不宜小于 10 米，非采暖区不宜小于 8 米
宅前小路	路面宽不宜小于 2.5 米
园路（甬路）	路面宽不宜小于 1.2 米

表 4-1-3 居住社区各种道路的分类及特点

道路分类		路面主要特点	适用场地							
材质	路面		车行道	停车场	广场	园路	游乐场	露台	屋顶广场	体育场
沥青	不透水沥青路面	热辐射低，光反射弱，全年使用，耐久，维护成本低；表面不吸水，不吸尘，遇溶解剂可溶解；弹性随混合比例而变化，遇热变软	✓	✓	✓					
	透水性沥青路面			✓	✓					
	彩色沥青路面			✓		✓				
混凝土	混凝土路面	坚硬，无弹性，铺装容易，耐久，全年使用，维护成本低，撞击易碎	✓	✓	✓	✓				
	水磨石路面	表面光滑，可配成多种色彩，有一定的硬度，可组成图案装饰		✓		✓	✓	✓		
	模压路面	易成形，铺装时间短，分坚硬、柔软两种，面层纹理色泽可有多种变化		✓		✓	✓			
	混凝土预制砌块路面	有防滑性，步行舒适，施工简单，修整容易，价格低廉，色彩式样丰富		✓	✓	✓	✓			
	水刷石路面	表面砾石均匀露明，有防滑性，观赏性强，砾石粒可变，不易清扫		✓		✓	✓			
花砖	釉面砖路面	表面光滑，铺筑成本较高，色彩鲜明，撞击易碎，不适应寒冷气温		✓				✓		
	陶瓷砖路面	有防滑性，有一定透水性，成本适中，撞击易碎，吸尘，不易清扫		✓			✓	✓	✓	
	透水花砖路面	表面有微孔，形状多样，相互咬合，反光较弱		✓	✓					✓
	黏土砖路面	价格低廉，施工简单，分平砌和竖砌，接缝多可渗水，平整度差，不易清扫		✓		✓	✓			

续表

道路分类		路面主要特点	适用场地							
材质	路面		车行道	停车场	广场	园路	游乐场	露台	屋顶广场	体育场
天然石料	石块路面	坚硬密实，耐久，抗风化强，承重大；加工成本高，易受化学腐蚀，粗表面不易清扫，光表面防滑差		✓		✓	✓			
	碎石、卵石路面	在道路基底上用水泥粘铺，有防滑性能，观赏性强，成本较高，不易清扫			✓					
	砂石路面	砂石级配，碾压成路面，价格低，易维修，无光反射，质感自然，透水性强					✓			
砂土	砂土路面	用天然砂或级配砂铺成软性路面，价格低，无光反射，透水性强，需常湿润					✓			
	黏土路面	用混合黏土或三七灰土铺成，有透水性，价格低，无光反射，易维修					✓			
木	木地板路面	有一定弹性，步行舒适，防滑，透水性强，成本较高，不耐腐蚀，应选耐潮湿木料					✓	✓		
	木砖路面	步行舒适，防滑，不易起翘，成本较高，需做防腐处理，应选耐潮湿木料					✓		✓	
	木屑路面	质地松软，透水性强，取材方便，价格低，表面铺树皮具有装饰性					✓			
合成树脂	人工草皮路面	无尘土，排水良好，成本适中，负荷较轻，维护费用较高			✓	✓				
	弹性橡胶路面	具有良好的弹性，排水良好，成本较高，易受损，清洗费时							✓	✓
	合成树脂路面	行走舒适、安静，排水良好，分弹性和硬性，适于轻载，需要定期修补								✓

四、机动车停车场设计

居住社区内停车场、车库的设计应符合下列规定。

①居民汽车停车场车积率不应小于 10%。

②居住社区内地面停车率（居住社区内居民汽车的停车位数量与居民住户数的比率）不宜超过 10%。

③居民停车场、车库的布置应方便居民使用，服务半径不宜大于 150 米。

④居民停车场、车库的布置应留有必要的发展余地。

停车场设计示例如下（见图 4-1-1 至图 4-1-4）。

图 4-1-1 图 4-1-2

图 4-1-3 图 4-1-4

第二节 道路附属设施设计

一、台阶

台阶是有高差平面之间的主要联系物，台阶设置在倾斜度大以及高低落差较大的地方。台阶踏面宽度不小于 350 毫米，高度不小于 150 毫米，台阶过长时，中间应设置休息平台，如果台阶主要是为老年人服务的，或者台阶踏步一侧的垂直距离超过 600 毫米时，应设计扶手。

基于对台阶的一般功能性描述，人们还发现台阶是一种可以改变单调设计的构成元素，使得半滞留空间如广场就可以在设计上不仅仅局限在平面形状分割制的层面上发展，可以丰富化营造出所调之“气场”（见图 4-2-1 至图 4-2-5）。

图 4-2-1 图 4-2-2 图 4-2-3

图 4-2-4 图 4-2-5

二、坡道

一般的坡道最大的坡度为 1∶10，无障碍坡道最大的坡度为 1∶12，坡道的长度最好不超过 10 米，在坡道的间隔处适当地设置休息平台。居住社区内道路及绿地最大坡度控制指标见表 4-2-1。

坡道和台阶的作用和性质较为相似，可通过和缓的倾斜的角度解决连接两个有高差的平面区域的流通问题 但是从设计造景的角度看，坡道相比较台阶而言局部的潜力不是很大，而且所占的面积很大。倒是从安全通道以及方便特殊人群的使用方面能提供很大的便利，往往在通道的设计上是与台阶等一起设置的。

作为设计师应该挖掘一些看起来极其普通的造景方式的设计潜力，错位布置的方式可能更值得采用（见图 4-2-6 至图 4-2-8）。

表 4-2-1 居住社区内道路及绿地最大坡度控制指标 %

道路及绿地		最大坡度
道路	普通道路	17
	自行车专用道	5
	轮椅专用道	8.5
	轮椅园路	4
	路面排水	1 ～ 2
绿地	草皮坡度	45
	中高木绿化种植	30
	草坪修剪机作业	15

图 4-2-6 图 4-2-7 图 4-2-8

三、边沟

边沟是一种设置在地面上用于道路或地面排放雨水的排水沟，其形式多种多样（见图 4-2-9），有铺设在道路上带铁篦子的 L 形边沟，行车道和步行道之间的 U 形边沟，铺设在广场或停车位地面上的蝶形边沟和缝形边沟，以及铺设在用地分界点、入口等场所的 L 形边沟，还有与路面融为一体的加装饰的边沟等。平面型边沟的水篦格栅宽度要参考排水量和排水坡度来确定，一般为 250 ～ 300 毫米；缝隙边沟一般缝隙不小于 20 毫米（见图 4-2-10）。边沟所使用的材料一般为混凝土，有时也采用嵌砌小砾石的材料。在住宅庭院中，边沟一般会采用装饰地砖或仿古砖来铺设，要注重色彩的搭配。

四、路缘石（道牙）

路缘石又称“路牙”“道牙”等（见图 4-2-11、图 4-2-12），是一种为确保行人安全进行交通诱导，保持水土，保护植栽，以及区分路面铺装等而设置在行车道与人行道分界处、路面与绿地分界处、不同材料铺装路面的分界处等位置的构筑物。路缘石种类很多，有预制混凝土路缘石、砖路缘石、石头路缘石，此外，还有对路缘进行模糊处理的合成树脂路缘石。路缘石高度以 100 ～ 150 毫米为宜，区分路面的路缘，要求铺设高度整齐统一，局部可以采用与路面材料相搭配的花砖或石料。绿地与混凝土路面、花砖路面、石路面交界处可不设路缘石，但是与沥青路面交界处应设路缘石。

在居住社区景观中，一般靠近行车道边缘的部位就要考虑设置路缘石，防止车辆破坏庭院的栏杆和大门；如果住宅庭院中还需设计停车位，则停车位边缘与住宅建筑之间也要设置混凝土路缘石，防止车辆破坏建筑结构。

图 4-2-9　图 4-2-10　图 4-2-11　图 4-2-12

第三节 居住社区铺装设计

一、居住社区铺装的功能特性

铺装是居住社区建筑风格的室外延伸，它不仅要满足人们使用的功能需求，还要在景观效果上满足人们的精神需求。近年来，居住社区的铺装较以前也发生了很大的变化。首先，居住社区铺装的功能有所增加，它不仅体现于居住社区的道路交通上，而且还是居民活动的载体，满足人们运动、交往、游憩等需求。其次，铺装形式也不再是单一的方砖铺地，铺装无论是在色彩还是在材质上都丰富了许多，增强了居住社区的景观效果。居住社区铺装的功能特性如下。

（一）交通功能

居住社区铺装首先作为一种铺装形式而存在，其首要也是最基本的功能就是它的交通功能。该功能主要表现在以下几个方面。

①根据交通对象的要求和气象条件特征，提供坚实、耐磨、防滑的路面，保证车辆和行人安全、舒适地通行，这是居住社区铺装最基本的功能（见图 4-3-1、图 4-3-2）。

②通过路面铺砌图案给人以方向感。方向性是道路功能特性中很重要的部分，对于路面来说，铺装的铺砌图案和颜色的变化，更容易给人以方向感和方位感（见图 4-3-3 至图 4-3-5）。

③划分不同性质的交通区间。居住社区道路铺装注重的是人们内心的需求，对人们的心理影响则采用暗示的方式，人们对于不同色彩、不同质感的铺装材料所受的心理暗示是不同的，居住社区铺装正是利用这点，采用不同的材质对不同的交通区间进行划分，加强空间的识别性，同时约束人们的行为，使人们自觉地遵守各领域的规则，引导人们各行其道（见图 4-3-6）。

图 4-3-1　图 4-3-2　图 4-3-3　图 4-3-4　图 4-3-5　图 4-3-6

（二）强化空间功能

1. 分隔和变化空间

居住社区园林铺装通过材料或样式的变化体现空间界限，在人的心理上产生不同暗示，达到空间分隔及功能变化的效果。如两个不同功能的活动空间，往往采用不同的铺装材料，或者使用同一种材料采用不同的铺装样式（见图 4-3-7）。

2. 引导和强化视觉

居住社区园林铺装利用其视觉效果可引导游人视线，在园林中，常采用直线形的线条铺装引导游人前进；在需要游人停留的场所，则采用无方向性或稳定性的铺装；当需要游人关注某一景点时，则采用聚向景点方向走向的铺装。另外，铺装线条的变化，可以强化空间感，比如用平行于视平线的线条强调铺装面的深度，用垂直于视平线的铺装线条强调宽度。合理利用这一功能可以在视觉上调整空间大小，起到使小空间变大、使窄路变宽等作用（见图 4-3-8 至图 4-3-13）。

图 4-3-7　图 4-3-8　图 4-3-9　图 4-3-10　图 4-3-11　图 4-3-12　图 4-3-13

（三）承载功能

人们在居住社区内进行的各种活动也少不了铺装做载体，现在不少居住社区都建有小广场，或者专门的活动场地，为居民提供活动、交往、休息的空间，满足居民户外活动的需求。居住社区的铺装用地多与公共绿地结合，组成不同的功能分区。

1. 安静休憩区

这个区域是观赏、休息、陈列用地，为了营造宜人、舒适的氛围，绿化用地往往占较大比例，并且与散步小径、亭、廊及适当的休息场地相结合，铺装的选材不宜过于艳丽，尺度也不宜过大，应注重营造自然、安静的气氛，如卵石、河步、冰裂纹等形式比较适合作为园路的铺装（见图 4-3-14）。

2. 活动娱乐区

这个区域是居住社区中人群较为集中、活动形式较为丰富的场地，它为居民提供了居住社区内主要的活动空间。可以利用植物及高差对场地加以分割，尽量避免区域内各项活动的干扰。大面积的活动场地宜采用坚实、平坦、防滑的铺装，不宜使用表面凹凸不平的材料，如乒乓球台下面的铺装如果不够平坦，球落地后会四处乱蹦，捡球就比较困难（见图 4-3-15 至图 4-3-17）。

图 4-3-14

3. 儿童活动区

根据不同年龄段儿童的活动方式对场地进行分割，可以有效减少干扰和不必要的伤害。儿童活动区道路布置要简洁、明确、易识别，可以使用一些质地较软的材质作为活动场地的铺装，增加安全性（见图 4-3-18）。

图 4-3-15 图 4-3-16 图 4-3-17 图 4-3-18

（四）景观功能

居住社区的铺装除了具有使用功能以外，还可以满足人们深层次的需求，为人们创造优雅舒适的景观环境，营造适宜活动交往的空间。

①居住社区铺装应与周围建筑风格协调统一，以维系整体关系。居住社区的建筑风格和户外环境是整个居住社区形象最直接的外在表现，人们习惯通过对其外在形象的评价来感知和认知居住社区的格调和品质。但是和谐的户外环境不是简单地植树种花就可以做到的，而是要通过对整个居住社区进行系统全面的规划设计才能实现的。居住社区的铺装是户外环境的主要组成部分，它与建筑、园林风格是否一致直接影响居住社区的整体景观效果。例如，若建筑具有欧式风格，则铺装应相应地采用小块的立方体，以营造出巴黎街巷的韵味。住宅入口前的铺装形式与门口柱基的形式也应一致，达到上下呼应的目的（见图 4-3-19、图 4-3-20）。

②景观铺装具有纳入新秩序、提升环境品质的推动作用，对于一条普通的街道而言，采用精心设计的景观铺装，使其与周围环境融合，形成良好的铺装景观，无疑可以提高场地的使用频率，同时也可提升居住社区的环境品质（见图 4-3-21 至图 4-3-23）。

③体现意境与主题。良好的铺装景观对空间往往能起到烘托、补充或诠释主题的作用。这类铺装使用文字、图案、特殊符号等来传达空间主题，强化意境，在一些纪念性、知识性和导向性空间中比较常见（图 4-3-24、图 4-3-25）。

图 4-3-19 图 4-3-20 图 4-3-21 图 4-3-22 图 4-3-23 图 4-3-24 图 4-3-25

二、铺装的分类

路面依照强度可以分为高级铺装、简易铺装和轻型铺装三种。

高级铺装适用于交通量大且多重型车辆通行的地面（大型车辆的每日单向交通量达 250 辆以上）。

简易铺装适用于交通量小、几乎无大型车辆通过的道路。

轻型铺装用于铺装机动车交通量小的园路、人行道、广场等的地面，无设计预算标准，可以依据一般地面断面结构来设计，居住社区的地面多为此种铺装。

路面按照地面材料，可以将居住社区地面分为：沥青地面、混凝土地面、卵石地面、预制砌块地面、花砖地面、料石地面、塑料地面、砂土地面、透水草皮地面、木板地面等（见表 4-3-1）。

表 4-3-1 各种铺装材料路面的优缺点对照表

铺装类型	优点	缺点
沥青地面	热辐射低，光反射弱，耐久，维护成本低，表面不吸尘，弹性随混合比例而变化，表面不吸水，可做成曲线形式，可做成通气性的	边缘如无支撑将易磨损，气温高会软化，汽油、煤油和其他石油溶剂可将其溶解，如果水渗透到底层易受冻胀损害
混凝土地面	铺筑容易，可有多种颜色、质地，表面耐久，整年使用和多种用途，维护成本低，表面坚硬，无弹性，可做成曲线形式	有接缝，有的表面并不美观，铺筑不当会分解，难以使原色一致及持久，弹性差，张力强度较低而易碎
卵石地面	铺装成本低，具有自然气息，能与其他地面材料相搭配，质感强	表面比较光滑，铺装复杂，铺装后容易脱落
预制砌块地面	可选择或设计成用于各种目的，铺筑时间短，容易铺筑、拆除、重铺，且通常不需要专业化的劳动	易受人为破坏，比沥青或混凝土铺筑成本高
花砖地面	防眩光表面，路面不滑，颜色范围广，尺度适中，容易维修	铺筑成本高，清洁困难，冰冻天气会发生碎裂，易受不均衡沉降影响，会风化
料石地面	坚硬且密实，在极端易风化的天气条件下耐久，能承受重压，能够抛光成坚硬光洁表面，易于清洁	坚硬致密，难以切割，有些类型易受化学腐蚀，成本较高
塑料地面	色彩鲜艳，层次丰富，能改变环境气氛，行走安静、舒适	只适于轻载，不耐磨，容易褪色，制作成本高
砂土地面	经济性的表面材料，颜色范围广	根据使用情况每隔几年要进行补充，可能会有杂草生长，需要加边
透水草皮地面	与草坪表面相似，雨后能更快使用而无积水，活动表面的场地平坦，没有浇水和养护的问题	容易造成运动者受伤，比天然草地铺筑成本高
木板地面	自然亲和，有弹性，提升庭院环境档次	造价高，难保养

沥青地面，成本低，施工简单，平整度高，常用于步行道、停车位的地面铺装，也用于住宅庭院内。除了沥青混凝土地面外，沥青地面还包括透水性沥青地面、彩色沥青地面等。透水性沥青地面可能会因雨水直接浸透路基造成路基软化，因此现在只用于人行道、停车场、建筑区内部道路的铺装。同时，透水性沥青地面在使用数年后多会出现透水孔堵塞，道路透水性能下降的现象。为确保一定的透水性，对此类地面应经常进行冲洗养护。其地面结构为，面层采用透水性沥青混凝土（升级式沥青混凝土），不设底涂层。如果路基透水性差，可以在基底层下铺设一层砂土过滤层（50 ～ 100 毫米）。彩色沥青地面一般可以分为两种，一种是加色沥青地面，厚度约 20 毫米；另一种是加涂沥青混凝土液化面层材料的覆盖式地面，这在田园风格的庭院中常会用到（见图 4-3-26）。

混凝土地面，造价低、施工性好，常用于铺装园路、自行车或私家车的停放场地，对于首层带户外花园的住宅来说可以根据需要铺设。混凝土地面处理大致有以下几种：除铁抹子抹平、木抹子抹平、刷子拉毛外，还有简单清理表面灰渣的水洗石饰面和铺石着色饰面等方式。将混凝土地面用于庭院道路等，较为常见的设计手法是不设路缘，但这种地面缺乏质感，易显单调，因此应设置变形缝来增添地面变化（见图 4-3-27）。

卵石地面，主要分为水洗小砾石和卵石嵌砌地面两种。水洗小砾石地面是在浇筑预制混凝土后，待其凝固 24 ～ 48 小时后，用刷子将表面刷光，再用水冲刷，直至砾石均匀露明。这是一种利用小砾石色彩和混凝土光滑特性的地面铺装，除庭院道路外，一般还多用于人工溪流、水池的底部铺装。利用不同粒径和品种的砾石，可铺成多种水洗石地面。地面的断面结构视使用场所、路基条件而异，一般混凝土层厚度为 100 毫米。卵石嵌砌地面是在混凝土层上摊铺厚度 20 毫米以上的砂浆（1∶3）后，平整嵌砌卵石，最后用刷子将水泥浆整平。卵石地面经济实用，非常适宜住宅庭院使用（见图 4-3-28）。

预制砌块地面，具有防滑、步行舒适、施工简单、修整容易、价格低廉等优点，常被用作人行道、广场、停车位等多种场所的地面。预制砌块地面虽不及花砖高级，但是它的色彩、样式丰富，类似小料石砌地面，可以拼接成砖式地面、六角形地面、八角形地面等。另外，还有多种具有艺术效果的预制砌块地面，如高透水性产品、仿石类产品等。预制砌块地面的标准结构有两种，一种是有车辆通行的场所使用的 80 毫米厚地面，另一种是人行道使用的 60 毫米厚地面。路基层的结构是基底层为未筛碎石或级配碎石，其上铺设透水层，再铺筑粗砂，最后面层铺装预制砌块。以往这种地面是不铺设透水层的，但是为了确保道路的平整度，还是应采用透水层（见图 4-3-29）。

图 4-3-26 图 4-3-27 图 4-3-28

花砖地面，色彩丰富、式样与造型的自由度大，容易营造出欢快、华丽的气氛，常用于住宅阳台、露台、户外庭院、人行道、大型购物中心等场所的地面铺装。花砖除烧瓦、瓷砖、铺面砖外还有透水性花砖和在室外区使用的防滑花砖。同时，因必须设置伸缩缝，在设计时应注意选择有伸缩缝的花砖式样（见图 4-3-30、图 4-3-31）。

料石地面，指的是在混凝土垫层上再铺砌 15 ～ 40 毫米厚天然石材形成的地面，利用天然石材的不同品质、颜色、石料饰面及铺砌方法组合出多种形式。其能够营造一种有质感、沉稳的氛围，所以常用于大面积庭院的地面铺装。室外料石铺装地面常用的天然石料首推花岗岩，其次有玄昌石板、石英岩等。在可能出现冻害的地方，一般使用石灰岩、砂岩等材料。地面铺成后，再做打磨等防滑处理，精磨饰面因其雨后防滑性差，基本不用作人行道路面，如果使用精磨饰面加工面层，则应提高表面的平整度，增加接缝。料石铺地的铺砌方法有很多种，例如方形铺砌、不规则铺砌等。方形铺砌的接缝间距一般为 6 ～ 12 毫米，铁平石等不规则铺砌的接缝间距为 10 毫米左右；观光地的石英岩、石灰岩不规则铺砌地面，一般接缝间距为 10 ～ 20 毫米，采用不平整的铺砌办法。料石铺地一般选用的石材规格不一，如果是花岗岩，可按设计图纸挑选，但石料的厚度一般为 25 毫米。板岩、石英岩通常用于方形铺砌地面，石料规格为 300 毫米 ×300 毫米，或 300 毫米 ×600 毫米，厚度皆为 25 ～ 60 毫米。在欧洲，料石地面广泛用于车道、广场、人行道等场所的地面铺装。由于所用石料呈正方体的骰子状，因此又被称为“骰石地面”。

塑料地面，比较时尚，主要分为现浇无缝环氧沥青塑料地面和弹性橡胶地面两种。现浇无缝环氧沥青塑料地面是将天然砂石等填充料与特殊的环氧树脂混合后做面层，浇筑在沥青路面或混凝土地面上，抹光至 10 毫米厚的地面，是一种平滑的兼具天然石纹色调的地面，一般用于庭院、广场、池畔等的路面铺装。弹性橡胶地面利用特殊的黏合剂将橡胶垫黏合在基础材料上，制成橡胶地板，再铺设在沥青地面或混凝土地面上。常用于体育场、幼儿园、学校、医院等处，地面厚度一般为 15 ～ 25 毫米（图 4-3-32）。

图 4-3-29 图 4-3-30 图 4-3-31 图 4-3-32

砂土地面，看似粗糙，在住宅庭院中仍能起到独特的装饰作用。砂土地面有三种。第一种是石灰岩土地面，是采用粒径在 3 毫米以下的石灰岩粉铺成的，除弹性强、透水性好外，还具有耐磨、防止土壤流失的优点，是一种柔性铺装，一般用于日式庭院或现代庭院的局部铺筑。对纵向坡度较大的坡道，由于雨水会造成石灰岩土的流失，因此不适合采用这种材料。第二种是砂土地面，是一种以黏土质砂土铺筑的柔性铺装，主要用于有户外健身要求的庭院，具有少泥泞、翻滚不易造成外伤的优点。所用砂土材料的标准配合比为细沙∶优质土（黑土、红土或花岗岩风化土）=2∶3。第三种是黏土地面，是一种简易的柔性铺装，具有运动跌倒后很少造成外伤的优点。较适合排水良好的地段，一般可以采用黏土与砂土混合的材料（6∶4）铺筑。

透水草皮地面，有两类：使用草皮保护垫的地面和使用草皮砌块的地面。其中草皮保护垫是由一种保护草皮生长发育的高密度聚乙烯制成的，是耐压性及耐候性强的开孔垫网。草皮砌块地面是在混凝土预制块或砖砌块的孔穴或接缝中栽培草皮，使草皮免受人、车踏压的地面铺装，一般用于停车场等场所。透水性草皮运用到住宅庭院中，可以和其他硬质铺装材料形成鲜明的对比，具有柔化环境的作用（见图 4-3-33、图 4-3-34）。

木板地面，木材给人的暗示恰如中国文化——中庸与自然的回归。因此，木材在景观中以朴实的质地和温馨的触感满足了人们对回归自然的迫切渴望。户外木地板、木制平台及泳池岸边的木地板等逐渐成为时尚的符号，但是将实木用在户外，多少会担心它容易腐烂、干裂或被虫蛀。所以一般选用防腐木，它是在木材的表面涂上专用的水封涂料，经浸渍处理后而具备防腐功能的木材，它能有效预防上述问题。在庭院中铺木地板，可以根据自己的喜好来设计，或者铺满整个庭院，或者在庭院中的某一位置铺上木地板。如果有通往庭院的台阶，最好也铺上木地板，视觉效果会非常统一。在庭院中铺设木地板时，应该尽可能使用木材现有的尺寸及形状，对浸渍所做的任何加工，如钻孔、精创、削切等工艺都可能缩短被浸渍的板材的使用寿命。因此，私家庭院用地板可以选择造价低、厚度为 21 ～ 28 毫米的木材。由于是户外用的木地板，经过防腐处理的木材同样是龙骨的理想材料。在根据不同场所正确选择地板材料的前提下，板材的宽度应与制作环境相适应，一般以 45 毫米为宜，龙骨之间的距离为 500 毫米，可以保证地板的正常使用和安全系数，脚感也很舒服。因某些型材的规格短缺，使用相近规格木板替代原有规格木材做地板时，安装龙骨就应该特别注意减小龙骨的间距，否则脚感可能会不舒服。龙骨的高度应该根据周边环境的高低来控制，制作好的地板应与环境构造的高低相得益彰（见图 4-3-35）。

居住社区景观铺装规模一般较小，但在特殊环境下也会有重载的。地面铺设成本与审美相关，而不是与使用强度相关，因此，可供选择的材料范围很广。此外，屋顶花园在结构设计上，应该降低自身重量，并具备稳固的基础和详细的排水设计。这样，维护成本就可以得到控制。总之，没有一种面层能满足所有室外活动的需要，每种活动都有它自己的面层要求。

图 4-3-33 图 4-3-34 图 4-3-35

三、居住社区铺装设计

居住社区中的儿童活动场地使用质地较软的铺装，可以起到保护作用，一些活动场地中特别铺设的供人踩踏的卵石具有保健功能，停车场所用的嵌草铺装可以提高绿化率。居住社区各方面的品质提高，均为铺装设计提出了新的要求。

（一）铺装的主题

居住社区的规划主题贯穿整个居住社区，无论是建筑还是景观都会以这个主题为中心，而主题的创造绝不是一个建筑或者雕塑等艺术形象单独存在就可以完成的，而要有一个能使人印象深刻的背景环境共同渲染这一氛围，因此铺装也不能被忽视。如可以提炼设计主题中的某些元素，运用到铺装中，由此体现居住社区的特点（见图 4-3-36 至图 4-3-38）。

（二）铺装的质感及艺术表达

铺装的质感是人对素材结构的感触而产生的材质感，不同铺装材料的肌理和质地对空间环境会产生不同的影响，给人带来轻松、温馨、开阔、舒适等不同的感觉。利用质感不同的同种材料进行铺装，很容易在变化中求得统一，实现和谐一致的铺装效果。同一质感材料的组合可以通过肌理的横竖、纹理的设置、纹理的走向、肌理的微差和凹凸变化来实现，相似质感材料的组合在环境效果上起中介和过渡作用，对比质感材料的组合会造成不同的空间效果，同时也是提高质感的有效方法。在进行铺装时，还要考虑空间的大小，大空间可选用质地粗犷厚实、线条明显的材料，给人以稳重、沉着的感觉，小空间则应选择较细小、圆滑的材料，给人以轻巧精致和柔和的感觉。

真正做到风格上的匹配并不那么简单，选择适合的材料是最行之有效的方法之一。有关内容可参考前文关于铺装材料的介绍。

（三）铺装的色彩及艺术表达

铺装的色彩影响着居住社区的环境气氛。如果铺装在场地中占有相当大的面积，即使色调再柔和、暗淡，它对整个气氛的营造也会产生巨大的影响。居住社区铺装的色彩不宜太鲜艳也不宜太沉闷，要与建筑的色彩相匹配。例如在活动区尤其是儿童游戏场，可使用色彩鲜艳的铺装，营造活泼、明快的气氛；在安静的休息区域，可采用色彩柔和素雅的铺装，营造安宁、平静的气氛；在纪念性场地等肃穆的场所，宜配合使用沉稳的色调（见图 4-3-39 至图 4-3-42）。

现在的铺装材料色彩繁多，可以根据广场、道路的性质来决定铺装色彩，色彩间的协调也是极为重要的，搭配协调的铺装可以创造出极具魅力的空间。此外，用另一种颜色的铺装为彩色铺装镶边，会达到使铺装色彩更加明显的效果。

图 4-3-36 图 4-3-37 图 4-3-38
图 4-3-39 图 4-3-40 图 4-3-41 图 4-3-42

（四）铺装的形状及艺术表达

铺装的形状一般通过点、线、面、形的组合来表现。不同的铺装图案可形成不同的空间感，对所处的环境产生强烈影响。铺装图案的设计要坚持统一协调的原则，一般以简洁的构图为主，因为材料变化过多或图案复杂易形成杂乱无章的感觉。

铺装常通过图案联想的方式来唤起欣赏者的共鸣，表现地方文化及地域风格、表达意境和主题。许多图案已成为约定俗成的符号，如通过精致纹理联想到古典，通过波浪形图案联想到水体（见图 4-3-43 至图 4-3-46）。

（五）铺装图案及艺术表达

铺装图案应与周围环境的气氛、布局相协调，在出入口处的图案还应具有提示、引导的作用。在铺装中，最常用的、也最具有表现力的是线。路面上与道路平行的直线具有强烈的方向指示作用：与轴线垂直的间隔出现的直线条能形成明快的节奏感。广场上的线条不但能给人安定感，还具有指示方向的作用。折线显示动态美，统一的波形曲线的反复使用具有强烈的节奏感和韵律感。道路广场上的方格图案铺装会给人安静而有条理的感觉。整齐统一的铺装图案能够比较容易地与环境相融合，提升整个居住社区的景观品质。而不规则图形的铺装创意需要较高的设计能力才能表现出良好的设计效果（见图 4-3-47、图 4-3-48）。

图 4-3-43 图 4-3-44 图 4-3-45 图 4-3-46 图 4-3-47 图 4-3-48

（六）铺装的尺度及艺术表达

铺装的尺度要与其所在的空间大小成比例。铺装的尺度包括铺装图案尺寸和铺装材料尺寸两方面，两者都能对外部空间产生一定的影响，产生不同的尺度感。在铺装图案的尺寸方面，大面积铺装应使用大尺度的图案，有助于表现统一的整体效果。如果图案太小，铺装会显得琐碎；小面积的铺装宜采用小尺度的图案，较小紧缩的形状可使空间显得亲切。在铺装材料方面，通常大空间使用大尺寸的花岗岩、抛光砖等板材较多，而中、小尺寸的地砖和小尺寸的玻璃马赛克则适于一些中、小型空间，会给人肌理细腻的质感。作为远景的大尺度铺装，当所绘图形尺度与人眼的观察尺度不符时，就达不到预期的效果（见图 4-3-49）。

（七）铺装的合理使用

应合理规划居住社区的活动场地，减少不必要的硬质铺装，增加绿化用地。很多开发商为了追求豪华气派的景观效果，在居住社区中建造了面积过大的铺装广场，忽视了其使用效果。这种空有精美图案、冷冰冰的空旷铺地在居住社区中应该避免。因为它不但缺乏功能性，得不到充分的利用，而且景观效果也十分单一，如果改为绿化用地无疑可以创造更好的居住环境（见图 4-3-50、图 4-3-51）。

图 4-3-49 图 4-3-50 图 4-3-51

四、铺装铺设方法

综合园林铺装常见的一些规划设计方法及施工技巧包括：基本铺装法（见图4-3-52），铺法演化（见图4-3-53），结合形式和铺法进行变化（见图4-3-54）。因为园林铺地及园路面层铺装材料的不同，所以铺装技术与施工方法也不同。下面介绍几种常用的块料面层的铺装方法。

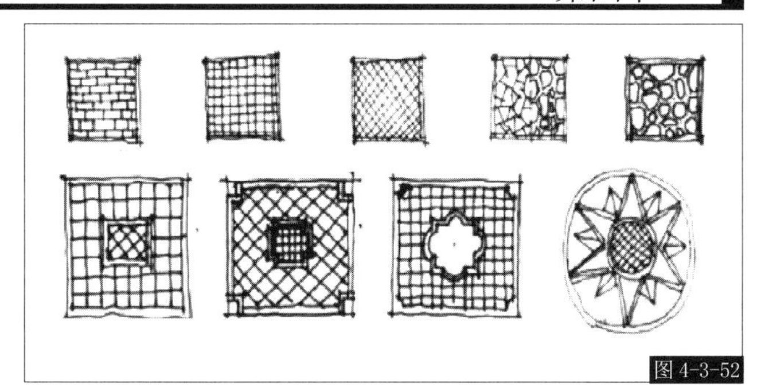
图4-3-52

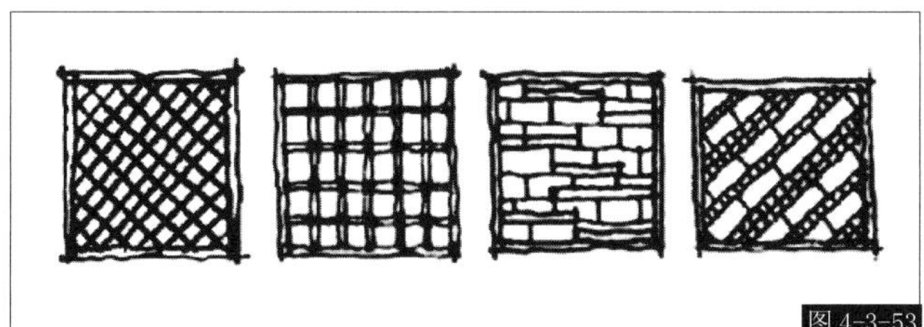
图4-3-53

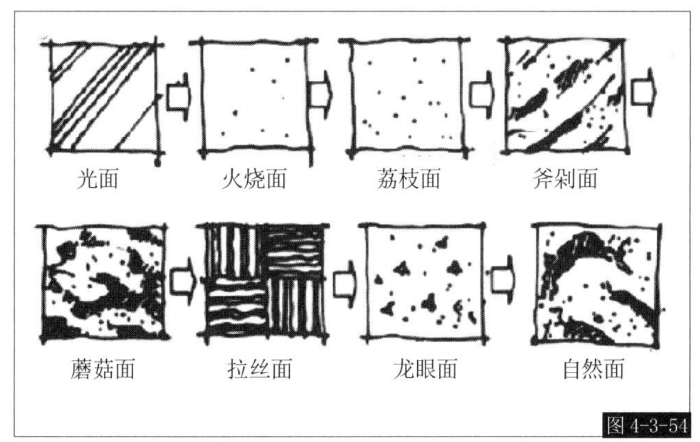

图4-3-54

（一）彩色混凝土压模铺装的施工方法

彩色混凝土压模园路的面层为混凝土、地面采用水泥耐磨材料铺装而成，它是以硅酸盐水泥或普通硅酸盐水泥、耐磨骨料为基料，加入适量添加剂组成的干混材料。

具体工艺流程如下：地面处理→铺设混凝土→振动压实抹平混凝土表面→覆盖第一层彩色强化粉→压实抹平彩色表面→撒脱模粉→压模成型→养护→水洗施工面→干燥养护→上密封剂→交付使用。

基层做法关键是彩色混凝土压模园路的面层做法。它的质量直接影响园路的最终质量。初期彩色混凝土一般采用现场搅拌、现场浇捣的方法，用平板式振捣机进行振捣，直接找平，木蟹打光。在混凝土即将终凝前，用专用模具压出花纹。目前亦可使用商品混凝土地面用水泥基耐磨材料。

彩色混凝土应一次配料、一次浇捣，避免多次配料而产生色差。彩色混凝土压模园路的花纹是根据模具而成型的，因此模具应按施工图的要求而定制，或向有关专业单位采购适合的模具。

（二）木铺地园路的铺装方法

木铺地园路是采用木材铺装的园路。在园林工程中，木铺地园路是室外的人行道，面层木材一般采用耐磨、耐腐、纹理清晰、强度高、不易开裂、不易变形的优质木材。

木铺地园路的一般做法是：素土夯实→碎石垫层→素混凝土垫层→砖墩→木格栅→面层木板。从这个顺序可以看出，木铺地园路与一般块石园路的基层做法基本相同，所不同的是增加了砖墩及木格栅。木板和木格栅的木材含水率应小于12%，木材在铺装前还应做防火、防腐、防蛀等处理。

1. 砖墩

砖墩一般采用标准砖、水泥砂浆砌筑，砌筑高度应根据木铺地架空高度及使用条件而定。砖墩之间的距离一般不宜大于2米，否则会造成木格栅的端面尺寸加大。砖墩的布置一般与木格栅的布置一致，如木格栅间距为50厘米，那么砖墩的间距也应为50厘米。砖墩的标高应符合设计要求，必要时可在其顶面抹水泥砂浆或细石混凝土找平。

2. 木格栅

木格栅的作用主要是固定与承托面层，从受力状态分析，它可以说是一根小梁。木格栅断面的选择，应根据砖墩的间距大小而有所区别。砖墩的间距大，木格栅的跨度大，断面尺寸相应地也要大些。木格栅铺筑时，要进行找平。木格栅安装要牢固，并保持平直。在木格栅之间好要设置剪刀撑，以增加其侧向稳定性，使一根根单独的格栅连成一体，增加木铺地园路的刚度。另外，设置剪刀撑，对于木格栅本身的翘曲变形也可起到一定的约束作用。所以，在架空木基层中，在木格栅之间设置剪刀撑是保证质量的构造措施。剪刀撑布置于木格栅两侧面，用铁钉固定于木格栅上，间距应按设计要求布置。

3. 面层木板的铺设

面层木板的铺装主要采用铁钉固定，即用铁钉将面层板条固定在木格栅上。板条的拼缝一般采用平口、错口。木板条的铺设方向一般垂直于人们行走的方向，也可以顺着人们行走的方向，这应按照施工图纸的要求进行铺设。铁钉钉入木板前，应先将钉帽砸扁，然后再用工具把铁钉钉帽捅入木板内3～5毫米。木铺地园路的木板铺装好后，应用手提刨将表面刨光，然后由漆工师傅进行砂、嵌、批、涂刷等油漆的涂装工作。

（三）植草砖铺地的铺装方法

植草砖铺地是在砖的孔洞或缝隙间种植青草的一种铺地。如果青草茂盛的话，这种铺地看上去是一片青草地，且平整、地面坚硬。有些是作为停车场的地坪。

植草砖铺地的基层做法是：素土夯实→碎石垫层→素混凝土垫层→细砂层→砖块及种植土、草籽。另一种做法是：素土夯实→碎石垫层→细砂层→砖块及种植土、草籽。

从植草砖铺地的基层做法中可以看出，素土夯实、碎石垫层、混凝土垫层，与花岗石道路的一般基层做法相同，不同的是在植草砖铺地中有细砂层以及二者面层材料的不同。因此，植草砖铺地做法的关键也在于面层植草砖的铺装。应按设计图纸的要求选用植草砖，目前常用的植草砖有水泥制品的二孔砖，也有无孔的水泥小方砖。进行植草砖铺筑时，砖与砖之间应留有间距，一般为50毫米左右，在此间距中，撒入种植土，再拨入草籽。目前也有一种植草砖格栅，这是一种用有一定强度的塑料制成的格栅，成品尺寸为500毫米×500毫米，将它直接铺设在地面上，再撒上种植土，种植青草后，就成了植草砖铺地。

（四）透水砖铺地的铺装方法

透水砖的功能和特点如下。①所有原料为各种废陶瓷、石英砂等。广场砖的废次品用来做透水砖的面料，底料多是陶瓷废次品。②透水砖的透水性、保水性非常强，透水速率可以达到5毫米/秒以上，其保水性达到12升/平方米以上。由于其良好的透水性、保水性，下雨时雨水会自动渗透到砖底下直到地表，部分水保留在砖里面，雨水不会像在水泥路面上一样四处横流，最后通过地下水道完全流入江河。天晴时，渗入砖底下或保留在砖里面的水会蒸发到大气中，起到调节空气湿度、降低大气温度、清除城市“热岛”的作用。

透水砖优异的透水性及保水性源于它20%左右的气孔率。透水砖的强度可以满足载重为10吨以上的汽车通行。在国外，城市人行道、步行街、公寓停车场等地施工时可以像花岗石一样进行铺筑。

透水砖的铺筑方法同花岗石块的铺筑方法，由于其底下是干拌黄沙，因此比花岗石铺筑更方便些。透水砖的基层做法是：素土夯实→碎石垫层→砾石砂垫层→反渗土工布→1∶3干拌黄沙→透水砖面层。

从透水砖的基层做法中可以看出基层中增加了一道反渗土工布，使透水砖的透水、保水性能能够充分地发挥出来。

（五）花岗石园路的铺装方法

园路铺装前，应按施工图纸要求的外形尺寸选用花岗石，少量不规则的花岗石应在现场进行切割加工。先将有缺边掉角、裂纹和局部污染变色的花岗石挑选出来，完好的进行套方检查，规格尺寸如有偏差，应磨边修正。有些园路的面层要铺装成花纹图案的，挑选出的花岗石应按不同颜色、不同大小、不同长扁形状分类堆放，铺装拼花时才能方便使用。对于呈曲线、弧形等形状的园路，其花岗石按平面弧度加工，花岗石按不同尺寸堆放整齐。为便于施工，应对不同色彩和不同形状的花岗石进行编号。

在花岗石铺装前，应先进行弹线，弹线后应先铺若干条干线作为基线，起标筋作用，然后向两边铺贴开来，花岗石铺贴之前还应泼水润湿，阴干后备用。铺筑时，在找平层上均匀铺一层水泥砂浆，随刷随铺，用20毫米厚1∶3干硬性水泥砂浆做黏结层，花岗石安放后，用橡皮锤敲击，既要达到铺设高度，又要使砂浆黏结层平整密实。对于花岗石进行试拼，查看颜色、编号、拼花是否符合要求，图案是否美观。对于要求较高的项目应先做一样板段，邀请建设单位和监理工程师进行验收，符合要求后再进行大面积的施工。同一块地面的平面有高差，比如台阶、水景、树池等交汇处，在铺装前，花岗石应进行切削加工，圆弧曲线应磨光，确保花纹图案标准、精细、美观。花岗石铺设后采用彩色水泥砂浆在硬化过程中所需的水分，保证花岗石与砂浆黏结牢固。养护期3天之内禁止踩踏。花岗石面层的表面应洁净、平整、斧凿面纹路清晰、整齐、色泽一致，铺贴后表面平整，斧凿面纹路交叉、整齐美观，接缝均匀、周边顺直、镶嵌正确，板块无裂纹、掉角等缺陷。

（六）水泥面砖园路的铺装方法

水泥面砖是以优质色彩水泥、砂，经过机械拌和成型，充分养护而成，其强度高、耐磨、色泽鲜艳、品种多。水泥面砖便面还可以做成凸纹和圆凸纹等多种形状。水泥面砖园路的铺装与花岗石园路的铺装方法大致相同。水泥面砖由于是机制砖，色彩品种要比花岗石多，因此在铺装前应按照颜色和花纹分类，有裂缝、掉角及表面有缺陷的面砖，应剔除。

具体操作步骤如下。

①基层清理：在清理好的地面上，找到规矩和泛水，扫好水泥浆，再按地面标高留出水泥面砖厚度做灰饼，用1∶3干硬砂浆冲筋、刮平，厚度约为20毫米，刮平时砂浆要拍实、刮毛并浇水养护。

②弹线预铺：在找平层上弹出定位十字中线，按设计图案预铺设花砖，砖缝顶预留2毫米，按预铺设的位置用墨线弹出水泥面砖四边边线，再在边线上画出每行砖的分界点。

③浸水湿润：铺贴前，应先将面砖浸水2～3小时，再取出阴干后使用。

④铺砌：水泥面砖的铺贴工作，应在砂浆凝固前完成。铺贴时，要求面砖平整、镶嵌正确。施工间歇后继续铺贴前，应将已铺贴的花砖挤出的水泥混合砂浆予以清除。铺砖石，地面黏结层的水泥混合砂浆，拍实搓平。水泥面砖背面要清扫干净，先刷出一层水泥石灰浆，随刷随铺，就位后用小木槌凿实。注意控制黏结层砂浆厚度，尽量减少敲击。在铺贴施工过程中，如出现非整砖时用石材切割机切割。

⑤填缝：水泥面砖在铺贴1～2天后，用1∶1稀水泥砂浆填缝。面层上溢出的水泥砂浆在凝固前予以清除，待缝隙内的水泥砂浆凝固后，再将面层清洗干净。完成24小时后浇水养护，完工3～4天内不得上人踩踏。

（七）小青砖园路的铺装方法

小青砖园路铺装前，应按设计图纸的要求选好小青砖的尺寸、规格。先将有缺边、掉角、裂纹和局部污染变色的小青砖挑选出来，完好的进行套方检查，规格尺寸有偏差的，应磨边修整。在小青砖铺设前，应先进行弹线，然后按设计图纸的要求先铺装样板段，特别是要铺装成席纹、人字纹、斜柳叶、十字绣、八卦锦、龟背锦等各种面层形式的园路时，更应预先铺设一段，看一看面层形式是否符合要求，然后再大面积地进行铺装。

具体操作步骤如下。

①基层、垫层：基层做法一般为素土夯实→碎石垫层→素混凝土垫层→砂浆结合层。在垫层施工中，应做好标高控制工作，碎石和素混凝土垫层的厚度应按施工图纸的要求去做，砂石垫层一般较薄。

②弹线预铺：在素混凝土垫层上弹出定位十字中线，按施工图标注的面层形式预铺一段，符合要求后，再大面积铺装。

③铺砌：先做园路两边的“子牙砖”，相当于现代道路的侧石，因此要先进行铺筑，用水泥砂浆作为垫石，并加固。

④填缝：青砖与小青砖之间应挤压密实，铺装完成后，用细灰扫缝。

（八）鹅卵石园路的铺装方法

鹅卵石是形状圆滑的河川冲刷石。用鹅卵石铺装的园路看起来稳重而实用，且具有江南园林风格。这种园路也常作为人们的健身径。完全使用鹅卵石铺成的园路往往会稍显单调，若于鹅卵石间加几块自然扁平的切石，或少量的色彩鹅卵石，就会出色许多。铺装鹅卵石路时，要注意卵石的形状、大小、色彩是否调和。特别是在与切石板配置时，相互交错形成的图案要自然，切石与卵石的石质及颜色最好避免完全相同，才能显出路面变化的美感。

施工时，因卵石的大小、高低完全不同，为使铺出的路面平坦，必须在路基上下功夫。先将未干的砂浆填入，再把卵石及切石一一填下，鹅卵石呈蛋形，应选择光滑圆润的一面向上，在作为园路使用时一般横向埋入砂浆中，在作为健身径使用时一般竖向埋入砂浆，埋入量约为卵石的2/3，这样比较牢固，使路面整齐，高度一致。切忌将卵石最薄一面平放在砂浆中，将极易脱落。摆完卵石后，再在卵石之间填入稀砂浆，填实后就算完成了。卵石排列间隙的线条要呈不规则的形状，千万不要弄成十字形或直线形。此外，卵石的疏密也应保持均衡，不可部分拥挤、部分疏松。如果要做成花纹则要先进行排版放样，再进行铺设。

鹅卵石地面铺设完毕应立即用湿抹布轻轻擦拭其表面的灰泥，使鹅卵石保持干净，并注意施工现场的成品保护。鹅卵石园路的路基做法一般也是素土夯实→碎石垫层→素混凝土垫层→砂浆结合层→卵石面层。这种基层的做法与一般园路基层做法相同，但是因为其表面是鹅卵石，黏结性和整体性较差，所以如果基层不够稳定则卵石面层很可能松动剥落或开裂，所以整个鹅卵石园路施工中基层施工也是非常关键的一步。

【思考题】

1. 居住社区铺装设计的要点有哪些？
2. 简要列举不同铺装材料及其特性？
3. 居住社区道路设计有哪些注意事项？

第五章 居住社区场所景观设计

社区交往作为人们沟通情感、舒缓情绪的方式之一，有利于居民的身心健康，能使人保持良好的精神状态。良好的邻里关系能改善社区氛围，是人对社区产生认同感和归属感的媒介。居住社区的户外开放空间可以为人们提供更多邻里交流的机会，增进人们之间的感情，并使人得到最大的精神放松。

第一节 休闲娱乐型广场景观设计

一、休闲广场景观设计

休闲广场（见图 5-1-1 至图 5-1-5）是人们进行集会、休息、纳凉等活动的地方，应设于居住社区的人流集散地，面积应根据居住社区的规模和规划设计要求确定，形式宜结合地方特色和建筑风格考虑。广场一般同社区中心绿地或公共设施（如社区会所、社区服务中心等）结合布置，以相互提高使用的频率，其面积宜根据社区规模和具体规划设计要求来确定，一般为 400 ～ 800 平方米，边长可为 20 ～ 30 米。中心广场的入口应与公共绿地的主要步行系统建立直接联系，并与机动车道保持一定的距离，须设置路障避免机动车驶入，入口处还应该进行无障碍设计，提供轮椅坡道、信息标志牌等设施。

广场上应保证有良好的日照和通风条件，采用城市空间的共用手法，完成城市公共空间—社区公共空间—庭院半私密空间—居住私密空间的过渡，从而给人以归属感以及和睦的邻里意识。休闲广场周边宜种植适量树木，设置一些休息座椅方便居民休息、活动及交往；同时，在不干扰邻近居民休息的前提下，夜晚的广场要保证适度的灯光照度。休闲广场铺装应以硬质材料为主，形式及色彩搭配应具有一定的图案感，不宜采用无防滑措施的光面石材、地砖、玻璃等，广场出入口应符合无障碍设计要求。

可布置参与空间为社区中所有人均可参与的主题空间。创意空间的主题有很多，如在社区中的一小片地上种植果蔬，让社区成员们共同参与劳动，体验种植与收获的乐趣并获得最大的精神层次的沟通；让社区成员们一起完成一项公共艺术装置等，根据不同主题留出不同的空间。总之，每个设计师都要进行更深入的思考，做出更适合时代发展的、适应人们不断增长的精神生活所需要的设计。

二、娱乐广场景观设计

居住社区的休闲娱乐空间主要包括户外运动场所，如球场、健身器械区、健身跑道，以及儿童游戏场所与老年活动中心。

（一）运动场所

在居住社区中设计较多的运动场所，能为当今忽略运动的人们提供健身的便利条件，从而促进人们的身心健康（见图 5-1-6 至图 5-1-11）。运动场所的设计原则如下。

图 5-1-1　图 5-1-2　图 5-1-3

图 5-1-4　图 5-1-5

图 5-1-6 图 5-1-7 图 5-1-8

图 5-1-9 图 5-1-10 图 5-1-11

①专项活动场地，如篮球场、网球场、羽毛球场、门球场和乒乓球场等，服务半径不大于 500 米，可结合社区中心绿地及公共服务设施（会所、运动馆等）设置，其占地面积根据实际运动场的大小而定，建议不小于 350 平方米（约大于半个篮球场加上休息区的面积，尺寸可采用 18 米 ×18 米）。

②场地的功能布局可分为运动区和休息区两个部分。运动区的运动场地应根据所提供运动项目的相关技术的要求进行设计。休息区应布置在运动区周围，供运动的居民休息和存放物品。休息区的铺装应平整防滑，宜种植遮阳乔木，设置花坛、花台等设施，并应布置适量的座椅以供人休息、观看。有条件的社区宜设置饮水器。休息区的边缘宜用矮墙、围栏（高度以不阻碍路人观看的视线为宜，因此不宜大于 1.5 米）、铁丝网（不影响视线的通透性）等设施进行围合，以明确限定本场所空间，增加领域感。

③场地的入口处应设置路障，以避免机动车的驶入；若设置台阶，则应配置轮椅坡道，以方便残疾人进入；在入口处设置表明场地的信息标志牌，对场地的开放时间及其他相关事项进行说明。

④场地可以进行多用途的复合。如在场地没有进行专项运动的时候，可以向儿童、老年人开放。

（二）儿童游乐场所

儿童游乐场所是居住社区公共设施系统的重要组成部分（见图 5-1-12 至图 5-1-17）。儿童户外活动的四个特点是不同年龄的聚集性、季节性、时间性、自我中心性。

1. 儿童游戏的基本类型

居住社区儿童游乐场所应依据儿童游戏基本类型展开设计。

①创造性游戏——儿童最主要的游戏形式，是由儿童自己想出来的游戏，具有模仿性和表现性的特点，游戏反映周围事物。如，扮炊事员、飞行员、司机、售票员等。

②建筑游戏——利用建筑材料（如利用积木、木块、沙子，进行各种建筑物的建造游戏，游戏中儿童通过想象来仿建周围事物的形象。这类游戏可使儿童练习各种基本动作，增强与同伴合作的能力。

③冒险性游戏——对儿童体力、技巧、勇敢精神要求较高的一种游戏。如，“过大渡河”“攀雪山”“过悬索桥”“原始村落探险”等。游戏中，儿童受到挑战，体力和意志品质得到锻炼。

④交通性游戏——模拟城市交通，对儿童进行交通知识教育，设计小汽车、脚踏车的车道，车道有弯道、坡道、隧道和立交桥，设有交通信号和交通标志，并由儿童自己来指挥交通。

⑤戏水游戏——儿童特别喜欢戏水，可以设置根据水力学原理设计的设施。

图 5-1-12 图 5-1-13 图 5-1-14

图 5-1-15　图 5-1-16　图 5-1-17

2. 儿童游乐场所基本设计原则

①游戏设备要丰富多样，场地要宽阔。儿童喜好活动，但耐久性差，所以游戏的种类要多样，便于儿童选择玩耍，以吸引儿童参与。

②与住宅入口就近。儿童尤其喜欢在住宅入口附近玩耍，有时可以加宽入口铺装面积以供儿童活动。

③儿童有“自我中心”的特点。在游戏时往往忽略周围车辆和行人，因此儿童游乐场所的位置或出入口要恰当设置，避免交通车辆穿越影响安全。

④低龄儿童游戏区与大龄儿童游戏区应分别考虑，同时注意其间的联系以及周边住户的可观性。

⑤提供可坐着看清整个场地的长椅。当儿童和家长可以互相看见对方时，他们会觉得更安全。年幼的儿童，如正在学步的儿童与年纪较大的学龄前儿童相比，需要离他或她的父母更近。沙坑边缘布置长椅可以满足前者的需要，而将长椅放得较远些可以满足较大的儿童及其家长的需要，同时可以方便家长之间的交流。

⑥提供游戏的水源。儿童在玩耍时可能会把自己弄得很脏，想去冲洗一下，并且成年人也喜欢儿童活动场地中有水。同样，有了水之后，沙子可以用来做模型，也可以做小河和壕沟，这样沙子的游戏潜力将成倍提高。但应考虑设施的维护，以避免浪费。

⑦在游戏器械下面铺设沙子。沙子是很理想的、非商业性的缓冲面材，树皮削片、棕褐色树皮、豌豆碎石、注塑橡胶和橡胶垫也是可接受的弹性面材，但没有沙子那样的内在游戏价值。任何情况下，游戏器械都不应该放在混凝土或沥青地面上。草地效果也无法令人满意，因为它易于损坏，裸露的泥土在潮湿的天气中会变得很泥泞。玩沙区宜隔离设置，由围墙围合，有部分遮阴，以低矮的桌子或用于表演活动的游戏屋为特征（见图 5-1-18、图 5-1-19）。

⑧不同年龄组的儿童，其活动能力和内容也不同；同一年龄组的儿童，其爱好也不尽相同。儿童游乐场所的设计要符合儿童活动规律，并要具有较强的吸引力。

（三）老年活动中心

老年人的生理机能随年龄的增长而衰退，走、看、听、说、记忆等方面的能力都会逐步减退，而且这些能力的衰退存在着相互影响，如视力不佳则影响行走、观察。由此老年人对自身安全的保护能力也相对降低了。有调查显示：70% 以上的老年人外出最大步行半径为 0.8 千米，90% 以上的老年人认为休闲活动空间应靠近居住所在地，100% 的老年人要求行走地面平坦无障碍。因此，考虑老年人生理老化现象是进行老年人户外活动空间设计的首要问题。

老年人的生理机能有不同程度的减弱，导致感知功能如视觉、听觉的退化等。因此，老年人居住环境应有充足的采光和照明，增强物体的明暗对比和色彩的亮度，创造人际交流较为近距离的谈话空间，如较小的、有相对围合的交流空间。老年人肌肉及骨骼系统的协调性和灵活性下降。因此，老年人居住环境应注意地面的防滑措施，室内地面尽量保持平整，减少地面高差的变化，有高差变化处以及楼梯坡道端头的地面上，应有明显的警告提示，如色彩的变化或材料纹理的改变等。卫生间的坐便器、洗手台等设施，应设有相应的栏杆扶手，以确保使用方便、安全。考虑坐轮椅者的活动方式和空间要求，有条件时，尽可能做到无障碍设计。

从心理学的角度来讲，老年人重人情、重世情，希望得到他人的尊重与肯定，要求独立自主。老年人退休之后经济地位发生了变化，由主导变为了辅助，由忙于工作、休息时间少变为空余时间多。这一变化势必会给他们带来心理上的压力与精神上的空虚，以致产生孤独感、失落感甚至自卑与抑郁。因此老年人迫切需要户外的消遣活动来释放压力。

老年人的居住景观，必须满足其生理要求和心理要求（见图 5-1-20 至图 5-1-27）。

图 5-1-18　图 5-1-19

老年活动中心的具体设计细则如下。

①专用的老年活动中心宜与组团级及以上的公共绿地结合设置，需要与居住社区主要交通道路保持一定距离（可减少汽车噪声、灰尘对老年人活动的影响），其占地面积一般为200～500平方米，不宜小于200平方米，服务半径不宜大于300米，应保证至少有13%的活动场地面积在标准建筑日照阴影线范围之外，以方便设置健身器材，有利于老年人的户外锻炼及休憩活动。

②老年活动中心的活动区，其地面的硬质铺装要注意采用平坦、防滑的处理，以方便老年人能够进行散步、跳舞、慢跑、拳操等健身活动。此区域的铺装应注意防滑、避免使用凹凸不平的铺装材料，以方便老年人各类活动的开展。

③老年活动中心的观望区，宽度宜不小于3米，除进行硬质铺装外，还可种植草坪。需要对这个区域进行有效的领域限定，如设置低矮灌木、矮墙、围栏、花坛等。此外还可以种植一些树冠较大的乔木，以供夏季乘凉使用。观望区还应提供桌椅、亭、廊、花架等设施，供老年人进行休憩、观望、聊天、弹唱、棋牌等活动时使用。此区域应设置灯具及垃圾箱等设施。观望区的角落空间应设置健身器材，供老年人单独健身时使用。健身器材附近应设置桌椅等设施，供老年人休息使用。可在场地边缘设置一段“健身路”（如设置具有按摩足底功能的鹅卵石铺装）供老年人锻炼用。

④老年活动中心的道路应与场地的入口相连（宜设置入口与专用人行步道直接联系），注意道路不宜穿越活动区，以避免穿越行为对老年人的群体活动产生影响。注意道路的铺装也应采取防滑措施。场地入口处应设置路障，禁止机动车的进入；若设置台阶，应相应设置轮椅坡道，方便使用轮椅的老年人进入；建议在入口处设置有识别性功能的小品设施，如场所标志牌、雕塑等。

图5-1-20 图5-1-21 图5-1-22
图5-1-23 图5-1-24 图5-1-25

图5-1-26 图5-1-27

第二节 庭院景观设计

一、游赏型庭院景观设计

游赏型庭院供人流连漫步，是动态观赏与静态观赏的统一体。因此，景观设计应当强调景观的趣味性和步移景异的特征，远近层次分明，同时考虑有足够的休闲设施，以亭、台、廊、榭点缀，相互借景。

1. 规则式

采用集合图形的布置方式，有明显的轴线，园中的道路、广场硬地、绿化和景观小品组成对称有规律的几何图案，整体具有庄重的效果，但不够活泼自然（见图 5-2-1、图 5-2-2）。

2. 自由式

以模仿自然为主，形式灵活，可结合自然条件，如水流、坡地等进行布置。道路采用曲折流畅的弧线造型并结合地势起伏。植物栽植避免人工修剪，以原有自然形态体现植物群落茂盛的效果（见图 5-2-3、图 5-2-4）。

3. 混合式

规则式与自由式结合，可根据地形或功能的特点灵活布局，在整体上产生韵律感和节奏感。

二、私家型庭院景观设计

私家庭院一般位于住宅底层，领域界限明显，私人归属性强。在现代居住社区中，由于居住建筑形态包含了独立式、低层联排式、多层、小高层和高层等多种类型，因此私家庭院的范畴可以包括独立式住宅花园、宅前绿地等。

1. 独立式住宅花园

根据住户喜好，在园内规划出不同使用功能的空间，在增加景观随意性和灵活性的同时，也要与周边大环境协调。花园布置以草地为主，利用乔灌木种植围合造景，适当设置一些景观小品，如花架、山石等，植物宜以自然生长形态为主（见图 5-2-5 至图 5-2-7）。

2. 宅前绿地

以草坪为主，兼植小树木、花卉及爬藤植物，形成开放的绿化空间（见图 5-2-8、图 5-2-9）。

图 5-2-1 图 5-2-2 图 5-2-3

图 5-2-4 图 5-2-5 图 5-2-6

图 5-2-7 图 5-2-8 图 5-2-9

第三节 专类场所景观设计

一、运动场所景观设计

运动场所包括运动区和休息区。

运动区应保证有良好的日照和通风条件，地面宜选用平整防滑、适于运动的铺装材料，同时还要满足易清洗、耐磨、耐腐蚀的要求。

休息区应布置在运动区周围，供健身运动的居民休息和存放物品使用，休息区宜种植遮阳乔木，并设置适量的座椅。有条件的居住社区可设置饮水装置（饮泉）。

居住社区的运动场所分为专用运动场和一般运动场（见图 5-3-1、图 5-3-2）。

专用运动场多指网球场、羽毛球场、门球场和室内外游泳场，这些运动场应按其技术要求由专业人员进行设计。一般的健身运动场应分散在方便居民就近使用又不扰民的区域。机动车和非机动车不允许穿越运动场地。几种常见的居住社区健身运动场所简介如下。

①网球场，占地面积较大，一般成组布置，四周加网，地面使用塑胶材料，适合在规模较大、建设水平较高的居住社区中设置，能够提高居住社区的生活品位和社区凝聚力。网球场在多层居住社区宜布置在社区级以上的公共绿地之中；在高层居住社区中可布置在靠近居住社区中心的宅间绿地中，并用隔声效果较好的落叶乔木与两侧住宅进行隔离。

②羽毛球场，规模适中，布局相对灵活，既可布置在宅间绿地，也可布置在组团、社区级绿地之中。羽毛球场可按专业设计要求建设，也可利用一块符合羽毛球场尺寸要求的铺装场地（尽量达到两个羽毛球场的尺寸），后者可单独使用或举办其他活动，具有较强的灵活性和适用性，可有效提高场地利用率，另外有的休闲广场也具有羽毛球场的功能。

③室内外游泳场，应根据气候特点单独考虑（见图 5-3-3）。

④一般的运动场所应分散在居住社区中（见图 5-3-4），既方便居民就近使用又不扰民，可分组灵活设置于宅间绿地之中。一般的运动场所规模不宜过大，地面铺装材料多样，如草地、广场砖、塑胶等均可采用。室外健身器材要考虑老年人的行为特点，采取防跌倒措施；其周边应灵活设置座椅，供人们运动之余时休息使用。

图 5-3-1 图 5-3-2 图 5-3-3 图 5-3-4

二、儿童游乐场所景观设计

儿童游乐场所多建在从景观绿地中划出来的固定区域中，一般均为开敞式（见图 5-3-5 至图 5-3-9）。

游乐场所必须日照充足，空气清新，通风条件好，并尽量避开强风的袭扰。儿童游乐场所还应与居住社区的主要交通道路相隔一定距离，以减少汽车噪声的影响并保障儿童的安全。游乐场所的选址还应充分考虑儿童活动产生的嘈杂声对附近居民的影响，以至少距离居民窗户 10 米远为宜。

儿童游乐场所周围不宜种植遮挡视线的树木，应保持较好的可通视性，以便成人对儿童进行看护。儿童游乐场所设施的选择应能吸引儿童并调动儿童参与游戏的热情，同时兼顾实用性与美观性。色彩可鲜艳但应与周围环境相协调，游戏器械的选择和设计应与儿童身体尺度相适应，避免儿童被器械划伤或从高处跌落（见表 5-3-1），可设置保护栏、柔软地垫、警示牌等（见图 5-3-10 至图 5-3-16）。居住社区中心较具规模的游乐场所附近还可为儿童提供饮用水和游戏水，以便于儿童饮用、冲洗和进行筑沙游戏等（见图 5-3-17）。

图 5-3-5 图 5-3-6 图 5-3-7 图 5-3-8 图 5-3-9

表 5-3-1 儿童游乐场所具体设施设计要点

设施名称	设计要点	适用年龄
沙坑	①沙坑一般规模为 10 ～ 20 平方米，沙坑中安置游乐器具的要适当加大，以确保基本活动空间，利于儿童之间的相互接触。②沙坑深为 40 ～ 45 厘米，沙子必须以中细沙为主，并经过冲洗，沙坑四周应建 10 ～ 15 厘米的围沿，防止沙土流失或雨水灌入，围沿一般采用混凝土、塑料和木制，上可铺橡胶软垫。③沙坑内须敷设暗沟排水，并要防止动物在坑内排泄	3 ～ 6 岁
滑梯	①滑梯由攀登段、平台段和下滑段组成，一般采用木材、不锈钢、人造水磨石、玻璃纤维、增强塑料制作，保证滑板表面平滑。②滑梯攀登梯架倾角为 70° 左右，宽 40 厘米，踢板高 6 厘米，双侧高扶手栏杆；休息平台周围设 80 厘米高防护栏杆；滑板倾角 30° ～ 35°，宽 40 厘米，两侧边缘高 18 厘米，便于儿童双脚制动。③成品滑板和自制滑梯都应在梯下部铺厚度不小于 3 厘米的胶垫或 40 厘米的沙土，防止儿童坠落受伤	3 ～ 6 岁
秋千	①秋千分板式、座椅式、轮胎式等，其场地尺寸根据秋千摆动幅度及与周围游乐设施间距确定。②秋千一般高 2.5 米，长 3.5 ～ 6.7 米（分单座、双座、多座），周边安全护栏高 60 厘米，踏板距地 35 ～ 45 厘米，幼儿用距地为 25 厘米。③地面设排水系统并铺设柔性材料	6 ～ 15 岁
攀登架	①攀登架标准尺寸为 2.5 米 ×2.6 米（高 × 宽），格架宽为 50 厘米，架杆选用钢骨和木制，多组格架可组成攀登架式迷宫。②架下必须铺装柔性材料	8 ～ 12 岁
跷跷板	①普通双连式跷跷板宽 1.8 米，长 3.6 米，中心轴高 45 厘米。②跷跷板端部应放置旧轮胎等设备作为缓冲垫	8 ～ 12 岁
游戏墙	①墙体高控制在 1.2 米以下，供儿童跨越或骑乘，厚度为 15 ～ 35 厘米。②墙上可适当开孔洞，供儿童穿越和窥视产生游乐兴趣。③墙体顶部边沿应做成圆角，墙下铺软垫。④墙上应绘制不易褪色的图案	6 ～ 10 岁
滑板场	①滑板场为专用场地，要利用绿化种植、栏杆等与其他休闲区分隔开。②场地要用硬质材料铺装，表面平整，并具有较好的摩擦力。③设置固定的滑板练习器具，铁管滑架、曲面滑道和台阶总高度不宜超过 60 厘米，并留出足够的滑跑安全距离	0 ～ 15 岁
迷宫	①迷宫由灌木丛墙或实墙组成。墙高一般在 0.9 ～ 1.5 米之间，以能挡住儿童视线为准，迷宫通道宽为 1.2 米。②灌木丛墙须进行修剪、以免划伤儿童。③地面以碎石、卵石、水刷石等材料铺砌	6 ～ 12 岁

图5-3-10 图5-3-11 图5-3-12

图5-3-13 图5-3-14

图5-3-15 图5-3-16 图5-3-17

【思考题】

1. 简要分析一处现有居住社区场所景观设计的优缺点，并对其不足提出弥补设计意见。
2. 儿童游乐场所景观设计有哪些需要注意的事项？

第六章 居住社区水景观设计

“青山绿水，山清水秀”般的自然环境和自然景观之美，一直是人类的向往，我国自古就有“有山皆是园，无水不成景”之说，水体是景观设计中的重要造景要素，在所有景观设计元素中最具吸引力，它极具可塑性，并可静止，可活动，可发出声音，可以映射周围景物等特性。当今景观设计形式越来越丰富，而水景设计却是永恒不变的元素，它既单独作为造景的主体，也可以与建筑物、雕塑、植物或其他景观要素结合（见图 6-0-1 至图 6-0-3）。同时，水体能起到组织空间、引导游览路线的作用。全面地理解和掌握它的特性，有助于更好地把握水景设计、表达设计意图。居住社区水景是以水为主，与桥、驳岸、植物等周围环境要素共同构成的景观。水景的构建对于提高人们的生活舒适度、环境质量、城市整体美学观赏性等方面的重要性越来越明显（见图 6-0-4 至图 6-0-6）。水景的设计应结合场地气候、地形及水源条件。南方地区夏季温度高、冬季无结冰期，应尽可能为社区居民提供亲水环境；北方地区在设计非结冰期的水景时，还必须考虑结冰期的枯水景观。

图 6-0-1 图 6-0-2 图 6-0-3

图 6-0-4 图 6-0-5 图 6-0-6

第一节 居住社区水景观设计构成

一、居住社区水景观作用

水景可以满足人们观赏的需要，满足人们视觉美的享受（见图 6-1-1）。水景可以调节环境小气候的湿度和温度，对生态环境的改善有着重要作用（见图 6-1-2）。水景可以增加居住社区景观层次，扩大空间，增添静中有动的乐趣。水虚无的形态弱化了空间的界限，延展了空间的范围；水中的倒影，丰富和扩展了空间，使之产生开阔、深远之感（见图 6-1-3）。水景可以构成开朗的空间（见图 6-1-4）。水景可以增加居住社区环境景观的统一性（见图 6-1-5）。水景可以形成社区景观布局上的焦点，成为视觉中心（见图 6-1-6）。水体可以开展各种水上活动的空间（见图 6-1-7、图 6-1-8）。

二、水景观构成要素

水景设计不仅考虑水体自身，还应综合考虑其他景观要素，兼顾水色光影、堤岛岸景、动植物等要素，使水景在与其他要素的相互作品用下，散发出更加迷人的魅力（见图 6-1-9、表 6-1-1）。

图 6-1-1 图 6-1-2 图 6-1-3

图 6-1-4 图 6-1-5 图 6-1-6

图 6-1-7 图 6-1-8 图 6-1-9

表 6-1-1 自然水景的构成要素

景观元素	内容
水体	水体流向、水体色彩、水体倒影、溪流、水源
水上跨越结构	沿水道路、沿岸建筑（码头、古建筑等）、沙滩、雕石
沿水驳岸	桥梁、栈桥、索道
水边山体树木（远景）	山岳、丘陵、峭壁、林木
水生动植物（近景）	水面浮生植物、水下植物、鱼鸟类
水面天光映衬	光线折射、漫射，水雾，云彩

三、水景观分类及设计要点

水景在园林景观中表现的形式多样，一般根据水的形态、功能分为自然水景、庭院水景、泳池水景、装饰水景等，不同类型在具体设计要求方面有所侧重（见表 6-1-2）。

表 6-1-2 水景观的分类及设计要点

分类	定义	设计要点
自然水景	自然水景与海、河、江、湖、溪相关联，水体本身为天然形成的	这类水景设计必须服从原有自然生态景观、自然水景线与局部环境水体的空间关系，正确利用借景、对景等手法，充分发挥自然条件，形成的纵向景观、横向景观和鸟瞰景观应能融合居住社区内部和外部的景观元素，创造出新的亲水居住形态
庭院水景	庭院水景多为人工化水景，或是对原有水体进行大规模的人工化改造的水景	根据庭院空间的不同，采取多种手法进行引水造景（如叠水、溪流、瀑布、涉水池等），在场地中有自然水体的景观要保留利用，进行综合设计，使自然水景与人工水景融为一体。对水的应用，无论是做主景还是配景，都首先要考虑与环境的协调以及对居住社区整体布局的影响
泳池水景	泳池水景即为具有游泳池功能的水景景观	泳池水景以静为主，营造一个能让居住者在心理和体能上得到放松的环境，同时突出人的参与性特征（如游泳池、水上乐园、海滨浴场等）。住区内设置的露天泳池不仅是锻炼身体和游乐的场所，还是邻里之间的重要交往场所。泳池的造型和水面也极具观赏价值。泳池内壁的颜色应与周围环境融为一体
装饰水景	装饰水景不具备其他功能，仅起到赏心悦目、烘托环境的作用，如喷泉就是装饰水景	这种水景往往构成环境景观的中心。装饰水景通过人工对水流进行控制（如排列、疏密、粗细、高低、大小、时间差等）达到艺术效果，并借助音乐和灯光的变化产生视觉上的冲击，进一步展示水体的活力和动态美，满足人们的亲水要求

第二节 水景观基本表现形式

景观设计大体将水体分为静态水和动态水，静有安详，动有灵性。自然式景观以运用静态的水景为主，以表现水的寂静深远；动态的水一般是指人工景观中的喷泉、瀑布等。水景设计主要借助水的静态或动态效果营造或平静或充满活力的居住氛围（见表 6-2-1）。

表 6-2-1 构成水景的基本表现形态与效果

类型		特征	水体形态	水景效果			
				视觉	声响	飞溅	风中稳定性
静水		水面开阔且基本不流动的水体	表面无干扰反射体（镜面水）	好	无	无	极好
			表面有干扰反射体（波纹）	好	无	无	极好
			表面有干扰反射体（鱼鳞波）	中等	无	无	极好
动水	落水	沿垂直方向由高处落下的水幕、水堰	水流速快的水幕、水堰	好	高	较大	好
			水流速慢的水幕、水堰	中等	低	中等	尚可
			间断水流的水幕、水堰	好	中等	较大	好
			动力喷涌、喷射水流	好	中等	较大	好
	流水	沿水平方向流动的水流	低流速平滑水墙	中等	小	无	极好
			中流速有纹路的水墙	极好	中等	中等	好
			低流速水溪、浅池	中等	无	无	极好
			高流速水溪、浅池	好	中等	无	极好
	跌水	突然跌落的水体	垂直方向瀑布跌水	好	中等	较大	极好
			不规则台阶状瀑布跌水	极好	中等	中等	好
			规则台阶状瀑布跌水	极好	中等	中等	好
			阶梯水池	好	中等	中等	极好
	喷涌	自低处向上涌起或在水压作用下喷出的水流	水柱	好	中等	较大	尚可
			水雾	好	小	小	差
			水幕	好	小	小	差

一、静水景观

由于“静”是相对的，因此，静态水体景观形式包括：生态水池、游泳池、涉水池、倒影池等。

（一）生态水池

生态水池是既适于水下动植物生长，又可美化环境与调节小气候供人观赏的水景。生态水池依据居住社区自然环境或空间大小设置，可以是尺度较大的生态湿地水塘，也可以是小巧的庭院水池。在居住社区里的生态水池多饲养观赏鱼虫和习水性植物（如鱼草、芦苇、荷花、莲花等），营造动物和植物互生互养的生态环境（见图 6-2-1、图 6-2-2）。

水池的深度应根据饲养鱼的种类、数量和水草在水下生存的深度而确定。一般在 0.3～1.5 米，为了防止陆上动物的侵扰，池边平面与水面须保证有 0～15 米的高差。水池壁与池底须平整以免伤鱼。池壁与池底以深色为佳。不足 0.3 米的浅水池，池底可做艺术处理，显示水的清澈透明。池底与池畔宜设隔水层，池底隔水层上覆盖 0.3～0.5 米厚土，种植水草。

图 6-2-1

图 6-2-2

（二）游泳池

游泳池水景以静为主，营造一个能让居住者在心理和体能上得到放松的环境，同时突出人的参与性特征（如游泳池、水上乐园、海滨浴场等）。居住社区内设置的露天泳池不仅是锻炼身体和游乐的场所，还是邻里之间的重要交往场所。泳池的造型和水面也极具观赏价值。居住社区中的游泳池具有双重功能，除了供人们休闲健身以外，也可以作为水景观满足人们的审美需求。

1. 游泳池的分类

按照形状，游泳池分为规则式和不规则式。如果是规则式庭院，游泳池以规则的几何形为好；如果是不规则式庭院，则适宜设置自然曲线形式的游泳池（见图 6-2-3、图 6-2-4）。

按照建造工艺，游泳池分为传统式、自然式和海滩式。传统式游泳池按照游泳池设计的相关规定建造；自然式游泳池是在传统式的基础上，结合瀑布、喷泉、跌水、溪流等多种水体形式，构成层次丰富、观赏性极佳的泳池水景；人工海滩式游泳池主要可以让都市人足不出户享受海滩日光浴。

2. 游泳池的设计要点

居住社区泳池设计必须符合游泳池设计的相关规定。泳池平面不宜做成正规比赛用池，池边尽可能采用优美的曲线，以加强水的动感。泳池根据功能需要尽可能分为儿童泳池和成人泳池，儿童泳池深度以 0.6 ～ 0.9 米为宜，成人泳池深度为 1.2 ～ 2 米。儿童泳池与成人泳池可统一考虑设计，一般将儿童泳池放在较高位置，水经阶梯式或斜坡式跌水流入成人泳池，既保证了安全又可丰富泳池的造型。池岸必须做圆角处理，铺设软质渗水地面或防滑地砖。泳池周围多种灌木和乔木，并提供休息和遮阳设施，有条件的社区可设计更衣室和供野餐的设备及区域。人工海滩式泳池池底基层上多铺白色细沙，坡度由浅至深，一般为 0.2 ～ 0.6 米，驳岸须做成缓坡，以木桩固定细沙，水池附近应设计冲沙池，以便于更衣。

（三）戏水池、涉水池

涉水池可分水面下涉水和水面上涉水两种。水面下涉水主要用于儿童嬉水，其深度不得超过 0.3 米，池底必须进行防滑处理，不能种植苔藻类植物。水面上涉水主要用于跨越水面，应设置安全可靠的踏步平台和踏步石（汀步），面积不小于 0.4 米 ×0.4 米，并满足连续跨越的要求。上述两种涉水方式应设水质过滤装置，保持水的清洁，以防儿童误饮池水（见图 6-2-5、图 6-2-6）。

（四）倒影池

光和水的互相作用是水景观的精华所在，倒影池就是利用光影在水面形成的倒影，扩大视觉空间，丰富景物的空间层次，增加景观的美感。倒影池极具装饰性，可做得十分精致，无论水池大小都能产生特殊的借景效果，花草、树木、小品、岩石前都可设置倒影池。倒影池的设计首先要保证池水一直处于平静状态，尽可能避免风的干扰。其次是池底要采用黑色和深绿色材料铺装（如黑色塑料、沥青胶泥、黑色面砖等），以增强水的镜面效果（见图 6-2-7、图 6-2-8）。

二、动水景观

景观中的动态水景，以其勃勃生机展示出水景在环境中的活力。动态水体景观形式包括：流水、喷水、跌水等。

图 6-2-3 图 6-2-4 图 6-2-5 图 6-2-6 图 6-2-7 图 6-2-8

（一）溪流

溪流分可涉入式和不可涉入式两种。溪流是提取了山水园林中溪涧景色的精华，再现于城市园林之中，是回归自然的真实写照。溪流属线形水体，常流经较为平缓的斜坡，狭窄弯曲。溪流水岸宜采用散石和块石，并与水生或湿地植物的配置相结合，减少人工造景的痕迹。或急或缓的水流，虽不及喷泉、瀑布般引人注目，但轻柔的动态美仍能够使居住社区的人们感受到自然的气息。

1. 溪流的形态

溪流的形态应根据环境条件、水量、流速、水深、水面宽和所用材料进行合理的设计（见图6-2-9、图6-2-10）。溪流分可涉入式和不可涉入式两种。可涉入式溪流的水深应小于0.3米，以防止儿童溺水，同时水底应做防滑处理。可供儿童嬉水的溪流，应安装水循环和过滤装置。不可涉入式溪流宜种养适应当地气候条件的水生动植物，增强观赏性和趣味性。

2. 溪流的设计要点

溪流的坡度应根据地理条件及排水要求而定。普通溪流的坡度宜为0.5%，急流处为3%左右，缓流处不超过1%。溪流宽度宜在1～2米之间，水深一般为0.3～1米，超过0.4米时，应在溪流边设置防护措施（如石栏、木栏、矮墙等）。为了使居住社区内环境景观在视觉上更为开阔，可适当增大宽度或使溪流蜿蜒曲折。

（二）瀑布

瀑布是指水从悬崖或陡坡上倾泻下来而形成的水体景观，瀑布以其由山水有机结合的特点，成为极富吸引力的自然景观。城市居住社区里的瀑布主要是利用地形高差和砌石形成的小型人工瀑布。瀑布是最为多样的一种水景形式，包括瀑布、跌水、溢流、水帘等，日本庭院中还模仿各种自然景观，设置一些主景石，并形成有形无水的枯瀑。

1. 瀑布的形式

（1）自然式瀑布

瀑布是优美的动态水景，通常的做法是将石山叠高，下挖池做潭。水自高处泻下，依流量、流速、高度差、瀑布崖的边缘状况，瀑流有不同的外貌和声响，击石喷溅。瀑布跌落有很多形式，分为向落、片落、传落、离落、棱落、丝落、左右落、横落等。一般主要欣赏瀑布的瀑形、落差、水声等（见图6-2-11、图6-2-12）。

目前也有仿自然水景景观，采用天然石材或仿石材设置瀑布的背景和引导水的流向（如景石、分流石、承瀑石等），考虑到观赏效果，不宜采用平整饰面的白色花岗石作为落水墙体。为了确保瀑布沿墙体、山体平稳滑落，应对落水口处山石做卷边处理，或对墙面做坡面处理。

（2）人工瀑布

人工瀑布按其跌落形式分为滑落式、阶梯式、幕布式、丝带式等多种，并模仿自然景观，采用天然石材或仿石材设置瀑布的背景和引导水的流向，人工瀑布因其水量不同，会产生不同视觉、听觉效果，因此，落水口的水流量和落水高差的控制成为设计的关键参数。

1）分级瀑布（跌水）

瀑流有阻碍物或平面使水分流，是呈阶梯式的多级跌落瀑布，通过一系列台阶将水流落差降低，与瀑布相比，跌水减小了水的损耗，增加了景观的变化。分级瀑布具有很好的互动性和亲水性，流量、高度、承水面可影响最终效果，承水面的表面质感也会影响瀑布水流的形态（见图6-2-13）。需要注意分级层数，以免破坏效果。

2）斜坡瀑布（滑水、涩水）

落水由斜坡滑落，斜坡表面质地、性质影响瀑形（见图6-2-14）。

图6-2-9 图6-2-10 图6-2-11

图6-2-12 图6-2-13 图6-2-14

3）枯瀑布

有瀑布之形而无水者称为枯瀑布。这是日本园林的设计手法，利用沙石模仿自然，堆砌出水流域瀑布的形态，虽无水却仿佛有潺潺水流与跌落的水花一般（见图 6-2-15）。

2. 瀑布的气势与水量

瀑布因其水量不同，会产生不同视觉、听觉效果，因此，落水口的水流量和落水高差的控制成为设计的关键参数，居住社区内的人工瀑布落差宜在 1 米以下。跌水是呈阶梯式的多级跌落瀑布，其梯级宽高比宜为 1∶1 ～ 3∶2，梯面宽度宜在 0.3 ～ 1.0 米之间。

（三）喷水

它是人工构筑的整体或天然泉池，以喷射优美的水形取胜，常以水池、彩色灯光、雕塑、花坛等组合成景，多置于建筑物前、绿地中央等处。

1. 喷泉

喷泉是完全靠设备制造出的水量，对水的射流控制是关键环节，采用不同的手法进行组合，会出现多姿多彩的变化形态（见图 6-2-16、图 6-2-17）。喷泉景观的分类和适用场所见表 6-2-2。

2. 水幕影像

水幕影像是由喷水组成的10余米宽、20余米长的扇形水幕，与夜晚天际连成一片，电影放映时，人物驰骋万里，来去无影。

图 6-2-15 图 6-2-16 图 6-2-17

表 6-2-2 喷泉的分类和适用场所

名称	主要特点	适用场所
壁泉	由墙壁、石壁和玻璃板上喷出，顺流而下形成水帘和多股水流	广场、居住社区入口、景观墙、挡土墙、庭院
涌泉	水由下向上涌出，呈水柱状，高度在 0.6 ～ 0.8 米之间，可独立设置，也可组成图案	广场、居住社区入口、庭院、假山、水池
间歇泉	模拟自然界的地质现象	溪流、小径、泳池边、假山
旱地泉	将泉管道和喷头下沉到地面以下，喷水时水流落到广场硬质铺地上，沿地面坡度排出，平常可作为休闲广场	广场、居住社区入口
跳泉	射流非常光滑稳定，可以准确落在受水口中，在计算机控制下，可达到具有节奏感和跳跃性的水流效果	庭院、园路边、休闲场所
跳球喷泉	射流呈光滑的水球状，水球的大小和间歇时间可控制	庭院、园路边、休闲场所
雾化喷泉	由多组微孔喷管组成，水流通过微孔喷出，看似雾状，多呈柱形和球形	庭院、广场、休闲场所
喷水盆	外观呈盆状，下有支柱，可分多级，出水系统简单，多为独立设置	园路边、庭院、休闲场所
小品喷泉	从雕塑伤口中的器具（罐、盆）和动物（鱼、龙等）口中出水，形象有趣	广场、雕塑、庭院
组合喷泉	具有一定规模，喷水形式多样，有层次，有气势，喷射高度高	广场、居住社区入口

第三节 水体景观与其他要素的结合

依水景观是园林水景设计中的一个重要组成部分，水的特殊性决定了依水景观的异样性。利用水体丰富的变化形式，可以形成各具特色的依水景观，景观小品中，亭、桥、榭、舫等都是依水景观中较好的表现形式。

一、依水景观建筑

（一）水边建亭、廊架

为突出不同的景观效果，一般在小水面建亭宜低邻水面，以细察涟漪。而在大水面，碧波坦荡，亭宜建在临水高台或较高的石矶上，以观远山近水，舒展胸怀，各有其妙。小岛上、湖心台基上、岸边石矶上都是临水建亭之所（见图 6-3-1）。

舫是在景观湖泊的水边建造起来的一种船形建筑。舫的下部船体通常用石砌成，上部船舱则多用木构建筑，其形似船。它立于水中，又与岸边环境相联系，使空间得到了延伸，具有富于变化的联系方式，既可以突出主题，又能进一步表达设计意图（见图 6-3-2）。

（二）景观桥

景观桥是景观环境中的交通设施，不仅起到联系水陆的作用，而且与景观道路系统相配合，在引导游览线路、组织景区分隔与联系、增加景观层次、丰富景致、形成水面倒影等方面都起到重要的造景作用。在设计桥梁时，应注意水面的划分与水路的通行。水景中桥的类型有汀步、梁桥、拱桥、浮桥、吊桥、亭桥与廊桥等。桥以其造型优美、形式多样成为重要造景小品。在规划设计桥时，桥应与道路系统配合、方便交通；注意水面的划分与水路通行与通航；注意组织景区分隔与联系的关系。居住社区一般以采用木桥、仿木桥和石拱桥为主，体量不宜过大，应追求自然简洁，精工细作。

1. 从材料上分

（1）木桥

木桥是最早的桥梁形式，但因木材本身的特性，其质松易腐以及受材料强度和长度支配，所以不仅不易在河面较宽的河流上架设木桥，而且也难以造出牢固耐久的木桥梁（见图 6-3-3、图 6-3-4）。

木栈桥是现今景观中常见的形式。邻水木栈道为人们提供了行走、休息、观景和交流的多功能场所。由于木板材料具有一定的弹性和粗朴的质感，因此行走其上比一般石铺砖砌的栈道更为舒适。其多用于要求较高的居住环境中。

木栈道由表面平铺的面板（或密集排列的木条）和木方架空层两部分组成。木面板常用桉木、柚木、冷杉木、松木等木材，其厚度要根据下部木架空层的支撑点间距而定，一般为 3 ～ 5 厘米厚，板宽一般为 10 ～ 20 厘米，板与板之间宜留出 3 ～ 5 毫米宽的缝隙，不应采用企口拼接方式。面板不应直接铺在地面上，下部要有至少 2 厘米的架空层，以避免雨水的浸泡，保持木材底部的干燥通风。设在水面上的架空层其木方的断面选用要经计算确定。

木栈道所用木料必须进行严格的防腐和干燥处理。为了保持木质的本色和增强耐久性，用材在使用前应浸泡在透明的防腐液中 6 ～ 15 天，然后进行烘干或自然干燥，使含水量不大于 8%，以确保在长期使用中不产生变形。个别地区由于条件所限，也可采用涂刷桐油和防腐剂的方式进行防腐处理。连接和固定木板和木方的金属配件（如螺栓、支架等）应采用不锈钢或镀锌材料制作。

（2）石桥和砖桥

一般是指桥面结构也是用石或砖料来做的桥，但纯砖构造的桥极少见，一般是砖木或砖石混合构建，而石桥则较多见（见图 6-3-5）。

（3）竹桥和藤桥

竹桥和藤桥主要见于南方，尤其是西南地区，一般只用于河面较狭的河流上，或作为临时性架渡之用（见图 6-3-6）。

图 6-3-1 图 6-3-2 图 6-3-3

图6-3-4 图6-3-5 图6-3-6

2. 从结构形式上分

（1）梁桥

梁桥是以桥墩做水平距离承托，然后架梁并平铺桥面的桥。跨水以梁、独木桥是最原始的梁桥，梁桥平坦便于行走与通车。在依水景观的设计中，梁桥除起到组织交通的作用外，还能与周围环境相结合，形成一种诗情画意的意境，耐人寻味（见图6-3-7）。

（2）浮桥

浮桥用船（舟）来代替桥墩，故有“浮航”“浮桁”“舟桥”之称，属于临时性桥梁（见图6-3-8）。

（3）索桥

索桥也称吊桥、绳桥、悬索桥等，是用竹索或藤索、铁索等为骨干相拼悬吊起的大桥（见图6-3-9）。

（4）拱桥

拱桥有石拱、砖拱和木拱之分，其中砖拱桥极少见，只在庙宇或园林里偶尔出现。一般常见的是石拱桥，它又有单拱、双拱、多拱之分，拱的数量依桥的尺寸而定。拱桥是人用石材建造大跨度工程的创造，拱桥在园林中更有独特的造景效果。如北京的玉带桥，恰如一条玉带横舞于水面，它造型复杂、结构精美，在水面上映出婀娜多姿的倒影（见图6-3-10）。

（5）步石

步石又称汀步、跳墩子，在景观中成为富有情趣的跨水小景，汀步最适合浅滩小溪等跨度不大的水面，使人走在汀步上，感受脚下清流、游鱼可数的近水亲切感（见图6-3-11）。

（6）亭桥与廊桥

亭桥与廊桥是既有交通功能又有游憩功能与造景功能的桥，很适合景观要求，起着点景的作用。其在远观上打破水平线构图，有对比造景、分割水面层次的作用。在桥上建亭，更使水面景色锦上添花，并增加水面空间层次（见图6-3-12）。

图6-3-7 图6-3-8 图6-3-9

图6-3-10 图6-3-11 图6-3-12

二、石

石是一种重要的造景素材，与水体结合能固岸，也能用来围池做栏。

（一）雕塑型景石

其所选的品石素材本身就具有一定的形状特征，或酷似风物禽鱼，或若兽若人，神貌兼有；或稍以加工，寄意于形（见图 6-3-13）。

（二）筑山型景石

该种景石，常用岩、壁、峡、涧之手法将水引入园景，以形成河流、小溪、瀑布等。溪涧及河流都属于流动的水体，由其形成的溪和涧，都应有不同的落差，可造成不同的流速和涡旋及多股小瀑布等（见图 6-3-14）。

溪流配以山石可充分展现其自然风格，石景在溪流中所起到的景观效果见表 6-3-1。

图 6-3-13　图 6-3-14

表 6-3-1 溪流中石景的景观效果

名称	效果	应用部位
主景石	形成视线焦点，起到对景作用，点题，说明溪流名称及内涵	溪流的源头或转向处
隔水石	形成局部小落差和细流声响	铺在局部水线变化位置
切水石	使水产生分流和波动	不规则布置在溪流中间
破浪石	使水产生分流和飞溅	用于坡度较大、水面较宽的溪流
河床石	观赏石材的自然造型和纹理	设在水面下面
垫脚石	具有力度感和稳定感	用于支撑大石块
横卧石	调节水速和水流方向，形成隘口	溪流宽度变窄和转向处
铺底石	美化水底，种植苔藻	多采用卵石、砾石、水刷石、瓷砖铺在基地上
踏步石	装点水面，分别步行	横贯溪流，自然布置

三、临水驳岸

临水驳岸是保护园林中水体的设施。园林中驳岸是园林工程的组成部分，必须在符合技术要求的条件下具有造型美，并同周围景色协调。驳岸是亲水景观中应重点处理的部位，驳岸与水线形成的连续景观线与环境的协调，不但取决于驳岸与水面间的高差关系，还取决于驳岸的类型及用材的选择（见表 6-3-2）。

（一）自然型驳岸

对于坡度缓或腹地大的河段，可以考虑保持自然状态，配合植物种植，达到稳定河岸的目的。对于较陡的坡岸或冲蚀较严重的地段，不仅应种植植被，还应采用天然石材、木材护底，以增强堤岸的抗洪能力（见图 6-3-15）。

（二）人工型驳岸

对于防洪要求较高且腹地较小的河段，在必须建造重力式挡土墙时，也要采取台阶式的分层处理（见图 6-3-16）。

对居住社区中的沿水驳岸，无论规模大小，无论是规则几何式驳岸还是不规则驳岸，驳岸的高度、水的深浅设计都应满足人的亲水性要求，驳岸尽可能贴近水面，以人手能触摸到水为最佳。亲水环境中的其他设施（如水上平台、汀步、栈桥、栏索等），也应以人与水体的尺度关系为基准进行设计。

表 6-3-2 驳岸类型列表

序号	驳岸类型	材质选用
1	普通驳岸	砌块（砖、石、混凝土）
2	缓坡驳岸	砌块，砌石（卵石、块石），人工海滩沙石
3	带河岸裙墙的驳岸	边框式绿化，木桩锚固卵石
4	阶梯驳岸	踏步砌块，仿木阶梯
5	带平台的驳岸	石砌平台、木制平台
6	缓坡、阶梯复合驳岸	阶梯砌石，缓坡种植保护

图 6-3-15　图 6-3-16

四、景观雕塑

水与雕塑都是构造城市景观的重要因素，水与雕塑的结合设计形式丰富多彩，极具魅力。水体能够提供开敞空间，能够提供适宜的观赏主题雕塑的视距，为雕塑的充分展示提供舞台。水体的柔软与雕塑的坚硬，形成鲜明对比，相互映衬、相得益彰。如果雕塑的题材能够与水景元素取得一定的内在联系，则能够使景观更富内涵，耐人回味（见图 6-3-17 至图 6-3-20）。

五、依水地形

（一）洲渚

洲渚是一种濒水的片式岸型，造园中属湖山型的园林里，多有洲渚之胜。洲渚不是单纯的水面维护，而是与园林小品组成富有天然情趣的水景的一项重要手段（见图 6-3-21）。

（二）岛

岛一般指突出水面的小土丘，属块状岸型。常用手法是：岛外绿水潆洄，折桥相引；岛心立亭，四面配以花木景石，形成庭院水局之中心，游人临岛眺望，可遍览周围景色（见图 6-3-22）。该岸型与洲渚相仿，但体积较小，造型亦很灵巧。

（三）堤

以堤分隔水面，属带形岸型。在大型园林中如杭州西湖苏堤，既是园林水局中之堤景，又是诱导眺望远景的游览路线，在庭院里用小堤做景的，多做庭内空间的分割，以增添庭景之情趣（见图 6-3-23）。

（四）矶

矶是指突出水面的湖石一类，属点状岸型，一般临岸矶多与水栽景相配，或有远景因借，成为游人酷爱的摄影点。位于池中的矶，常暗藏喷水龙头，自湖中央溅喷成景，也有用矶做水上亭榭之衬景的，成为水局三小品（见图 6-3-24）。

图 6-3-17　图 6-3-18　图 6-3-19　图 6-3-20

图 6-3-21 图 6-3-22 图 6-3-23 图 6-3-24

六、动植物

(一) 水体与植物

1. 水边植物配置

无论大小水面的植物配置，植物与水边的距离一般要求有远有近、有疏有密，切忌沿边线等距离栽植，避免单调呆板的行道树形式（见图 6-3-25）。

2. 水面的植物配置

水面全部栽满植物的，多适用于小水池，或大水池中较独立的一个局部。在水面部分栽植水生植物的情况则比较普遍，其配置一定要与水面大小比例、周围景观的视野相协调，尤其不要妨碍倒影产生的效果（见图 6-3-26）。

(二) 动物之间的关系

动物是水景规划设计中的要素之一。水是生命之源，离开了水就意味着失去了动物赖以生存的物质基础。另一方面，因为动物的存在，水景变得更具有灵性，成为依水景观中的又一个闪光点（见图 6-3-27、图 6-3-28）。

图 6-3-25 图 6-3-26 图 6-3-27 图 6-3-28

第四节 水体设计原则与手法

一、水体设计原则

(一) 宜“小”不宜“大”原则

大水体会让人更能感觉到水的存在，更能吸引人们的视线，可是建成后的大水体往往会出现很多的问题：大水体养护困难；大水体往往让人有种敬而远之的感觉，而不是亲近的感觉；大水体一般是靠人工挖出来的，大多是“死水”，一旦发生水体污染问题，那将是致命的。而小水体容易营建；更易于满足人们亲水的需求，更能调动人们参与的积极性；小水体便于养护，并且在水体发生污染的情况下，小水体更易于治理（见图 6-4-1）。

(二) 宜“曲”不宜“直”原则

水体最好设计成曲的。在设计中要遵循大自然中的规律，大自然中的河流、小溪，它们大多是蜿蜒曲折的，这样的水景更易于形成变幻的效果（见图 6-4-2）。

(三) 宜“下”不宜“上”原则

设计的水景尽可能与自然中的万有引力相符合，不要设计太多的大喷泉，这需要能量来支持它们抵消重力影响，而且需要耗费大量的人力、物力和财力（见图 6-4-3）。

(四) 宜“虚”不宜“实”原则

虚的水景是相对于实际水体而言的，它是一种意象性的水景，是用具有地域特征的造园要素如石块、沙粒、野草等仿照大自然中自然水体的形状而成的。这样的水景更易于带给人更多的思考、更多的体验，这也许是真实水景所无法比拟的（见图 6-4-4）。

图 6-4-1 图 6-4-2 图 6-4-3 图 6-4-4

二、水体设计手法

（一）衬托手法

以大水面包围建筑物，是构成水景开敞空间的常用手法。水面使人的视野为之开阔，空间感流动、渗透（见图 6-4-5）。

（二）对比手法

水，作为天然之物引入环境之中，水体之色貌与建筑实体形成虚实、刚柔的对比，水体的动势与建筑的静态空间形成开合、动静的对比（见图 6-4-6）。

（三）借声手法

水声在环境空间中是形成感觉空间的因素之一，水声反衬环境的幽静，水声激发欢快的情绪，水声增添空间的热烈情绪，水声现出动听的节奏，能引起人们的想象，恰当地运用水声，能取得动人的效果（见图 6-4-7）。

（四）点色手法

水色最素淡，但它也最富于色的变化。水色在庭院空间中又是最富于变化的因素，宽阔的水面能映出天光云影，也能映衬出环境景物的变化（见图 6-4-8）。

（五）光影手法

水体的光影使水景空间游动，得到浮游飘洒的情趣；倒影使水景空间扩大，给人以深虚新奇的联想；反光使水景空间生辉，构成闪亮的装饰效果（见图 6-4-9）。

（六）贯通手法

利用水体贯通景区，使空间序列展开，水作为媒介增加庭院内外空间的层次变化。利用架空的支柱层，使水体盘萦四周，连贯沟通庭内外空间，使空间的变化生动有趣（见图 6-4-10）。

（七）藏引手法

水体藏源是要把水的源头做隐蔽的处理，水体引流是引导水体在空间中逐步展开，水体的集散是水面有适度的开合间和穿插，既要展现水体主景空间，又要加大水体的深度，引起人们循流追源的兴趣、增加水景的空间层次（见图 6-4-11）。

（八）特色手法

水体景观不仅仅是功能舒适、景色优美的环境空间，其大多数情况下还是园林、居住社区等的灵魂，所以水景的设计还需要深入挖掘地方特色、文化内涵，这样才能使水景得以升华，使人们能够拥有归属感、认同感、自豪感（见图 6-4-12）。当代水体景观设计贵在吸纳传统园林理水手法的同时，结合景观建筑、公共艺术装置、传统雕塑、植物造景等多重因素，探寻传承优秀地域文化精神。在手法上重在创新，在构造技术与手段上重在对新科技、新材料的运用，创造出艺术品位高雅、使用功能舒适完善、绿色生态可持续发展的，具有很强吸引力和参与性的，富有情趣的居住社区水景艺术（见图 6-4-13 至图 6-4-18）。

图 6-4-5 图 6-4-6 图 6-4-7 图 6-4-8

图6-4-9 图6-4-10 图6-4-11 图6-4-12 图6-4-13

图6-4-14 图6-4-15 图6-4-16 图6-4-17 图6-4-18

【思考题】

1. 水体在景观营造中的作用是什么？
2. 如何在景观设计中营造多元化水体景观？

第七章 居住社区植物景观设计

居住社区绿化种植改善社区小气候并创造自然优美的绿化环境，在绿色生态理念不断深入人心的城市景观设计中，绿植扮演了重要的角色，植物与植物、植物与其他景观要素相互作用，共同担负营造空间、美化环境、陶冶情操以及突出地域特色等作用（见图 7-0-1 至图 7-0-6）。

图 7-0-1 图 7-0-2 图 7-0-3 图 7-0-4 图 7-0-5 图 7-0-6

第一节 居住社区绿地规划概述

居住社区绿地是城市园林绿地系统中的重要组成部分，是改善城市生态环境的重要环节，同时也是城市居民使用最多的室外活动空间，是衡量居住环境质量的一项重要指标。

一、居住社区绿地功能与分类

（一）居住社区绿地功能

居住社区绿地具有遮阳、防尘、防风、隔声、降温、防灾（救灾时的备用地）等功能。

（二）居住社区绿地分类

1. 公共绿地

公共绿地指全社区居民共同使用的绿地，位置应适中，靠近社区主路，适宜于各年龄段的居民使用，并且要体现一定的艺术效果。

（1）基本功能分区

1）安静游憩区

安静游憩区做游览、观赏、休息、陈列之用，要求游人密度较小，故需较大片的风景绿地，在居住社区中占的面积比例较大，是园区内重要部分。安静活动设施应与喧闹活动设施隔离，宜选择地形富于变化且环境最优的部位。区内宜设置休息场地、散步小径、桌凳、廊、亭、台、榭，以及老人活动室、展览室并开展各种园林种植，如草坪、花架、花坛、树木等（见图 7-1-1）。

2）文化娱乐区

文化娱乐区是人流集中热闹的动区，其设施可有俱乐部、陈列室、电影院、表演场地、溜冰场、游戏场、科技活动中心等，可和居住社区的文体公建结合起来设置。这是园区内建筑较集中的地方，也是全园的重点，常位于园内中心部位。布置时要注意排除区内各项活动之间的相互干扰，可利用绿化、土石等加以隔离。此外视人流集散情况妥善组织交通，如运用平地、广场或可利用的自然地形，组织与缓解人流（见图 7-1-2）。

3）儿童活动区

在居住社区中少年儿童人数所占比重较大，不同年龄段的少年儿童，如学龄前和学龄儿童，要分开活动；各种设施都要考虑少年儿童的尺度，可设置儿童游戏场、戏水池、障碍游戏、运动场、少年之家、科技活动园地等。各种小品形式要契合少年儿童的兴趣寓教育于乐。植物应选颜色鲜艳，且无毒、无刺、无味的品种。考虑成人休息和照看儿童的需要，区内道路布置要简洁明确、易识别，主要路面能通行童车（见图 7-1-3）。

4）服务管理设施

服务管理设施可有小卖部、休息室以及废物箱、厕所等。园内主要道路及通往主要活动设施的道路宜做无障碍设计，照顾残疾人和老年人等行动不便的特殊人群（见图 7-1-4）。

（2）基本布局形式

绿地布置形式较多，一般可概括为三种基本形式，即规则式、自由式以及规则式与自由式结合的混合式等。

1）规则式

规则式布置形式较规则严整，多以轴线组织景物。布局对称均衡，园路多用直线或几何规则线形，各构成因素均采取规则几何形和图案型。如树丛绿篱修剪整齐，水池、花坛均用几何型，花坛内种植也常用几何图案，重点大型花坛布置成毛毯型富丽图案，在道路交叉点或构图中心布置雕塑、喷泉、叠水等观赏性较强的点缀小品。这种规则式布局适用于平地（见图 7-1-5）。

2）自由式

自由式以校仿自然景观为常见的形式，各种构成因素多采用曲折自然形式，不求对称规整，但求自然生动。这种自由式布局适于地形变化较大的用地，在山丘、溪流、池沼之上配以树木草坪，种植有疏有密，空间有开有合，道路曲折自然，亭台、廊桥、池湖作为点缀，多设于人们游兴正浓或众兴小休之处，与人们的心理相呼应，自然惬意。自由式布局还可运用我国传统造园手法取得较好的艺术效果（见图 7-1-6）。

3）混合式

混合式是规则式与自由式相结合的形式，运用规则式和自由式布局手法，既能和四周环境相协调，又能在整体上产生韵律和节奏，对地形和位置能灵活适应（见图 7-1-7）。

（3）公共绿地的分级与设置

应根据居住社区不同的规划组织结构类型，设置相应的中心公共绿地，包括居住区公园（居住区级）、小游园（小区级）和组团绿地（组团级），以及儿童游乐场和其他的块状、带状公共绿地等（见表 7-1-1）。

图 7-1-1 图 7-1-2 图 7-1-3 图 7-1-4 图 7-1-5 图 7-1-6 图 7-1-7

表 7-1-1 居住社区各级中心公共绿地设置规定

中心绿地名称	设置内容	要求	最小规格（公顷）	最大服务半径（米）
居住区公园	花木、草坪、花坛、水面、凉亭、雕塑、小卖部、茶座、老幼设施、停车场地和铺装地面等	园内布局应有明确的功能划分	1.0	800 ～ 1000
小游园	花木、草坪、花坛、水面、雕塑、儿童设施和铺装地面等	园内布局应有一定的功能划分	0.4	400 ～ 500
组团绿地	花木、草坪、桌椅、简易儿童设施等	可灵活布局	0.04	—

注：①居住社区公共绿地至少有一边与相应级别的道路相邻；②应满足有不少于 1/3 的绿地面积在标准日照阴影范围之外；③块状、带状公共绿地同时应满足宽度不小于 8 米、面积不少于 400 平方米的要求；④参见《城市居住社区规划设计标准》(GB 50180—2018)。

2. 宅间绿地（宅旁绿地）

宅间绿地是居住社区最基本的绿地类型，多指建筑前后两排住宅之间的绿地，其大小和宽度决定于楼间距，一般包括宅前、宅后和建筑物本身的绿化，只提供给本幢居民使用，是居住社区绿地内居民最常使用的一种绿地形式，尤其适宜于学龄前儿童和老人（见图 7-1-8）。

（1）宅间绿地的功能

宅间绿地是住宅内部空间的延续和补充，它虽不像公共绿地那样具有较强的娱乐、游赏功能，但却与居民日常生活起居息息相关。结合绿地可开展各种家务活动，儿童林间嬉戏、老人品茗对弈、邻里纳凉互动等活动都是从宅间向户外铺展，改善了人际关系，具有浓厚的传统生活气息，使现代住宅单元楼的封闭隔离感得到较大程度的缓解、以家庭为单位的私密性和以宅间绿地为纽带的社会交往活动都得到满足和统一协调（见图 7-1-9）。

（2）宅间绿地空间的分类

根据不同领域性以及其使用情况，宅间绿地由三部分空间构成：近宅空间、庭院空间、余留空间。

1）近宅空间

近宅空间有两部分：一为底层住宅小院和楼层住户阳台、屋顶花园等；二为单元门前的用地，包括单元入口、入户小路、散水等。前者为用户领域，后者为单元领域。近宅空间对住户来说是使用频率最高的、亲切的过渡型小空间，是每天出入的必经之地。设计要在这里多加笔墨，适当扩大使用面积，做一定的围合处理，如做绿篱、短墙、花坛、座椅、铺地等，自然适应居民日常行为，使这里成为主要由本单元使用的单元领域空间。至于底层住户小院、楼层住户阳台、屋顶花园等归住户所有，除了提供建筑以及竖向绿化条件外，具体布置可由住户自行安排，也可提供参考方案（见图 7-1-10）。

2）庭院空间

庭院空间包括庭院绿化、各活动场地以及宅间小路等，属于宅群或楼栋领域。宅间庭院空间组织主要结合各种生活活动场地进行绿化配置，并注意各种环境功能设施的应用与美化。其中应以植物为主，最大限度地在拥挤的住宅群中加入绿色元素，使有限的庭院空间产生最大的绿化效应（见图 7-1-11）。

3）余留空间

余留空间是宅间绿地中一些边角地带、空间与空间的连接和过渡地带，如山墙间距、小路交叉口、住宅背对背的间距。住宅与围墙的间距等空间，须做出精心安排，尤其对一些消极空间。消极空间又称负空间，主要指没有被利用或归属不明的空间。这类空间一般无人问津，常常杂草丛生、藏污纳垢，又很少在人们视线之内，易被坏人利用，成为不安全因素，对居住环境产生消极的作用。居住社区规划设计要尽量避免消极空间的出现。在不可避免的情况下，要设法化消极空间为积极空间，主要是发掘其潜力进行利用，注入恰当的积极因素，如可将背对背的住宅底层作为儿童、老人活动室，其外部消极空间立即可活跃起来，也可在底层设车库、居委会管理服务机构；在住宅和围墙或住宅和道路的间距内设停车场；在沿道路的住宅山墙内可设垃圾集中转运点。近内部庭院的住宅山墙内可设儿童游乐场、少年活动中心；靠近道路的零星地可设置小型分散的市政公用设施，如配电站、调压站等（见图 7-1-12）。

图 7-1-8　图 7-1-9　图 7-1-10　图 7-1-11　图 7-1-12

3. 道路绿地

道路绿地指居住社区内道路红线以内的绿地。

（1）道路绿地的功能

①道路绿地起到连接、导向、分割、围合的作用，可沟通和连接居住社区公共绿地、宅间绿地等各种绿地；②有利于居住社区的通风；③改善小气候；④减小交通噪声；⑤保护路面、美化街景；⑥以少量的用地增加居住社区的绿化面积（见图 7-1-13）。

（2）道路绿地设计要点

①绿化植物栽植间距的确定，主要从以下几个方面考虑（见表 7-1-2）。a. 株行距要根据树冠大小及苗木树龄来确定。b. 应考虑树木生长的速度，一般道路上种植的树木 30 ～ 50 年就需要更新。c. 要考虑交通、市容等因素，重要建筑前不宜设置遮挡。d. 应考虑经济因素，初期以小的间距种植，几年后间移，做培养大规模苗木的措施，节约土地。

②绿化带宽度视路幅宽度而定（见表 7-1-3），一般每侧 1.5 ～ 4.5 米，绿带长度为 50 ～ 100 米。

（3）道路绿化带种植形式

①落叶乔木与常绿绿篱相结合；②以常绿树为主的种植；③以落叶乔木以及灌木为主的种植——冬季景观效果较差；④草地和花卉——适合地下管线多、有地下构筑物、上层薄、不宜栽种乔灌木的情况；⑤带状自然式种植——树木三五成丛、错落有致；⑥块状自然式种植——大小不同的几何绿地块组成人行道、绿化道，在绿地块间布置休息广场、花坛（见图 7-1-14）。

图 7-1-13

表 7-1-2 绿化植物栽植间距　　米

名称	不宜小于	不宜大于
一行行道树	4.00	6.00
两行行道树（棋盘式栽植）	3.00	5.00
乔木群栽	2.00	—
乔木与灌木	0.50	—
灌木群栽大灌木	1.00	3.00
灌木群栽中灌木	0.75	0.50
灌木群栽小灌木	0.30	0.80

表 7-1-3 绿化带最小宽度　　米

名称	最小宽度	名称	最小宽度
一行乔木	2.00	一行灌木带（大灌木）	2.50
两行乔木（并列栽植）	6.00	一行乔木与一行绿篱	2.50
两行乔木（棋盘式栽植）	5.00	一行乔木与两行绿篱	3.00
一行灌木带（小灌木）	1.50	—	—

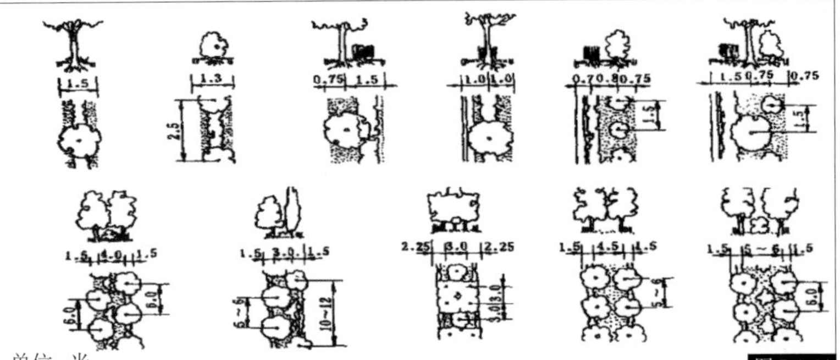

单位：米
图 7-1-14

4. 专用绿地

专用绿地指各类公共建筑和公共设施四周的绿地。

①中小学校及幼儿园绿地设计应要考虑创造一个清新优美的室外环境，同时，室内学习环境应保证既不暴晒、又很明亮（见图 7-1-15）。

②商业、服务中心环境绿地设计以规则式为主，留出足够的活动场地与紧急疏散通道（见图 7-1-16）。

③锅炉房、垃圾站等设施环境绿地设计以保护环境、隔离污染源、隐蔽杂乱、改变外部形象为宗旨（见图 7-1-17）。

④在居住社区停车场及车库的绿地设计中，地上停车场可采用草皮砖，也可结合停车场设计采用绿篱与乔木进行分隔；地下或半地下车库可采用屋顶绿化，既能有效利用空间，又能增加绿化面积（见图 7-1-18）。

二、居住社区绿地指标

根据 1993 年国家建设部公布的《城市居住社区规划设计标准》规定，居住社区内公共绿地的总指标，应根据居住人口规模分别达到：组团不少于 0.5 平方米 / 人，社区（含组团）不少于 1 平方米 / 人，居住社区（含社区与组团）不少于 1.5 平方米 / 人。

带状、块状公共绿地宽度不小于 8 米，面积不小于 400 平方米。

绿地率要求新区不低于 30%，旧区改建不低于 25%。

三、居住社区绿地规划原则

①居住社区绿地规划应该在居住社区总图规划阶段同时进行，使绿地均匀分布在居住社区内部。

②充分利用原有自然条件，因地制宜，充分利用地形、原有树木、建筑，以节约用地和投资。特别是要对古树名木加以保护和利用。

③居住社区绿化应该以植物造景为主进行布局，并利用植物组织和分隔空间，改善环境卫生，调节小气候，利用绿色植物塑造绿色空间的内在气质，风格适宜亲切、平和、开朗。各居住社区绿地的植物配置应具有环境识别性，创造具有不同特色的居住社区景观。

④以宅间绿地为基础，以社区公园（游园）为核心，以道路绿化为网络，使社区绿地自成系统，并与城市绿地系统相协调。

⑤居住社区各组团绿地既要保持风格的统一，又要在立意构思、布局方式、植物选择等方面做到多样化，在统一中追求变化。

图 7-1-15　图 7-1-16　图 7-1-17　图 7-1-18

⑥尽量设置集中绿地，为居民提供一个相对集中的、较为开敞的游憩空间和一个相互沟通、了解的活动场所。公共绿地要考虑不同年龄层人的需要，按照他们不同的活动规律配备设施，并有足够的用地面积来安排活动场地，布置道路和种植。

⑦利用屋顶、天台、阳台、墙面绿化等多种垂直绿化形式，美化居住环境。

第二节 植物景观造景设计概述

植物景观造景设计是运用乔木、灌木、藤本及草本植物等，通过艺术手法充分发挥植物的形体、线条、色彩等自然美来构建植物景观的设计，须具备科学性与艺术性两方面的知识。既要满足植物与环境在生态适应上的统一，又要通过艺术构图原理体现出植物个体及群体的形式美（见图 7-2-1 至图 7-2-6）。

图 7-2-1 图 7-2-2 图 7-2-3 图 7-2-4 图 7-2-5 图 7-2-6

一、植物分类

园林植物就其本身而言是指有形态、色彩、生长规律的生命活体，而对景观设计者来说，又是一个象征符号，可根据符号元素的长短、粗细、色彩、质地等进行应用上的分类。综合植物的生长类型的分类法则、应用法则，可将园林植物作为景观材料分成乔木、灌木、草本花卉、藤本植物、草坪以及地被六种类型。

（一）乔木

乔木是指树身高大的树木，由根部发生独立的主干，树干和树冠有明显区分。通常我们见到的高大树木都是乔木，如木棉、松树、玉兰、白桦等（见图 7-2-7）。

（二）灌木

灌木是指那些没有明显的主干、呈丛生状态的树木，一般可分为观花、观果、观枝干等几类。常见灌木有玫瑰、杜鹃、牡丹、女贞、小檗、黄杨、沙地柏、铺地柏、连翘、迎春、月季等（见图 7-2-8）。

（三）草本花卉

花卉的茎，木质部不发达，支持力较弱，称草质茎。具有草质茎的花卉，叫作草本花卉（见图 7-2-9）。草本花卉中，按其生育期长短不同，又可分为一年生，如一串红、刺茄、半支莲等；二年生，如金鱼草、金盏花、三色等；多年生（宿根类花卉），如文竹、四季海棠、鸢尾、玉簪等。

（四）藤本植物

藤本植物是一切具有长而细弱、不能直立、只能匍匐地面或依赖其他物支持向上攀升的植物的统称，如葡萄、牵牛花、紫藤等（见图 7-2-10）。

（五）草坪

草坪是在园林中采用人工铺植或草籽播种的方法，培养形成的整片绿色地面，是园林风景的重要组成部分，同时也是休憩、娱乐的活动场所。草坪一般设置在屋前、广场、空地和建筑物周围，供观赏、游憩或做运动场地之用。草坪按用途分为：游憩草坪、观赏草坪、运动场草坪、交通安全草坪和保土护坡草坪。用于城市和园林中草坪的草本植物主要有结缕草、野牛草、狗牙根草、地毯草、纯叶草、假俭草、黑麦草、早熟禾、剪股颖等（见图 7-2-11）。

（六）地被

地被植物包括贴近地面或匍匐地面生长的草本和木本植物，一般不耐踩踏。常用地被类植物有：沿阶草、葱兰、麦冬、金边麦冬、玉簪、红花酢浆草、矮化美人蕉、大花萱草（金娃娃）、德国鸢尾、朱顶红、吉祥草、地锦、爬山虎、凌霄、常青藤、菊花、国庆菊、彩叶草、孔雀草、千头菊、一串红、矮牵牛（见图 7-2-12）。

图 7-2-7 图 7-2-8 图 7-2-9 图 7-2-10 图 7-2-11 图 7-2-12

二、园林植物在造景中的作用

植物是园林景观营造的要素之一，丰富多彩的植物造景素材，为营造园林景观提供了广阔的发挥空间。与其他造景要素相比，植物在生长过程中呈现出的季相特色及独特的生命力现象，使其在园林景观造景中起到以下作用。

（一）构成景色，丰富园林色彩

园林以植物造景为主，植物无论是单独布置，还是与其他景物配合都能很好地形成景色。其以个体或群体植物特有的姿、色、香、韵等美感，可以形成园林中诸多造景形式，如主景（见图 7-2-13）、背景（见图 7-2-14）、配景（见图 7-2-15）、添景（见图 7-2-16）、对景、夹景（见图 7-2-17）等，同时，构景灵活、自然多变。

图 7-2-13 图 7-2-14 图 7-2-15 图 7-2-16 图 7-2-17

（二）组合空间，控制风景视线

植物可以起到组织空间的作用。植物有疏密、高矮之别，利用植物所形成的空间同样具有“界定感”。由于植物的千差万别，因此不同的乔、灌、草相互组合可以形成不同类型和给人以不同感受的空间形式。利用植物进行空间营造主要包括以下几种形式。

①开敞空间：植物所组成的空间不阻碍游人视线向远处眺望（见图 7-2-18）。

②封闭空间：植物所形成的空间阻挡了游人的视线（见图 7-2-19）。

③半开敞空间：植物一面高于视线、一面低于视线的空间形式，其对外起引景的作用，对内起障景、控制视线的作用（见图 7-2-20）。

④覆盖空间：乔木所组成的空间，其上部覆盖封顶、视线不可透，树冠交织构成天棚，但水平视线可透（见图 7-2-21）。

⑤全闭空间：植物空间的六合方向全部封闭，视线均不可透（见图 7-2-22）。通过不同植物高低、疏密的灵活配置，可以阻挡视线、透漏视线，变换风景视线的透景形式，从而限制和改变景色的观赏效果，加强园林的层次感和整体性。

图 7-2-18　图 7-2-19　图 7-2-20

图 7-2-21　图 7-2-22

（三）表现季相的更替是植物所特有的作用

植物的枯荣变化强调了季节的更替，使人感到自然界的变化。特别是落叶植物的发芽、展叶、开花、结果，使人明显地感到季节的变化（见图 7-2-23）。

（四）改善地形，装点山水建筑

高低不同的植物配置造就了林冠线起伏变化，使地形得以改善。如平坦地植高矮有变的树木远观形成起伏多变的地形。若高处植大树、低处植小树，便可丰富地势的变化。在堆山、叠石及各类水岸或水面之中，常用植物来美化风景构图，起补充和加强山水气韵的作用。亭、廊、轩、榭等建筑的内外空间，也须有植物的衬托。所谓“山得草木而华、水得草木而秀、建筑得草木而媚”（见图 7-2-24）。

（五）覆盖地表，填充空隙

园林中的地表多数用植物覆盖，绿化植物是既经济又实用的户外地面铺装材料。此外，山间、水岸、庭院中等不易组景的狭窄空隙，大多也可以利用植物进行装饰美化（见图 7-2-25）。

图 7-2-23　图 7-2-24　图 7-2-25

三、园林植物景观观赏特性

园林植物景观的观赏特性是由包括植物的叶、花、果、茎、根在内的园林植物景观素材构成的植物生命结构体现的，在园林植物艺术美中起主导作用。

（一）姿态

姿态指植物从总体形态与生长习性表现出的大致外部轮廓。在植物景观的构图和布局中，它使得景观丰富多彩。植物姿态变化多样、千姿百态，大致归纳总结为以下几种基本形态。

①圆柱形：冠形竖直、狭长，呈筒状、纺锤状，具有向上方向感，垂直景观明显，如木麻黄、落羽杉、钻天杨等（见图 7-2-26）。

②球形：包括半球形、卵形、倒卵形、椭圆形，以曲线为主，柔滑圆曲，多用于联系贯穿树木布置，把各种树木互相顺接，常见于主入口、规整广场、花坛等部位，如海桐、小叶黄杨等（见图 7-2-27）。

③圆锥形、尖塔形：斜线为主，能引导人的视线向上，营造出高耸的感觉：大量使用显得比实际高度还要高；由于其稳定性突出，易形成稳重、肃穆的感觉，如冷杉、云杉、金钱松、雪松等（见图 7-2-28）。

④伞形：形象比较活泼、亲切，有水平的韵律感，枝干水平向上，姿态舒展、潇洒，枝条、叶有强烈的水平向上感，多用于广场、草坪等开阔处。如合欢、龙爪槐等（见图 7-2-29）。

⑤垂枝形：枝条下垂，形态轻盈、婀娜多姿，枝条弯曲、静而下垂，有引导视线向下的作用。又由于耐水湿，常被植于湖边、堤岸，如垂柳等（见图 7-2-30）。

⑥拱枝形：枝条长而下垂，形成拱券式或瀑布式的景观，如迎春花等（见图 7-2-31）。

⑦钟形：外形雄伟、朴实，大多数植物的外轮廓都属于此类，如鹅掌楸、悬铃木、山毛榉等（见图 7-2-32）。

⑧特殊形：其造型奇特，树形清、奇、古、怪，常与置石、假山结合在一起，如棕榈、苏铁、椰子及一些古松、古柏等（见图 7-2-33）。

图 7-2-26 图 7-2-27 图 7-2-28 图 7-2-29 图 7-2-30 图 7-2-31 图 7-2-32 图 7-2-33

（二）色彩

色彩最具感染力与表现力，植物自身所呈现的色彩是造景主要考虑色因素之一。植物的色彩极其丰富，利用植物的花色、果色、枝叶色、树皮色均能在景观中营造特定氛围，影响情绪。

1. 红色

红色给人以艳丽、热情奔放的感觉，因此极具美感。但过多的红色，易令人倦怠、内心烦躁，故应慎重使用。

①红色系观花植物：桃、山桃、海棠花、李、梅、樱花、蔷薇、月季、锦带花、玫瑰、石榴、红牡丹、山茶、杜鹃、红花夹竹桃、毛刺槐、贴梗海棠、合欢、粉红绣线菊、紫薇、榆叶梅、紫荆、木棉、凤凰木、扶桑、郁金香、锦葵、蜀葵、瞿麦、芍药、东方罂粟、红花美人蕉、大丽花、兰州百合、一串红、千屈菜、石竹、宿根福禄考、菊花、雏菊、凤尾鸡冠花、美女樱等（见图 7-2-34）。

②红色果实植物：小檗类、多花荀子、山楂、枸杞、火棘、樱桃、天目琼花、金银木、石榴、南天竹、丝棉木等（见图 7-2-35）。

③红色干皮植物：红瑞木、青刺藤等（见图 7-2-36）。

④红色叶植物：鸡爪槭、茶条槭、元宝枫、五角枫、枫香、黄栌、地锦、五叶地锦、小檗、火炬树、柿树、山麻秆、盐肤木、石楠、桂花、臭椿、三色苋、红枫等（见图 7-2-37）。

2. 橙色

橙色为红和黄的合成色，兼有阳光、活力、热情的特性，象征温暖和欢欣。给人明亮、华丽、健康、温暖、芳香的感觉。

①橙色系观花植物：美人蕉、萱草、孔雀草、菊花、金盏菊、万寿菊、半枝莲、旱金莲、金莲花、金桂、东方罂粟等（见图 7-2-38）。

②橙色果实植物：橘、柚、柿、枸橘、甜橙、贴梗海棠等（见图 7-2-39）。

图 7-2-34 图 7-2-35 图 7-2-36 图 7-2-37 图 7-2-38 图 7-2-39

3. 黄色

黄色明度高，给人以光明、辉煌、灿烂、柔和、纯净之感，象征着希望、快乐和智慧，同时也具有崇高、神秘、华贵、威严、高雅等感觉。

①黄色系观花植物：连翘、迎春、金钟花、金花茶、金针菜、金光菊、金鱼草、黄刺玫、黄牡丹、黄花夹竹桃、蜡梅、栎棠、栾树、美人蕉、大丽花、唐菖蒲、向日葵、宿根美人蕉、大花萱草、黄菖蒲、菊花、一枝黄花、半枝莲等（见图 7-2-40）。

②黄色果实植物：杏、银杏、梅等（见图 7-2-41）。

③黄色叶植物：银杏、洋白蜡、槐、加杨、槭树、鹅掌楸、无患子、柳树、麻栎、栓皮栎、水杉、金钱树、白桦、元宝枫、金叶鸡爪槭、金叶小檗、金叶女贞、金叶锦熟黄杨、金叶榕等（见图 7-2-42）。

④黄色干皮植物：金竹、金镶玉竹、黄皮刚竹等（见图 7-2-43）。

图 7-2-40 图 7-2-41 图 7-2-42 图 7-2-43

4. 绿色

绿色代表生命、青春、希望、和平，给人以平和之感。绿色调以其深浅程度不同分为嫩绿、浅绿、鲜绿、黄绿、赤绿、褐绿、蓝绿、墨绿、灰绿等。不同的绿色调合理搭配，具有很强的层次感。

①嫩绿叶植物：多数落叶树，如馒头柳、金银木、刺槐、洋白蜡等（见图 7-2-44）。

②浅绿叶植物：一些落叶阔叶树及部分针叶树，如合欢、悬铃木、七叶树、鹅掌楸、玉兰、银杏、元宝枫、碧桃、山楂、水杉、落叶松、北美乔松等（见图 7-2-45）。

③深绿叶植物：一些阔叶常绿及落叶树，如枸骨、女贞、水蜡、大叶黄杨、加杨、钻天杨、君迁子、柿树等（见图 7-2-46）。

④暗绿叶植物：常绿针叶树及花草类，如油松、桧柏、雪松、华山松、侧柏、青扦、麦冬、书带草、葱兰等（见图 7-2-47）。

⑤蓝绿叶植物：白杆、翠蓝柏等（见图 7-2-48）。

⑥灰绿叶植物：桂香柳、银柳、秋胡秃子、野牛草、羊胡子草等（见图 7-2-49）。

图 7-2-44 图 7-2-45 图 7-2-46 图 7-2-47 图 7-2-48 图 7-2-49

5. 蓝色

蓝色为典型的冷色和沉静色，给人忧郁、梦幻的感觉。在园林中，蓝色系植物用于安静处或老年人活动区。

①蓝色系观花植物：瓜叶菊、崔雀、乌头、风信子、马蔺、鸢尾、八仙花、木蓝、蓝雪花、蓝花楹、蓝刺头、轮叶婆婆纳等（见图 7-2-50）。

②蓝色果实植物：海州常山、十大功劳等（见图 7-2-51）。

6. 紫色

紫色是高贵、神秘、成熟、浪漫之色，明亮的紫色令人感到美好和兴奋，象征光明，其优雅之美使其成为营造舒适空间环境的主要用色。

①紫色系花植物：紫藤、三色堇、鸢尾、桔梗、紫丁香、裂叶丁香、木兰、木槿、泡桐、醉鱼草、紫荆、沙参、德国鸢尾、紫苑、石竹、荷兰菊、二月兰、紫茉莉、紫花地丁、半枝莲、美女樱等（见图 7-2-52）。

②紫色果实植物：紫珠、葡萄等（见图 7-2-53）。

③紫色叶植物：紫叶小蘖、紫叶李、紫叶桃、紫叶榛、紫叶黄栌等（见图 7-2-54）。

7. 白色

白色象征着纯洁、神圣，白色明度最高，给人以明亮、干净、清楚、坦率、朴素、纯洁、爽朗的感觉，同时也可能带给人单调、凄凉和虚无之感。

①白色花植物：白玉兰、白丁香、白牡丹、白绢梅、白碧桃、白玉兰、白兰花、白木槿、珍珠花、蜀葵、金银木、白花夹竹桃、绣线菊、刺槐、毛白杜鹃、杜梨、梨、珍珠梅、山梅花、溲疏等（见图 7-2-55）。

②白色干皮植物：白桦、白皮松、银白杨、二色茶、柠檬桉、核桃、白杆竹等（见图 7-2-56）。

图 7-2-50 图 7-2-51 图 7-2-52

图 7-2-53 图 7-2-54

图 7-2-55 图 7-2-56

第三节 植物种植设计

植物种植设计是指以植物为介质进行空间设计。种植设计需要考虑两个方面的问题：一方面是各种植物之间的搭配，考虑植物种类的选择与组合，包括林缘线、林冠线、色彩搭配、季相变化及空间意境；另一方面是植物与地形、水体、山石、建筑、园路等景观要素的搭配。

一、植物配置形式美的规律

形式美是指各种几何体的艺术构图，任何艺术作品都是形式与内容的完美结合，植物造景也是如此。

（一）多样与统一

植物景观设计时，树形、色彩、线条、质地及比例都要有一定的差异和变化，显示多样性，但又要使它们之间保持一定相似性，形成统一感，这样既生动活泼，又和谐统一。因此要在统一中求变化，在变化中求统一（见图 7-3-1)。

（二）调和与对比

体现调和的原则，使植物景观具有柔和、平静、舒适和愉悦的美感。找出近似性和一致性，配置在一起才能产生协调感。相反地，用差异和变化可产生对比的效果，具有强烈的刺激感，形成兴奋、热烈和奔放的感受。因此，在植物景观设计中常用对比的手法来突出主题或引人注目。主要包括：形象的对比与调和、方向的对比与调和、色彩的对比与调和、体量的对比与调和（见图 7-3-2)、明暗的对比与调和（见图 7-3-3)、质地的对比与调和。

图 7-3-1 图 7-3-2 图 7-3-3

（三）均衡与稳定

将体量、质地各异的植物种类按均衡的原则配置，景观就显得稳定。如色彩浓重、体量庞大、数量多、质地粗厚、枝叶繁茂的植物种类，给人以厚重的感觉；相反，色彩素淡、体量小巧、数量少、质地细柔、枝叶疏朗的植物种类，则给人以轻盈的感觉。根据周围环境，在配置时有规则式均衡和自然式均衡。规则式均衡常用于规则式建筑及庄严的陵园或雄伟的皇家园林中（见图 7-3-4）。自然式均衡常用于花园、公园、植物园、风景区等较自然的环境中。

（四）主从与重点

自然界的一切事物都存在主从关系，正是凭借这种差异的对比，才形成协调统一的整体。在植物的配置中如果平等对待，就会失去整体感和统一感，流于松散（见图 7-3-5）。

（五）韵律与节奏

有规律的再现称为节奏，在节奏的基础上深化而形成的既富于情调又有规律，且可以把握的属性称为韵律。韵律包括重复韵律、渐变韵律和交错韵律。植物种植设计可以利用植物的单体或形态、色彩、质地等景观要素进行有节奏和韵律的搭配，植物配置中有规律、有秩序的变化会产生美感，从而出现以条理性、重复性、连续性为特征的韵律美（见图 7-3-6）。

（六）比例与尺度

比例是部分与部分之间、部分与整体之间、整体与周围环境之间存在的数量比例的相互制约关系，与具体尺度无关。尺度是物体给人感觉上的大小印象与其实际大小之间的关系。植物配置要注意植物之间、植物与建筑小品、园林设施等要素的尺度比例关系，要突出重点景观（见图 7-3-7）。

（七）层次与背景

植物景观营造应多层次配置，不同花色、花期的植物相间分层布置，可以使植物景观丰富多彩。通常背景树宜高于前景树，栽植密度要大，最好形成绿色屏障；色调宜深或与前景有较大的色调和色度上的差异，以加强衬托效果（见图 7-3-8）。

图 7-3-4 图 7-3-5 图 7-3-6

图 7-3-7 图 7-3-8

二、园林植物配置原则

在园林中配置园林植物，不仅要取得“绿”的效果，还要进一步给人以美的享受。所以，只有全面考虑植物在观形、赏色、闻香、听声等方面的特性，并进行仔细选择、合理配置，才能创造出完美的园林意境。

（一）符合绿地的性质和功能要求

园林绿地的性质和功能决定了植物的选择和种植形式。园林绿地功能很多，但具体到某一绿地，总有其具体的主要功能。如街道绿地的主要功能是庇荫、组织交通，因此，种植着重解决庇荫、交通和美观等问题（见图 7-3-9）。

（二）满足园林风景构图的需要

1. 总体艺术布局要协调

在规则式园林布局中，多采用规则式配置形式，配置形式为对植、列植、中心植、花坛、整形式花台，进行植物整形修剪（见图 7-3-10）。而在自然式园林绿地中，则采用不对称的自然式种植，充分表现植物自然姿态，配置形式如孤植、丛植、群植、林植、花丛、花境、花带等（见图 7-3-11）。

2. 考虑综合观赏效果

人们欣赏植物景色的要求是多方面的，而全能的园林植物是极少的，或者说是没有的。因此，植物配置，应根据其观赏特性进行合理搭配，表现植物在观形、赏色、闻香、听声上的综合效果。具体配置方法有：观花和观叶植物结合（见图 7-3-12）；不同色彩的乔、灌木结合（见图 7-3-13）；不同花期的植物结合；草本花卉弥补木本花木的不足（见图 7-3-14）。

图 7-3-9 图 7-3-10 图 7-3-11
图 7-3-12 图 7-3-13 图 7-3-14

3. 四季景色有变化

组织好园林的季相构图，使植物的色彩、气味、姿态、风韵随着季节的变化交替出现，避免景色单调。重点地区一定要四时有景，其他各区可突出某一季节的景观。

植物在一年四季的生长过程中，叶、花、果的形状和色彩随季节而变化。植物在开花时、结果时或叶色转变时，具有较高的观赏价值。园林植物配置利用观赏价值较高和特色鲜明的植物的季相，能给人以时令的启示，增强季节感，表现出园林景观中植物特有的艺术效果。如春季山花烂漫、繁花似锦（见图 7-3-15），夏季荷花映日、绿树成荫（见图 7-3-16），秋季叶色多变、硕果满园（见图 7-3-17），冬季蜡梅飘香、银装素裹等（见图 7-3-18）。植物造景应充分利用植物的季相特色，按照植物的季相演替和不同花期的特点创造园林时序景观。

按季节变化可选择的树种有早春开花的迎春、桃花、榆叶梅、连翘、丁香等；晚春开花的蔷薇、玫瑰、棣棠等；初夏开花的木槿、紫薇和各种草花等；秋天观叶的枫香、红枫、三角枫、银杏及观果的海棠、山里红等；冬季翠绿的油松、桧柏、龙柏等。总的配置效果应是三季有花、四季有绿，即所谓“春意早临花争艳，夏季浓苍翠不萧条”的设计原则。

4. 植物比例要适合

不同植物比例安排影响着植物景观的层次、色彩、季相、空间、透景形式的变化及植物景观的稳定性。因此，在树木配置上应使速生树与长寿树、乔木与灌木、观叶与观花及树木、花卉、草坪、地被植物搭配比例合适。

在植物种植设计时应根据不同的目的和具体条件，确定树木花草之间的合适比例（见图 7-3-19），如纪念性园林中常绿树、针叶树比例就可大些，庭院花木就可多些。

5. 设计从大处着眼

配植要先整体后个体。首先，考虑平面轮廓、立面上高低起伏、透景线的安排、景观层次、色块大小、主色调、种植的疏密等（见图 7-3-20、图 7-3-21）。其次，根据高低、大小、色彩的要求，确定具体乔、灌、草的植物种类，考虑近观时单株植物的树形、花、果、叶、质地的欣赏要求。不要一开始就决定具体种类。

图 7-3-15　图 7-3-16　图 7-3-17　图 7-3-18　图 7-3-19　图 7-3-20　图 7-3-21

（三）满足植物生态要求

要满足植物的生态要求，使植物能正常生长。一是因地制宜，使植物的生态习性和栽植地点的生态条件基本统一；另二是为植物正常生长创造适合的生态条件，只有这样才能使植物成活和正常生长（见图 7-3-22）。

（四）民族风格和地方特色

我国园林和各地方园林有许多传统的植物配置形式和种植喜好，形成了一定的配置程式。在园林造景上应灵活应用。如竹径通幽——竹径，花中取道——花境，松、竹、梅——岁寒三友，槐荫当庭、梧荫匝地、移竹当窗、檐前芭蕉、编篱种菊；高台牡丹、芦汀柳岸、春节赏梅、重阳观菊；四川的翠林、海南的椰林等（见图 7-3-23、图 7-3-24）。

（五）统筹近、远期景观效果

植物布置要速生树种与慢长（长寿）树种相结合，使植物景观尽早呈现效果、长期稳定。首先基调和骨干（主调）树种要留有足够的间距（由成年树冠大小来决定种植距离），以达到预期的艺术效果（长寿慢长树）。其次，为使短期取得最佳的绿化效果，在栽植骨干、基调树种的同时，要搭配适量的速生填充树种（未成年树），种植距离可近些。使其很快形成景观，经过一段时间后，可分期进行树木间伐达到最终的设计要求。

总之，在进行园林植物布置时力求做到：功能上的综合性，构图上的艺术性，生态上的科学性，风格上的地方性，经济上的合理性（见图 7-3-25 至图 7-3-28）。

图 7-3-22　图 7-3-23　图 7-3-24　图 7-3-25　图 7-3-26　图 7-3-27　图 7-3-28

三、植物配置方式与效果

植物造景是单体植物美的塑造，更是不同植物之间、植物与其他景物之间的搭配，共同形成的艺术之美。而就配置形式而言，主要包括孤植、对植、列植、丛植、林植、篱植等（见表 7-3-1）。同时植物作为三维空间的实体，以各种方式交互形成多种空间效果，植物的高度和密度影响空间的塑造。不同植物的高度所形成的空间效果有所不同（见表 7-3-2）。

表 7-3-1 植物配置组合

组合名称	组合形态及效果	种植方式
孤植	突出树木的个体美，可成为开阔空间的主景	多选用粗壮高大、体形优美、树冠较大的乔木
对植	突出树木的整体美，外形整齐美观，高矮大小基本一致	以乔灌木为主，在轴线两侧对称种植
丛植	以多种植物组合成的观赏主体，形成多层次绿化结构	以遮阳为主的丛植多由数株乔木组成，以观赏为主的多由乔灌木混交组成
群植	由观赏树组成，表现整体造型美，产生起伏变化的背景效果，衬托前景或建筑物	由数株同类或异类树种混合种植，一般树群长宽比不超过 3:1，长度不超过 60 米
草坪	分观赏草坪、游憩草坪、运动草坪、交通安全草坪、护坡草坪，主要种植矮小草本植物，通常成为绿地景观的前景	按草坪用途选择品种，一般容许坡度为 1%～ 5%，适宜坡度为 2%～ 3%

表 7-3-2 植物空间效果

植物分类	植物高度	空间效果
花卉、草坪	13 ～ 15 厘米	能覆盖地表，美化开敞空间，在平面是暗示空间
灌木、花卉	40 ～ 45 厘米	产生引导效果，界定空间范围
灌木、竹类、藤本类	90 ～ 100 厘米	产生屏障功能，改变暗示空间的边缘，限定交通流线
乔木、灌木、藤本类、竹类	135 ～ 140 厘米	分隔空间，形成连续完整的围合空间
乔木、藤本类	高于人水平视线	产生较强的视线引导作用，可形成较私密的交往空间
乔木、藤本类	高大树冠	形成顶面的封闭空间，具有遮蔽功能，并改变天际线的轮廓

（一）孤植

孤植是指乔木或灌木单株栽植，或两三株同一种树木紧密地栽植在一起，而且具有单株栽植效果的种植类型。

1. 树种选择

孤植树主要表现植株个体的特点，突出树木的个体美。因此要选择观赏价值高的树种。即具有体形巨大、树冠轮廓富于变化、树姿优美、姿态奇特、花朵果实美丽、芳香浓郁、叶色有季相变化、枝条开展、成荫效果好、寿命长等特点的树种，如榕树、香樟、紫薇等（见图 7-3-29）。

2. 位置安排

在园林中，孤植树种植的比例虽然很小，却常做构图主景。其构图位置应该十分突出而引人注目。最好还要有像天空、水面、草地等色彩既单纯又有丰富变化的景物环境做背景衬托，以突出孤植树在形体、姿态、色彩等方面的特色。起诱导作用的孤植树则多布置在自然式园路、河岸、溪流的转弯及尽端视线焦点处引导行进方向；安排在路口及园林局部的入口部分，诱导游人进入另一景区、空间。

3. 观赏条件

孤植树多做局部构图的主景，因而要有比较合适的观赏视距、观赏点和适宜的欣赏位置。最适距离一般为树高的 4 ～ 10 倍（见图 7-3-30）。

4. 风景艺术

孤植树作为园林构图的一部分，必须与周围环境和景物相协调，统一于整个园林构图之中。如果在宽广的草坪、山岗上或大水面的旁边栽种孤植树，所选树种应巨大，以使孤植树在姿态、体形、色彩上得到突出（见图 7-3-31）。

5. 利用古树

园林中要尽可能利用原有大树做孤植赏景树。

图 7-3-29　图 7-3-30　图 7-3-31

（二）对植

对植是指用两株或两丛相同或相似的树，做相互对称或均衡的种植形式。

1. 对称种植

对称种植多用在规则式园林中，如：在园林入口、建筑入口和道路两旁常利用同一树种、同一规格的树木依主体景物轴线做对称布置。对称式种植中，一般采用树冠整齐的树种（见图 7-3-32）。

2. 非对称种植

非对称种植常用在自然式园林中，植物虽不对称，但左右均衡。如：在自然式园林的进口两旁、桥头、蹬道的石阶两旁、洞道的进口两边、闭锁空间的进口、建筑物的门口，都可形成自然式的栽植，起到陪衬主景和作为诱导树的作用。非对称种植时，分布在构图中轴线两侧的树木，可用同一树种，但大小和姿态必须不同，动势要向中轴线集中，与中轴线的垂直距离，大树要近，小树要远（见图 7-3-33）。自然式对植也可以采用株数不相同而树种相同的配植，如左侧是一株大树，右侧为同一树种的两株小树。

（三）列植

列植即行列栽植，是指乔、灌木沿一定方向（直线或曲线）按一定的株行距连续栽植的种植类型（见图 7-3-34），它是规则式种植形式。

1. 树种选择

行列栽植宜选用树冠体形比较整齐的树种，如圆形、卵形、倒卵形、椭圆形、塔形、圆柱形等，而不选枝叶稀疏、树冠不整形的树种。

2. 株行距

行列栽植的株行距，取决于树种的特点、苗木规格和园林主要用途等。一般乔木株行距采用 3 ～ 8 米，甚至更大。灌木株行距为 1 ～ 5 米，

3. 栽植位置

行列栽植多用于规则式园林绿地中如道路广场、工矿区、居住社区、办公建筑四周的绿化。在自然式绿地中也可布置比较规整的局部。

4. 要处理好与其他因素的矛盾

列植形式常栽于建筑、道路上下管线较多的地段，要处理好与综合管线的关系。道路旁建筑前的列植树木，既可与道路配合形成夹景效果，又可避免遮挡建筑主体立面的装饰部分。

（四）带植

带植即树木呈带状自然式种植，其长短轴比大于 4∶1。

①区别于列植，带植为自然式栽植，不能成行、成排、成直线、等距离栽植。注意整体林木疏密相间、错落有致，故林冠线及林缘线为自然曲线。

②为连续风景构图，故混交林带应有主调、基调及配调之分。主调还应随着季节交替而变化。连续构图中应有断有续（见图 7-3-35）。

（五）丛植

丛植是由二株到十几株同种或异种、乔木或乔、灌木自然栽植在一起而成的种植类型。它是绿地中重点布置的种植类型，也是园林中植物造景应用较多的种植形式（见图 7-3-36 至图 7-3-38）。

1. 种植形式

①乔木丛（树丛），由观形乔木树种组合而成；②灌木丛（绿丛），由常绿灌木树种组合而成；③花木丛，由赏花树木组合而成；④色丛，由取色树木（干、枝、叶）组合而成；⑤香丛，由闻香植物组合而成；⑥声丛，由听声植物组合而成；⑦果丛（味丛），由观果、品味植物组合而成；⑧刺丛，由荆棘植物组成，布置于拒绝游人接近地，起隔离作用；⑨混合丛，由具有不同观赏特性的树木混合组成，视造景要求而灵活配植。

图 7-3-32 图 7-3-33 图 7-3-34 图 7-3-35

图 7-3-36 图 7-3-37 图 7-3-38

2. 造景要求

（1）主次分明，统一构图

用基本树种统一树丛（株数较多时应以 1 ～ 2 种基本树种统一群体）。由主体部分和从属部分彼此衬托形成主次分明、相互联系，既有通相又有殊相的群体。

（2）起伏变化，错落有致

立面上无论从哪一方向去观赏，都不能呈直线或简单的金字塔式排列。平面上也不能是规则的几何轮廓。应形成大小、高低、远近、疏密分明，位置均衡的风景构图。

（3）科学搭配，巧妙结合

混交树丛搭配，要从植物的生物特性、生态习性及风景构图出发，处理好株间、种间关系（株间关系是指疏密、远近等因素；种间关系是指不同乔木以及乔、灌、草之间的搭配）。常绿与落叶、阳性与阴性、快长与慢长、乔木与灌木、深根与浅根、观花与观叶等不同植物有机地组合在一起，使植株在生长空间、光照、通风等方面，得到适合的条件，形成生态相对稳定的树丛，达到理想效果。通常高大的常绿乔木居中为背景，花色艳丽的小乔木在外侧，叶色、花色华丽的大小灌木在最外缘，以利于观赏。

（4）观赏为主，兼顾功能

混交树丛，多作为纯观赏树丛、艺术构图的主景，或作为其他景物的配景；有时也兼顾作为诱导性树丛，被安排在出入口、路岔、路弯、河弯处来引导视线，诱导游人按设计安排的路线欣赏园林景色；用在转弯岔口的树丛可作为小路分歧的标志或遮蔽小路的前景。单纯树丛，特别是树冠开展的单纯乔木丛，除了做观赏用外，更多的是作为庇荫树丛，被安排在草坪、林缘，树下安置座椅、座石（自然山石）供游人休息。

（5）四面观赏，视距适宜

树丛和孤植树一样，在其四周，尤其是主要观赏方向，要留出足够的观赏视距（宽 15 米，高 3 ～ 6 米）。

（6）位置突出，地势变化

树丛的构图位置应突出，多置于视线聚焦的草坪、山岗、林中空地、水中岛屿、林缘凸出部分、河岔、路岔、弯道处。在中国古典山水园中，树丛与岩石组合常被设置在粉墙的前方、走廊或房屋的角隅，组成树石小景。种植地尽量高出四周的草坪和道路，其树丛内部地势也应中间高四周低，呈缓坡状，以利于排水。

（7）整体为一，数量适宜

树丛之下不得有园路穿过，避免破坏树丛的整体感，树丛下多植草坪用以烘托，亦可置石加以点缀。园内一定范围用地上，树丛总的数量不宜过多，到处三五成丛会显得布局凌乱，植物主景不突出。

（六）群植

群植是由多数乔灌木（一般在 20 ～ 30 株以上）混合成群栽植在一起的种植类型。群植的树木为树群。树群主要表现群体美，因此，对单株的要求并不严格，仅考虑树冠上部及林缘外部的整体起伏曲折韵律及色彩表现的美感。对构成树群的林缘处的树木，应重点进行选择和处理（见图 7-3-39）。

（七）林植

林植是指成片大量栽植乔灌木，构成林地和森林景观的种植类型，也叫风景林（见图 7-3-40）。林植多用于大面积公园安静区、风景游览区或休、疗养区及卫生防护林带，可分为密林和疏林两种。

①密林是郁闭度在 0.7 ～ 1.0 之间的树林。密林中阳光很少透入，地被植物含水量高，经不起踩踏。因此，一般不允许游人步入林地，游人只能在林地内设置的园路及场地上活动。

②疏林是郁闭度在 0.4 ～ 0.6 之间的树林。疏林是园林中应用最多的一种形式，游人总是喜欢在林间草地上进行休息、游戏、看书、摄影、野餐、观景等活动。

（八）盆植

盆植即将观赏树木栽植于较大的树盆、木框中（见图 7-3-41）。其造景特点如下。

①摆放自由：盆栽的观赏树木可以安置于不能栽种植物的场所，如有地下管道的土地上方及铺装场地，形成孤植、列植、对植等多种形式的摆放。

②丰富植物种类：南方树木在北方的园林中进行盆栽，生长季节可连盆配植在适当地段，到冬季便移入温室。

（九）隙植

隙植即将较耐旱、耐瘠薄的树木做山石、墙面缝隙中的配植（见图7-3-42）。其造景特点如下。

①隙植有丰富山石表面及墙面构图的作用。

②景观上营造一种年代感。

③软化硬质景物，并具有障丑显美的装饰功能。

图7-3-39 图7-3-40 图7-3-41 图7-3-42

第四节 植物与其他景观要素的搭配

一、植物景观与建筑

建筑属于以人工美取胜的硬质景观，同时具备造景功能与使用功能；植物体是有生命的活体，有其生长发育规律，具有自然美，是园林构景中的主体。建筑和植物的配置如果处理得好，可互为因借、相得益彰。

（一）园林建筑对植物配置的作用

①园林建筑为植物提供基址、改善局部小气候。建筑遮、挡、围的作用，能够为各种植物提供适宜的环境条件（见图7-4-1）。

②园林建筑对植物造景起到背景、框景、夹景的作用。江南古典私家园林以墙为纸、以植物为绘，一丛翠竹、数块湖石，以沿阶草镶边，以白粉墙为背景，使这一粉壁小景充满诗情画意。各种门、窗、洞对植物起到框景、夹景的作用，形成“尺幅窗”和“无心画”，和植物一起组成优美的构图（见图7-4-2）。

③园林建筑、匾额、题咏、碑刻和植物共同组成园林景观，突出园林的主题和意境。匾额、题咏、碑刻、绘画等艺术是园林建筑空间艺术的组成部分，在它们和植物共同组成的景观中，蕴含着园林主题和意境（见图7-4-3）。

图7-4-1 图7-4-2 图7-4-3

（二）植物配置对园林建筑所起的作用

①植物配置使园林建筑的主题和意境更加突出。依据建筑的主题、意境、特色进行植物配置，使植物配置对园林建筑主题起到突出和强调的作用（见图 7-4-4）。杭州西湖十景之一的“柳浪闻莺”，首先要求体现主题思想，柳树以一定的数量配置于主要位置，构成“柳浪”景观。

②植物配置软化建筑的硬质线条，打破建筑的生硬感觉，丰富建筑物构图。园洞门旁多种植一丛竹或一株梅花，树枝微倾向洞门，以直线条划破圆线条形成对比，竹影婆娑，映于白粉墙上，更增添了圆洞的美。建筑物的线条往往较单调、平直、呆板，植物的枝干则婀娜多姿，用柔软、曲折的线条打破建筑的平直、机械的线条，可使建筑物景色丰富多变（见图 7-4-5）。

③植物协调建筑物，使其和环境相宜。植物是融合自然空间与建筑空间最为灵活、生动的手段，在建筑空间与山水空间普遍种植花草树木，从而把整个园林景象统一在花红柳绿的植物空间中。植物独特的形态和质感，能够使建筑物突出的体量与生硬轮廓软化在绿树环绕的自然环境之中（见图 7-4-6）。

④赋予园林建筑以时间和空间的季候感。植物是最具变化的物质要素，植物的季相变化，春华秋实，盛衰荣枯，使园景呈现出生机盎然、变化丰富的景象，使园林建筑环境在春、夏、秋、冬产生变化，利用植物的季相变化特点，适当配置于建筑周围，使固定不变的建筑具有生动活泼、变化多样的季候感（见图 7-4-7）。

⑤使园林建筑环境具有意境和生命力。植物配植充满诗情画意的意境，在景点命题上体现植物与建筑的巧妙结合，在不同区域栽种不同的植物或以突出某种植物为主，形成区域景观的特征（见图 7-4-8）。

⑥丰富园林建筑空间层次，增加景深。由植物的干、枝、叶交织而成的网络稠密到一定程度，便可形成一种界面，可起到限定空间的作用。植物形成的这种稀疏屏障与建筑的屏障相互配合，必然能形成有围又有透的空间（见图 7-4-9）。透过园林植物所形成的枝叶扶疏的网络去看某一景物时，实际距离不变，但感觉上更加深远。

图 7-4-4　图 7-4-5　图 7-4-6

图 7-4-7　图 7-4-8　图 7-4-9

（三）不同景观小品的植物配置

1. 入口和大门的植物配置

入口和大门通常设置一些功能设施，如售票处、小卖部、等候亭廊、值班室等。常见的入门和大门的形式有门亭、牌坊、园门和隐壁等。入口和大门的形式多样，其植物配置应随不同性质、形式的入口和大门而异，要求和入口、大门的功能氛围相协调（见图 7-4-10）。植物配置起着软化入口和大门的几何线条、增加景深、扩大视野、延伸空间的作用。

2. 亭的植物配置

园林中亭的类型多样，植物配置应和其造型和功效协调统一。从亭的结构、造型、主题上考虑，植物选择应和其一致，如亭的攒尖较尖、挺拔、俊秀，应选择圆锥形、圆柱形植物，如枫香、毛竹、圆柏、侧柏等竖线条树种。从亭的主题上考虑，应选择能充分体现其主题的植物。从功效上考虑，碑亭、路亭中游人多且较集中，植物配置除考虑其艺术造型外，还要考虑遮阴和艺术构图的问题（见图 7-4-11）。

3. 茶室周围植物配置

应选择色彩较浓艳的花灌木，如南方茶室前多植桂花，到了九月桂花飘香，香气宜人（见图 7-4-12）。

4. 水榭前植物配置

多选择水生、耐水湿植物，水生植物如荷、睡莲，耐水湿植物如水杉、池杉、水松、旱柳、垂柳、白蜡、柽柳、丝棉木、花叶芦竹等（见图 7-4-13）。

5. 服务性建筑的植物配置

厕所等观赏价值不大的建筑，不宜选择香花植物，选择竹、珊瑚树、藤木等较合适，且观赏价值不大的服务性建筑应具有一定的指示物，如厕所的通气窗、路边的指示牌等（见图 7-4-14）。

6. 座椅边的植物配置

座椅是园林中分布最广、数量最多的小品，其主要功能是供游人休息、赏景。座椅边的植物配置应做到夏可遮阴而冬不蔽日，所以座椅应设在落叶大乔木下。另外，设置座椅时可以考虑多种与植物景观的有机搭配形式，使座椅与环境更加自然地融合在一起（见图 7-4-15）。

图 7-4-10 图 7-4-11 图 7-4-12 图 7-4-13 图 7-4-14 图 7-4-15

7. 雕塑与植物配置

一件雕塑品原本是独立的，其自身具有完整的审美法则，但当它被摆放在城市绿地之中的时候，就由一个独立个体成为总体的一部分。同时，在一定程度上打破了原先的法则，从而产生出新的效果（见图 7-4-16 至图 7-4-20）。在园林中占主导地位的雕塑往往具有重大的主题思想和深远的教育意义，毫无疑问成为景观主角，其他园林要素都为它服务。雕塑也是造景的手段之一，与其他要素如绿化、建筑、地坪形成对景、障景、框景等。

8. 特色铺装与植物配置

特色铺装对于园林景观具有特别的意义，它不仅能够满足基本的活动功能要求，而且能够与建筑形式相呼应，创造出独具特色的空间并赋予其特殊的含义，从而使整体景观和谐。植物配置的目的就是利用植物的各种特性，强化特色铺装的空间特征及所含寓意。例如，用冰裂纹铺地象征冬天到来；在铺装周围的绿地区种植冬季季相特征的植物能呼应小品的象征意义；利用冬季开花的蜡梅、挂红果的南天竹、长青的松柏类或竹类植物配合冰裂铺地，也可以起到彼此呼应、相互融合的作用，体现出园林所要表现的主题（见图 7-4-21、图 7-4-22）。

图 7-4-16 图 7-4-17 图 7-4-18 图 7-4-19 图 7-4-20 图 7-4-21 图 7-4-22

9. 展示小品的植物配置

布告栏、导游图、指路标牌、说明牌等分布于城市及绿地的每一个角落，在城市及园林景观中起到了非常重要的作用。植物配置首先不能遮挡小品上的文字，其次使小品融入整个环境。例如指示小品旁种植几棵特别的树，可以起到良好的指示、导游作用，植物的配置也能够更好地突出小品的视觉效果（见图 7-4-23、图 7-4-24）。

10. 照明小品的植物配置

在园林中，以照明功能为主的灯饰是不可或缺的基础设施，但由于其分布较广且数量较多，在位置选择上如果不考虑与其他园林要素相结合，将会影响整体的园林效果。利用植物配置和灯饰的结合设计可以解决这个问题，如将草坪灯、园林灯、庭院灯、射灯等设计在低矮的灌木丛中、高大的乔木下或者植物群落的边缘位置，既起到隐蔽的作用，又不影响灯光的夜间照明（见图 7-4-25、图 7-4-26）。

11. 景墙的植物配置

景墙、栏杆、道牙起分割和装饰的作用，在进行植物配置时常利用爬藤类植物、低矮地被植物自然攀缘，这样不仅柔化、覆盖、遮挡了景观小品硬质的棱角线条，还美化了环境，为游人增添了亲近自然之趣。在道路台阶边缘，可种植蔓长春花、扶芳藤等地被植物；在栏杆、景墙、围墙边上，可种金银花、常春藤、油麻藤等垂挂类的爬藤植物（见图 7-4-27、图 7-4-28）。

图 7-4-23 图 7-4-24 图 7-4-25 图 7-4-26 图 7-4-27 图 7-4-28

二、植物景观与水体

（一）水与植物结合营造景观的意义

众所周知，水是构成景观的重要因素。因此，在各种风格的景观中，水体具有其不可替代的作用。水体有助空气流通，也可起到无限延伸视线的作用，在感觉上扩大了空间。

景观中的各类水体在园林中无论是主景、配景还是小景，无不借助植物来丰富水体的景观，水中、水旁园林植物的姿态、色彩、所形成的倒影，均加强了水体的美感；植物的树形、枝条可以丰富线条构图；植物的枝干可以形成框景。

（二）水景植物的运用

水景植物根据生理特性和观赏习性分为水边植物、驳岸植物、水面植物三大类型。

1. 水边植物

水边植物的作用主要在于丰富水面层次、增加岸边景观视线。平直的水面通过配置具有各种树形及线条的植物，可丰富线条构图。如水边植以垂柳，形成柔条拂水、湖上新春的景色；在水边种植落羽松、池杉、水杉及具有下垂气根的小叶榕均能起到线条构图的作用；另外，探向水面的枝条，或平伸、或斜展、或拱曲，在水面上都可形成优美的线条。水边植物配置切忌等距种植及整形式修剪，应留出透景线，可利用树干、树冠框出对岸景点。一些姿态优美的树种，其倾向水面的枝、干可被用作框架，以远处的景色为画，构成一幅自然的画面。水边绿化树种首先要具备一定耐水湿的能力，另外还要符合设计意图中美化的要求。我国从南到北常应用的树种有：水松、蒲桃、小叶榕、高山榕、水翁、水石梓、紫花羊蹄甲、木麻黄、椰子、蒲葵、落羽松、池杉、水杉、大叶柳、垂柳、旱柳、水冬瓜、乌桕、苦楝、悬铃木、枫香、枫杨、三角枫、重阳木、柿、榔榆、桑、拓、梨属、白蜡属、杞柳、海棠、香樟、棕榈、无患子、蔷薇、紫藤、南迎春、连翘、夹竹桃、桧柏、丝棉木等（见图 7-4-29）。

2. 驳岸植物

驳岸植物可以通过柔长纤细的枝条来柔化混凝土、岩石等的生硬线条。岸边可以栽植花灌木、地被、宿根花卉及水生花卉如鸢尾、菖蒲等，也可以用锦熟黄杨、雀舌黄杨、小叶女贞、金叶女贞组成图案或造型的绿篱景观，同样可以利用藤本植物如地锦、凌霄进行驳岸绿化（见图 7-4-30）。岸边植物配置很重要，既能使山和水融成一体，又对水面空间的景观起着主导的作用。驳岸有土岸、石岸、混凝土岸等。

（1）土岸

岸边的植物配置最忌等距布置，应结合地形，有近有远，有疏有密，有断有续，曲曲折折，自然有趣。为获得倒影效果，可在岸边植以大量花灌木、树丛及姿态优美的孤立树，尤其是变色叶树种，一年四季皆有色彩。土岸常少许高出最高水面，站在岸边伸手可及水面，便于游人亲水、戏水。

（2）石岸

规则式的石岸线条生硬、枯燥。柔软多变的植物枝条可补其短。自然式的石岸线条丰富，优美的植物线条及色彩可增添景色与趣味。苏州拙政园规则式的石岸边种植垂柳和南迎春，细长柔软的柳枝下垂至水面，圆拱形的南迎春枝条沿着笔直的石岸壁下垂至水面，遮挡了石岸。一些大水面规则式石岸很难被全部遮挡，只能用些花灌木和藤本植物，诸如夹竹桃、南迎春、地锦、薜荔等来局部遮挡，稍加改善，即可添加些活泼的气息。

3. 水面植物

水面植物可分为挺水植物、浮水植物、沉水植物等，主要包括荷花、睡莲、萍蓬、鸢尾、芦苇、水藻、千屈菜、金鱼藻、狸藻、狐尾藻、欧菱、水马齿、水藓等。水面植物的栽植不宜过密，要与水面功能分区结合，留出充足的水面来展现倒影（见图 7-4-31）。水面景观低于人的视线，与水边景观呼应，加上水中倒影，最宜游人观赏。水中植物常配以荷花来体现“接天莲叶无穷碧，映日荷花别样红”的意境。岸边若有亭、台、楼、阁、榭、塔等园林建筑，或种有形态优美、色彩艳丽的观花、观叶树种，则水中的植物配置切忌拥塞，水面必须留出足够空旷的空间来展示倒影。对待一些污染严重，具有臭味的水面，则宜配置抗污染能力强的凤眼莲、水浮莲以及浮萍等，布满水面，隔臭防污，使水面犹如一片绿毯或花地。

图 7-4-29　图 7-4-30　图 7-4-31

三、植物景观与地形

（一）园林绿地微地形处理原则

1. 充分利用自然地形、地貌

自然是最好的景观，结合经典的自然地形、地势、地貌，能够体现乡土风貌和地表特征，切实做到顺应自然、返璞归真、就地取材、追求天趣（见图 7-4-32）。

2. 因地形而异造景

地形的高低、大小、比例、尺度、外观形态等方面，创造出丰富的地表特征，为景观变化提供了依托的基质。在较大的场景中，可以配置宽阔平坦的绿地、大型草坪或疏林草地，以展现宏伟、壮观的场景；而在较小范围内，则可以水平和垂直二维空间来打破整齐划一的感觉。适当的微地形处理能够创造出更多的层次和空间，形成精巧的景观。

3. 融建筑、植物于自然景色与地形之中

地形景观必须与建筑景观相协调，应消除建筑与环境的界限、协调建筑与周边环境的关系，使建筑、地形与绿化景观融为一体，体现返璞归真、崇尚自然、想玩自然的心理需求。对于很多建筑景观来说，必须以适当的地形处理与之协调，以淡化人工建筑与环境的界限。但仅靠地形处理有时难以达到理想的效果，因此必须借助用植物配置使建筑、地形与绿化景观融为一体，协调建筑与周边环境的关系（见图 7-4-33）。

（二）地形与植物的配置艺术

地形的高低、大小、比例、尺度等外观形态方面的变化，创造出丰富的地表特征，为景观变化提供了依托的基质。园林地形的起伏，增加了空间变化，容易使人产生新奇感。在较大的场景中，则可以利用水平、垂直两方面来营造变化的层次感，即通过适当的微地形处理来营造出更多的层次和空间，达到小中见大、适当造景的效果。

植物与地形配置的目的，就是为了加强地形的作用或是根据营造地形的目的配置相应的园林植物。利用植物材料可以强调地形的起伏，在地势较高处种植高大乔木，能够使地势显得更加高耸；植于低凹处则可以使地势趋于平缓。在园林景观营造中，可以结合人工地形的改造巧妙地配置植物材料，形成陡峭或平缓的园林地形，能对景观层次的塑造起到事半功倍的效果。对于相同的地形来说，如果进行不同类型的植物配置，还可以创造出完全不同的景观效果。

植物配置要结合地形，充分体现出自然风貌。大自然是最美的景观，应结合景点的自然地貌进行地形处理。在地形起伏的自然草坪上，自由种植一片单一、高大的树种，可以增强树丛的气氛，创造大自然的意境。宜选择高耸干直的大乔木，一般只用一两个树种自由散植。要尽量借助周围的自然地形如山坡、溪流等，营造出山林草地的意境（见图 7-4-34）。

图 7-4-32 图 7-4-33 图 7-4-34

四、植物景观与石景

（一）景石

园林中的山石因其具有形式美、意境美和神韵美而富有极高的审美价值，被认为是“立体的画”“无声的诗”。在传统的造园艺术中，堆山叠石占有十分重要的地位。在中国古典园林中，无论是北方富丽的皇家园林，还是南方秀丽的江南私家园林，均有叠石为山的秀美景点。而在现代园林中，简洁练达的设计风格赋予了山石以朴实归真的原始生态面貌和功能。

景石在景观中得到广泛应用，常以山石本身的形体、质地、色彩及意境作为欣赏对象。可孤赏，也可做成假山园，更有做成岸石或蹲配，或结合地形半露半埋来造景等。

（二）园林植物与山石配置类型

1. 植物为主、山石为辅

以山石为配景的植物配置可以充分展示自然植物群落形成的景观，设计主要以植物配置为主，石头和叠山都是自然要素中的一种类型。利用宿根花卉、一二年生花卉等多种花卉植物，栽植在树丛、绿篱、栏杆、绿地边缘、道路两旁、转角处以及建筑物前，以带状自然式混合栽种可形成花境，这样的仿自然植物群落再配以石头的镶嵌使景观更为协调稳定、亲切自然、更富有历史感（见图 7-4-35）。

2. 山石为主、植物为辅

在古典园林中，经常可以在庭院的入口、中心等视线集中的地方看到特置的大块独立山石；在现代的绿地和公园内，山石也经常置于居住社区的入口、公园某个主景区、草坪的一角、轴线的焦点等，形成醒目的点景。山石的周边常缀以植物，或作为背景烘托，或作为前置衬托，形成了一处层次分明、静中有动的园林景观。山石为主、植物为辅的配置方式因其突出主体，常用来划分空间，丰富层次。以表现石的形态、质地为主的景观不宜过多配置植物，石旁可配置一两株小乔木，或栽植多种低矮的灌木及草本植物如沿阶草、石菖蒲、蝴蝶花、马蔺、红花酢浆草等。在局部需要遮掩时，可以搭配种植金银花、地锦、薜荔、何首乌等藤本植物。半埋于地面的石块旁则常常种植书带草或低矮花卉。在溪涧旁的石块常种植各类水草（见图 7-4-36）。

（三）植物、山石的配置

这种植物与山石相得益彰的配置方式主要出现在岸边植物配置、岩石园植物配置、园林植物与群石配置形式等。模仿自然，傍山叠石，石中有花，花中有石，情趣盎然。在园林中，当植物与山石组织创造景观时，不管要表现的景观主体是山石还是植物，都需要根据山石本身的特征和周边的具体环境，精心选择植物的种类、形态、高低、大小以及搭配形式，使山石和植物组织达到最自然、最美的景观效果。柔美丰盛的植物可以衬托山石之硬朗和气势；而山石之辅助点缀又可以让植物更有神韵，植物与山石相得益彰更能营造出丰富多彩、充满灵韵的景观（见图 7-4-37）。

图7-4-35 图7-4-36 图7-4-37

五、立体绿化

（一）屋顶绿化

屋顶绿化可以广泛地理解为在各类古今建筑物、构筑物、城围、桥梁（立交桥）等的屋顶、露台、天台、阳台或大型人工假山山体上进行造园并种植树木花卉的统称。屋顶绿化对增加城市绿地面积、改善日趋恶化的人类生存环境空间、改善城市高楼大厦林立、改善众多自然土地和植物被道路的硬质铺装所取代的现状、减少因过度砍伐自然森林及各种废气污染而形成的城市热岛效应和沙尘暴等对人类的危害、开拓人类绿化空间、建造田园城市、改善人民的居住条件、提高生活质量、美化城市环境、改善生态效应有着极其重要的意义。

1. 屋顶绿化的特点

屋顶绿化除应用造园艺术外，还涉及建筑结构承重、屋顶防水及排水构造、植物生态特性、种植技巧等多项有别于陆地造园的技术难题。其成功的关键在于减轻屋顶荷载、改良种植土壤、植物选择与植物设计等问题。屋顶花园一般不设置大规模的自然山水、石材、廊架等，地形以平地为主，多用喷泉来丰富水景。屋顶花园的设计及建造应以植物造景为主，把生态功能放在首位（见图 7-4-38）。

图7-4-38

图7-4-39

图7-4-40

2. 屋顶绿化的植物选择

屋顶花园往往处于较高位置，风力比较大，另外还存在土壤薄、光照时间长、昼夜温差大、湿度小及土壤含水量少等特点，因此在植物选择上需要遵守以下的原则。①选择耐旱性、耐瘠薄性强的矮灌木和草本植物。由于屋顶花园夏季气温高、风大、土层保湿度差，特别是一年中温差很大，因此应选择耐旱性、抗寒耐热性强的植物。同时考虑到屋顶的特殊地理环境和承重要求，应注意选择矮小的灌木和草本植物，以利于植物运输、栽种和管理。②选择阳性、耐瘠薄的浅根性植物。屋顶的光强度大，所以应尽量选择阳性植物，但是某些特定的小环境中，如花架下或靠墙处，日照时间短，可选择半阳性的植物。屋顶种植的土层较薄，植物根部生长受到限制，因此应选择浅根且生长满的植物。③选择抗风、不易倒伏、耐短时间旱涝的植物。一般越高的地方风就越强，加上屋顶土薄、瘠薄，所以要选此类植物。④选择生长旺盛、易管理的植物。⑤选用乡土树种，适当增加精品。

（二）垂直绿化

垂直绿化是为了充分利用空间，在墙壁、阳台、窗台、屋顶、棚架等处栽种攀缘植物，以增加绿化覆盖率，改善居住环境。垂直绿化在克服城市家庭绿化面积不足、改善不良环境等方面有独特的作用。垂直绿化主要包括墙面绿化、围栏绿化、阳台绿化、立交桥桥体、桥柱绿化等形式。垂直绿化，可减少阳光直射，降低温度。据测定，有紫藤棚遮阴的地方，光照强度仅有阳光直射地方的几十分之一。浓密的紫藤枝叶像一层厚厚的绒毯，降低了太阳辐射强度，同时也降低了温度。城市墙面、路面的反射甚为强烈，进行墙面的垂直绿化，墙面温度可降低 2 ～ 7 摄氏度，特别是朝西的墙面绿化覆盖后降温效果更为显著。同时，墙面、棚面绿化覆盖后，空气湿度还可提高 10% ～ 20%，这在炎热夏季大大有利于人们消除疲劳、增加舒适感（见图 7-4-39）。

垂直绿化的立地条件都比较差，所以选用的植物材料一般要求具有浅根性、耐贫瘠、耐干旱、耐水湿、对阳光有高度适应性等特点。例如，属于攀缘蔓生植物的有爬墙虎、牵牛、常春藤、葡萄、茑萝、雷公藤、紫藤、爬地柏等；属于阳性的植物有太阳花、五色草、鸢尾、景天、草莓等；阴性植物有虎耳草、三叶草、留兰香、玉簪、万年青等。

垂直绿化的设计，要因地而异。如常在大门口处搭设棚架，再种植攀缘植物；

或以绿篱、花篱或篱架上攀附各种植物来代替围墙。阳台和窗台可以摆花或栽植攀缘植物来绿化遮阴，墙面可用攀缘蔓生植物来覆盖，地面可铺设草皮（见图 7-4-40）。

总之，居住社区的植物配置，既要考虑植物生态营造、空间构成、保持水土、形成小气候等功能，更要注重植物之间、植物与其他景观要素之间的搭配，通过形态、色彩、味道等方式，形成高雅的、生活氛围浓郁的艺术感受，甚至达成精神上的感触与共鸣。优秀植物景观是技术与艺术的结合，透过植物景观无声的画面，能够获得愉悦的心情，能够获得与自然的亲密感悟（见图 7-4-41 至图 7-4-48）。

图 7-4-41 图 7-4-42 图 7-4-43 图 7-4-44 图 7-4-45 图 7-4-46 图 7-4-47 图 7-4-48

【思考题】

1. 如何将形式美的规律应用到植物景观配置中？
2. 植物造景在景观设计中的作用是什么？

第八章 居住社区景观硬质景观设计

硬质景观是相对种植绿化这类软质景观而确定的名称，泛指用质地较硬的材料组成的景观。硬质景观主要包括入口大门、雕塑小品、围墙、挡土墙、坡道、台阶及一些便民设施等。

第一节 庇护性景观构筑物

庇护性景观构筑物是居住社区中重要的交往空间，是居民户外活动的集散点，既有开放性，又有遮蔽性，主要包括亭、廊、棚架、膜结构等。庇护性景观构筑物应邻近居民主要步行活动路线布置，易于通达，并可作为一个景观点在视觉效果上加以认真推敲，确定其体量大小。

一、亭

(一) 亭的作用

亭是供人休憩、避雨、观赏、眺望的建筑，个别属于纪念性建筑和标志性建筑（见表 8-1-1、图 8-1-1 至图 8-1-5）。

表 8-1-1 亭的形式和特点

名称	特点
山亭	设置在山顶和人造假山石上，多属于标志性构筑物
靠山半亭	靠山体、假山建造，显露半个亭身，多用于中式园林
靠墙半亭	靠墙体建造，显露半个亭身，多用于中式园林
桥亭	建在桥中部或桥头，具有遮风挡雨和观赏功能
廊亭	与廊连接的亭，形成连续景观的节点
群亭	由多个亭有机组成，具有一定的体量和韵律
纪念亭	具有特定意义和誉名
凉亭	以木、竹或其他轻质材料建造，多用于盘结悬垂类蔓生植物，亦常作为外部空间通道使用

图 8-1-1 图 8-1-2 图 8-1-3 图 8-1-4 图 8-1-5

（二）亭的造型

亭的形式、尺寸、色彩等应与所在居住社区景观相适应、协调，结合具体地形，与周围的建筑、绿化、水景等结合构成园林一景。

（三）亭的尺寸

亭的高度宜为 2.4 ～ 3 米，宽度宜为 2.4 ～ 3.6 米，立柱间距宜在 3 米左右。

（四）亭的材料

竹、木、石、砖瓦等地方性传统材料均为亭的常见材料；钢筋混凝土或兼以轻钢、铝合金、玻璃钢、玻璃、充气塑料、张拉膜等新材料也得到越来越广泛的应用。木制凉亭应选用经过防腐处理的、耐久性强的木材。

（五）亭的位置

亭可设在居住社区道路的末端或旁边，在视线开阔处，在居住社区中心花园的显要处，或在水边、林内，或附设于其他的建筑物旁。

二、廊

（一）廊的分类

廊以有顶盖为主，可分为单层廊、双层廊和多层廊（见图 8-1-6 至图 8-1-9）。

（二）廊的作用

廊具有引导人流、引导视线、连接景观节点和供人休息的功能，其造型和长度也形成了富有韵律感的连续景观效果。廊与景墙、花墙相结合可增加观赏价值和文化内涵。

（三）廊的设计要点

廊的宽度和高度设定应按人的尺度比例关系加以控制，避免过宽过高，一般高度宜为 2.2 ～ 2.5 米，宽度宜为 1.8 ～ 2.5 米。居住社区内建筑与建筑之间的连廊尺度控制必须与主体建筑相适应。柱廊是以柱构成的廊式空间，是一个既有开放性，又有限定性的空间，能增加环境景观的层次感。柱廊一般无顶盖或在柱头上加设装饰构架，靠柱子的排列产生效果，柱间距较大，纵列间距以 4 ～ 6 米为宜，横列间距以 6 ～ 8 米为宜，柱廊多用于广场、居住社区主入口处。

图 8-1-6　图 8-1-7　图 8-1-8　图 8-1-9

三、棚架

棚架有分隔空间、连接景点、引导视线的作用（见图 8-1-10、图 8-1-11），由于棚架顶部由植物覆盖，因此可产生庇护作用，同时能减少太阳对人的热辐射。有遮雨功能的棚架，可局部采用玻璃和透光塑料覆盖。适用于棚架的植物多为藤本植物。

棚架形式可分为门式、悬臂式和组合式。棚架高为 2.2 ～ 2.5 米，宽为 2.5 ～ 4 米，长度为 5 ～ 10 米，立柱间距为 2.4 ～ 2.7 米。棚架下应设置供休息用的椅凳。

图 8-1-10　图 8-1-11

四、张拉膜结构

张拉膜结构由于其材料的特殊性，能塑造出轻巧多变、优雅飘逸的建筑形态。作为标志性建筑，其应用于居住社区的入口和广场上；作为遮阳庇护建筑，其应用于露天平台、水池区域；作为建筑小品，其应用于绿地中心、河湖附近及休闲场所。连体膜结构可模拟风帆海浪形成起伏的建筑轮廓线（见图 8-1-12 至图 8-1-14）。

居住社区内的膜结构设计应适应周围环境空间的要求，不宜做得过于夸张，位置选择须避开消防通道。张拉膜结构的悬索拉线埋点要隐蔽并远离人流活动区。

必须重视张拉膜结构的前景和背景设计。张拉膜结构一般为银白反光色，醒目鲜明，因此要以蓝天、较高的绿树，或颜色偏冷偏暖的建筑物为背景，形成较强烈的对比。前景要留出较开阔的场地，并设计水面，突出其倒影效果。如结合泛光照明可营造出富于想象力的夜景。

图 8-1-12 图 8-1-13 图 8-1-14

第二节 景观小品设计

一、挡土墙

挡土墙的形式根据建设用地的实际情况经过结构设计确定（见表 8-2-1、图 8-2-1、图 8-2-2）。挡土墙按结构形式分主要有重力式、半重力式、悬臂式和扶臂式，从形态上分有直墙式和坡面式。

挡土墙的外观质感由用材确定，直接影响到挡土墙的景观效果。毛石和条石砌筑的挡土墙要注重砌缝的交错排列方式和宽度；预制混凝土砌块挡土墙应设计出图案效果；嵌草皮的坡面上需铺上一定厚度的种植土，并加入改善土壤保温性的材料，利于草根系的生长。

挡土墙必须设置排水孔，一般为 3 平方米设一个直径为 75 毫米的排水孔，墙内宜敷设渗水管，防止墙体内存水。钢筋混凝土挡土墙必须设伸缩缝，配筋墙体每 30 米设一道，无筋墙体每 10 米设一道。

表 8-2-1 常见挡土墙技术要求及适用场地

挡土墙类型	技术要求及适用场地
干砌石墙	墙高不超过 3 米，墙体顶部宽度宜为 450 ～ 600 毫米，适用于可就地取材处
预制砌块墙	墙高不应超过 6 米，这种模块形式还适用于弧形或曲形走向的挡土墙
土方锚固式挡土墙	用金属片或聚合物片将松散回填土方锚固在连锁的预制混凝土面板上，适用于挡土墙面积较大时或需要进行填方处
仓式挡土墙 / 格间挡土墙	由钢筋混凝土连锁砌块和粒状填方构成，模块面层可有多种选择，如名画面层、骨料外露面层、锤凿混凝土面层和条纹面层等。这种挡土墙适用于使用特定挖举设备的大型项目以及空间有限的填方边缘
混凝土垛式挡土墙	用混凝土砌块垛砌成挡土墙，然后立即进行土方回填，垛式支架与填方部分的高差不应大于 900 毫米，以保证挡土墙的稳固
木制垛式挡土墙	用于需要表现木制材料的景观设计，这种挡土墙不宜用于潮湿或寒冷地区，适宜用于乡村、干热地区
绿色挡土墙	结合挡土墙种植草坪植被，砌体倾斜度宜在 25° ～ 70°，尤适用于雨量充足的气候带和有喷灌设备的场地

图 8-2-1

图 8-2-2

二、种植容器

(一) 花盆

花盆是景观设计中传统种植器的形式之一。花盆具有可移动性和可组合性，能巧妙地点缀环境，烘托气氛。花盆的尺寸应适合所栽种植物的生长特性，有利于根茎的发育，一般可按以下标准选择：花草类盆深 20 厘米以上，灌木类盆深 40 厘米以上，中木类盆深 45 厘米以上（见图 8-2-3 至图 8-2-5）。花盆用材，应具备一定的吸水保温能力，不易引起盆内过热和干燥。花盆可独立摆放，也可成套摆放，采用模数化设计能够使单体组合成整体，形成大花坛。花盆用栽培土，应具有保湿性、渗水性和蓄肥性，其上部可铺撒树皮屑作为覆盖层，起到保湿装饰作用。

图 8-2-3　图 8-2-4　图 8-2-5

（二）树池、树池箅

树池是树木移植时根球（根钵）的所需空间，一般由树高、树径、根系的大小所决定。树池深度至少深于树根球以下 250 毫米。树池篦是树木根部的保护装置，它既可保护树木根部免受践踏，又便于雨水的渗透和行人的安全（见表 8-2-2、图 8-2-6、图 8-2-7）。

树池篦应选择能渗水的石材、卵石、砾石等天然材料，也可选择具有图案拼装的人工预制材料，如铸铁、混凝土、塑料等，这些护树面层宜做成格栅装，并能承受一般的车辆荷载。

表 8-2-2 树池及树池箅选用表　　米

树高	圆形树池尺寸		正方形树池边长
	直径	深度	
3 ～ 4	0.6	0.5	0.75
4 ～ 5	0.8	0.6	1.2
6 左右	1.2	0.9	1.5
7 左右	1.5	1.0	1.8
8 ～ 10	1.8	1.2	2.0

图 8-2-6　图 8-2-7

三、坡道

坡道是交通和绿化系统中重要的设计元素之一，直接影响到使用和感观效果（见表 8-2-3、图 8-2-8）。居住社区道路最大纵坡不应大于 8%；园路不应大于 4%；自行车专用道路最大纵坡控制在 5% 以内；轮椅坡道一般为 6%，最大不超过 8.5%，并采用防滑路面；人行道纵坡不宜大于 2.5%。园路、人行道坡道宽一般为 1.2 米，但考虑到轮椅的通行，可设定为 1.5 米以上，有轮椅交错的地方其宽度应达到 1.8 米。

四、台阶

台阶在园林设计中起到不同高程之间的连接作用和引导视线的作用，可丰富空间的层次感，尤其是高差较大的台阶会形成不同的近景和远景效果。台阶的踏步高度（h）和宽度（b）是决定台阶舒适性的主要参数，两者的关系如下：$2h+b=0\pm6$ 厘米为宜，一般室外踏步高度设计为 12 ～ 16 厘米，踏步宽度为 30 ～ 35 厘米，低于 10 厘米的高差，不宜设置台阶，可以考虑做成坡道。台阶长度超过 3 米或需改变攀登方向的地方，应在中间设置休息平台，平台宽度应大于 1.2 米，台阶坡度一般控制在 1/7 ～ 1/4 范围内，踏面应做防滑处理，并保持 1% 的排水坡度。为了方便人们在晚间行走，台阶附近应设照明装置，人员集中的场所可在台阶踏步上安装地灯。过水台阶和跌流台阶的阶高可依据水流效果确定，同时也要考虑儿童进入时的防滑处理（见图 8-2-9、图 8-2-10）。

表 8-2-3 坡度的感官效果与适用场所

坡度	感官效果	适用场所	选择材料
1%	平坡，行走方便，排水困难	渗水路面、局部活动场	地砖、料石
2% ～ 3%	微坡，较平坦	室外场地、车道、草皮路、绿化种植区、园路	混凝土、沥青、水刷石
4% ～ 10%	缓坡，导向性强	草坪广场、自行车道	种植砖、砌砖
10% ～ 25%	陡坡，坡形明显	坡面草坪	种植砖、砌砖

图 8-2-8　图 8-2-9　图 8-1-10

第三节 景观公共艺术品设计

公共艺术的作用在于提升或创造公共空间的文化品位与精神功能，提升公共环境的美感。公共艺术应当提升或引导大众的审美，通俗化并不等于庸俗化，公共艺术不是哗众取宠的妥协，不以简单迎合一般意义上的“大众口味”为目标，它除了担负着传承与传播主流社会审美情趣之外，还要具有某种前卫的、能够引领新型文化意识的功能。

一、基本概念

公共艺术一词源于英文“Public Art”，又称公众的艺术或社会艺术。从总体上讲，公共艺术与纯绘画、架上雕塑等个人化的艺术形式不同，通常指由国家或大型赞助机构出资，由艺术家创作，设立于公共场所，供公众自由介入、参与和观赏的艺术。

狭义的公共艺术，较为集中地指造型艺术中的城市雕塑、景观艺术等形式。广义上的公共艺术，则指以大众需求为前提的一切艺术创作活动，凡是能够有效地运用艺术手段，表达公共艺术题材的艺术形式，都可以称为公共艺术的形式。

二、公共艺术特性

公共艺术涵盖的范围很广，包括美术、建筑、音乐、雕塑、环境艺术等范畴，它们都与公共空间发生关系，与社会形成互动。公共艺术的功能具备六个特性：公共性、感知性、环境性、整体性、装饰性、复合性。

1. 公共性

公共艺术必然是要具有“公共性”的，对于公共艺术而言，其服务对象不是设计师个人或少数人，而是社会大众。公共艺术应关注在时代社会民族环境中形成的共同美感以及客观存在的普遍艺术标准，将真正的美转化为使大众积极向上的精神力量（见图 8-3-1）。

在规划时应尽可能地利用现有的自然环境创造人工公共艺术景观，合理分配公共配套公共艺术品的指标以及分布，处理好不同开放级别的空间的关系，加强开放空间的共享程度，让人们分享这些优美环境。

2. 感知性

感知性是指公共艺术功能特性能因其外在因素为受众所感知，人们通过公共艺术的形状、色彩、质感、体量、特征等信息来理解和参与，所以我们应该让使用者一看就明白它的功能及含义（见图 8-3-2）。

3. 环境性

环境性是指公共艺术通过其形态、数量、空间布置方式等对环境予以补充和强化的功能特性。作为信息的载体，公共艺术在人与环境的交流中无疑起着重要的媒介作用（见图 8-3-3）。

图 8-3-1 图 8-3-2 图 8-3-3

4. 整体性

公共艺术由各组成构件、材料、色彩及周围的绿化、场地空间等多种要素整合而成，一个完整的设计，不仅要充分体现各种物质的性质，还应形成统一而完美的整体效果。没有对整体性效果的控制与把握，再美的形体或形式都只能是一些支离破碎或自相矛盾的局部（见图 8-3-4）。

5. 装饰性

装饰性是指公共艺术以其形态对环境起到烘托和美化的功能特性。它可以是单纯的艺术处理，也可以是与环境特点的呼应和对环境氛围的渲染（见图 8-3-5）。

6. 复合性

公共艺术可以把多种功能集于一身。如花坛既是景观小品，具有装饰功能，也可以结合休息座凳，具有休息功能（见图 8-3-6）。

三、公共艺术设计要点

公共艺术是兼具现代艺术、城市家具、场所标志和装饰艺术等多种功能的综合性艺术，从某种角度来讲，公共艺术是城市尺度的装饰品；公共艺术突破了传统美术的创作方法；公共艺术可以说是语言、手法和材料最综合的艺术种类之一。而且公共艺术家不仅需要像其他艺术家一样掌握艺术规律，还需要考虑艺术品本身，要让作品与场所、区域环境相协调，以功能、造型、色彩和技术等为载体，以文化为导向，适应时尚潮流，创造出崭新的、体现地域形象的作品。

（一）功能

功能包括使用功能和精神功能。在物质使用功能方面，公共艺术要符合人体工程学的需求，安全、易操作、易识别、易清洁；在精神功能方面，公共艺术以艺术作品为媒介激发使用者愉悦的情绪，营造独特的场所感，强化公共场所的社会归属感，体现文化特色，通过公共艺术令公共空间更符合民众的需求；公共艺术是社会联系的纽带，可以反映人们共同思考的问题、共同的诉求。不同的文化也可以借助公共艺术的碰撞实现互相沟通；公共艺术有助于提升公民文明素质，减少破坏公物等不文明行为。公共艺术不仅要满足使用者的物质使用功能，还要依据地域环境、人文环境重视其精神功能的设计，给人带来流畅、自然、舒适、协调的感受与各种精神需求的满足（见图 8-3-7）。

图 8-3-4　图 8-3-5　图 8-3-6　图 8-3-7

（二）造型

造型是将设计思想乃至文化实体化的重要手段之一，在某种意义上具有图形符号特征，是公共艺术最基本的艺术要素。由于公共艺术是美的集中体现，是美的结晶，其造型设计同样应符合对称与均衡，对比与统一，比例与尺度，节奏与韵律等美学规律和形式法则，甚至很多公共艺术设计作品都运用如夸张、变形等造型艺术处理方式，使客观形象具有鲜明、典型、醒目的视觉效果。公共艺术的造型设计还应符合城市特有的空间环境，从人文特征和历史遗迹中挖掘灵感，结合特有的地域符号传承文化，适应现代人对公共艺术的需求（见图 8-3-8）。

图 8-3-8

（三）色彩

色彩是公共艺术设计中最具表现力的传达元素，优秀的色彩搭配能使环境更具有美感，满足公众的审美需求。色彩能使人产生联想，影响人的认知和情绪，许多欧洲城市都以色彩展示其城市的性格，如法国巴黎喜爱红色、蓝色；意大利罗马喜爱绿色、灰色，禁忌紫色。传统文化赋予了色彩特定的象征意义。城市公共艺术色彩设计首先要对城市的地理环境、人文化环境等元素进行调研，分析城市色彩，确立色彩系统，然后根据其所在空间环境，以及周边非长期固定物与流动物的色彩来确定公共艺术品的基本色调（见图 8-3-9）。

（四）科学技术

公共艺术是随着时代发展而不断发展的，当下，科学技术已经成为人类社会生活的一种决定性的力量，成为公共艺术得以实现的重要保障。科学技术的飞速发展为城市公共艺术设计提供了较以往丰富得多的技术手段、新型材料和设计元素，设计师们可以应用光影、声音、质感等大量高科技的手段，创造出新颖、别致的公共艺术作品，达到传统创作手法无法比拟的效果。公共艺术的目的不是炫耀高科技手段，而是展示给世界一种新的可能，是融艺术和科学技术于一体的人工艺术，公共设计的技术性就在于用合理的技术手段将其艺术性更完美地表现出来，应避免过于追求科技感，而忽视公共艺术美学、场所精神、地方环境、文脉的显现与升华（见图 8-3-10）。

（五）材料

各种材料都有其自身的材料感觉特性，材料感觉特性又称材料质感，是人的感觉系统因生理刺激对材料做出的反应，或是人们通过感知觉系统感知由材料所反映的信息而得出的综合印象。材料因质感不同各具特性，即材料表面的粗糙或细腻、冰冷或温暖、华丽或朴素、粗俗或典雅等基本感觉特征。不同材料给人的感觉不同，木材自然、古朴，砖石粗糙、坚硬，金属冰冷、理性，玻璃明亮、时尚。材料的不同，其适用的结构、工艺也不同，新的材料会产生新的设计和新的造型形式，从而给人们带来新的感受。公共艺术设计，应根据所处环境、使用功能、不同的部位及所要表达的情感内涵等因素，综合考虑来选择材料，并配套不同的结构与工艺（见图 8-3-11）。

（六）生态

生态设计是 20 世纪 80 年代末出现的一股国际设计潮流，它反映了人们对于现代科技文化所引起的环境及生态破坏的反思。它的核心，宣扬的是“3R”思想：即 Reduce、Recycle、Reuse，它不仅要求减少物质和能源的消耗，减少有害物质的排放，而且要使公共艺术品及零部件能够方便地分类回收并再生循环或重新利用。公共艺术生态设计的对象也不再是唯一的“人”，而是人与自然的“和谐”关系，不仅关注人本身，而且更关注无限广阔、永恒的自然。实现资源可持续利用，也使我们有一个更健康、更高质的生活和未来，例如在水景方面的处理，更加生态与科学，一些工业废弃地改造通过雨水利用与回收，解决大部分的景观用水。园中的地表水汇集到高架桥底被收集后，通过一系列净化处理后得到循环利用，不仅形成了落水景观，同时也实现了水资源的充分利用（见图 8-3-12）。

（七）地域文化

地域文化是一种具有浓郁地方色彩并带有历史传承性、体现地方人文和自然特色的文化，地域文化与现代公共艺术设计是相辅相成的。首先，地域文化是现代景观设计的前提，在进行公共艺术设计时，由于地域民族的不同，要考虑不同地区的地理、气候、民俗风情以及本土文化等综合因素。一个城市的公共艺术不能脱离当地的地域风情、民俗习惯、气候特征，而要融入城市文化，融入市民的日常生活。其次，一个民族多年所形成的民族精神、符号、艺术等，如果得不到后人的传承，就会渐渐没落甚至消失，信息的全球化使得地域文化的比重越来越少，我们应当通过公共艺术设计来继承和传扬地域文化（见图 8-3-13）。

（八）人性化

设计的根本目的就是处理人与物之间的关系。人性化的设计越来越引发我们的关注，在我们的城市里，能见到越来越多的手拉环、盲文指引、斜坡、专用盲道、无障碍公共厕所等。“以人为本”的设计把“人”作为设计对象，不断地细化人的生理、行为和心理，从而让人感受到贴心关怀，使环境中的公共艺术与公众产生良好的互动和共鸣，达到功能性与舒适性的最佳结合，体现艺术真正的魅力，使心灵得到愉悦和自由。随着科学技术的发展，人们更加注重精神层面的需求，从追求单纯的实用上升到追求美观、舒适性的高度。设计不仅要适用，而且还要具有更多审美的、情感的、文化的、精神的含义（见图 8-3-14）。

（九）多元化

多元性是多层面的。从公共艺术设计层面来看，是指将人文、历史、风情、地域、技术等多种元素相融合的一种特征；从公共艺术形态来看包括当地风俗、异域风格、古典风格、现代风格、田园风格等，从公共艺术功能需求层面来看又分为生态功能、审美需求、休闲功能、防灾避难等。

信息革命的到来，拉近了人们的交往距离，社会对各类思潮和各种尝试也比以往更宽容，再也不会有一种设计风格主导天下的情况。现代主义仅仅是影响城市公共艺术设计风格的多种思潮之一，在各种主义与思潮多元并存的当代，公共艺术设计呈现出与其他设计类别一样前所未有的多元化与自由性特征。折中主义、历史主义、波普艺术、解构主义、极简主义、结构主义等成为设计思想的源泉。公共艺术面对着多元的公众群体，对于艺术形式、空间、材料、肌理、意义等艺术性维度的探索也愈发多元，往往是多种尝试的结合，由单纯走向多元，由单体走向组合，且这种组合呈几何式扩展的态势（见图 8-3-15）。

图 8-3-9　图 8-3-10　图 8-3-11　图 8-3-12　图 8-3-13　图 8-3-14　图 8-3-15

第四节 大门与入口设计

居住社区的大门与入口主要起到分隔社区内外、宅间以及作为社区标志的作用，一般与围墙结合，围合空间，标志不同功能空间的界限，避免过境行人与车辆的穿行，使居民身居安静、安全的环境之中，满足居民领域性需求。

一、大门与入口的分类

大门与入口依据形式、风格或材质等，有不同的分类（见表 8-4-1）。

表 8-4-1 大门与入口的分类、特点及应用

分类依据	类型	特点及应用
艺术风格	欧洲古典式	欧洲古典风格应用在大门中主要有哥特式、巴洛克式、洛可可式、新古典式等，造型优美且富丽堂皇，适合尺度较大的入口大门，应与社区整体建筑风格相一致
	中国古典式	中国古典式是近年来居住社区常见的类型，以南方民居建筑风格为主，清新典雅，具有浓郁风格特征，适合尺度较小、精致小巧的大门或社区内游园入口等
	现代式	现代式大门造型简洁明快、生动活泼。近年来，具有现代工业造型美感的大门日益受到青睐，易与现代人的生活理念和节奏合拍
	田园式	现代都市中的田园风光式居住社区成为很多居民追随的时尚。田园式大多由竹、木头和石材等自然材料制作而成，满足某些都市人追求自然、返璞归真的愿望
造型形式	门垛式、顶盖式、标志式、花架式、花架与景墙结合式	在入口的两侧对称或不对称砌筑门垛
材质	铁质	主要根据不同造型浇铸而成，强度大、工艺简单、造价低、造型多样，适合欧式风格，应用较为普遍
	铝合金	用铝合金型材或铸铝浇制，重量轻、耐腐蚀、加工容易
	不锈钢	由不锈钢型材制成，坚固、耐腐蚀性高、可塑性强，适合打造工业式大门
	竹木质	天然竹、木材重量轻、易加工，具有丰富的肌理和朴素的质感，满足人们回归自然的喜好，亦可采用人造竹、木材替代，强度低，可结合其他材料使用
	其他材质	随着科技发展，还有很多新型型材，综合以上各种材料的优点，如在钢铁材料外涂复合塑料等

二、大门与入口的设计原则

（一）开敞性

居住社区入口大门的空间形态应具有一定的开敞性，主大门前应有供人员集散用的空地广场来作为道路与建筑之间的缓冲地带；门卫应有控制人流和工作的活动空间；车辆应有停车、缓行与倒车的空间等。其面积和空间尺寸应根据使用性质和人数确定，且不得有任何障碍物影响空间的使用。

（二）统一性

入口标志性造型（如门廊、门架、门柱、门洞等）应与居住社区整体环境及建筑风格相协调，避免盲目追求豪华和气派。如一个现代风格的居住社区，配上欧式风格的大门就会显得不伦不类。然而，其中的色彩、通透感、图案、绿化与饰品等的设计尚存在很大的个性设计空间。

（三）美观性

在满足使用功能的前提下，应根据居住社区规模和周围环境特点确定入口标志性造型的体量尺度，达到新颖简单、轻巧美观的要求。同时要考虑与保安值班等用房的形体关系，构成有机的景观组合。

（四）可识别性

入口大门的造型设计（如门头、门廊、连接单元之间的连廊）除了功能要求外，还要突出装饰性和可识别性。大门的配色应与背景色相协调，且达到色彩和材质上的统一。

（五）安全性

要考虑安防、照明设备的位置和与无障碍坡道之间的相互关系。

三、入口大门尺寸的确定

（一）门洞尺寸的确定

门洞尺寸应满足人流、疏散、运输等要求，实际设计中的门洞尺寸一般都要放宽。同时，要根据不同的开启方式，留出大门开启所需要的尺寸（见表 8-4-2）。

表 8-4-2 一般门洞尺寸的最低限度参考值 毫米

通行要求	单人	双人	手推车	电瓶车	轿车	车型卡车
门洞宽	900	1500	1800	2100	2700	3000
门洞高	2100	2100	2100	2400	2400	2700

（二）大门尺度与比例的协调

首先要考虑建筑物的体量，如高层居住社区的大门尺度应大一些，低层居住社区的大门尺度就可小一些；其次要考虑建筑物外部空间的大小，如居住社区大门前场地开阔，大门尺度就可放大些。再次，大门与大门构件的比例关系也要协调（见图 8-4-1 至图 8-4-5）。

图 8-4-1 图 8-4-2 图 8-4-3

图 8-4-4 图 8-4-5

第五节 围栏及围墙设计

一、围栏及围墙的分类与特性

围栏及围墙的类型有很多，根据其高低、材料、形状、通透感和风格等可分为以下几类（见表 8-5-1）。围栏及围墙通常和大门或入口结合在一起，具有限入、防护、分界等多种功能，是空间分割的界面，同时也起到美化空间的作用（见图 8-5-1 至图 8-5-9）。

表 8-5-1 围栏及围墙的类型与特性

分类依据	类型	特性
风格	欧洲古典式	大多以自然形象为造型基础，图案、纹样精巧、优美、变化丰富
	中式	大多以中国传统装饰纹样为基础，或是粉墙黛瓦配以花窗，雅致、富有韵味
	现代式	多以几何形态或图案为基础，材料也以钢铁、混凝土等材料为主，简洁、大方
	田园式	大多选用木、竹等天然材料或仿木、竹材料，利用其肌理质感表现自然情趣
高低	高围栏、围墙	按人体功能尺寸，1.8 米以上为较难逾越的高度，此高度为高围栏、围墙，一般用于强调安全和具有隔离功能的场所
	低围栏、围墙	按人体功能尺寸，障碍物高度在 1.4 米以下时，人的视觉较为开敞舒适。此高度为低围栏、围墙，一般用于强调界限与具有装饰功能的场所

续表

分类依据	类型	特性
材料	钢铁	根据不同造型由不锈钢型材浇铸而成，强度大、工艺简单、造型多样，适合欧式风格和现代风格，应用较为普遍
	铝合金	用铝合金型材或铸铝浇制，重量轻、耐腐蚀、加工容易
	混凝土	可塑性强，不同的处理方式可形成不同的风格，也可作为其他围栏、围墙的基座。此外，预制混凝土砌块装饰效果极佳，设计创作空间大
	砖石	利用砖石特有的形状、色彩、表面肌理、质感，构筑出砌法多样化、形式风格各异的围栏、围墙
	竹、木	天然竹、木材重量轻、易加工，具有丰富的肌理和朴素的质感，满足人们回归自然的喜好，亦可采用人造竹、木材替代。强度低，可结合其他材料使用
	其他材质	随着科技发展，还有很多新型型材，综合以上各种材料的优点，如在钢铁材料外涂复合塑料等
形状	带基座的	大多用碎石混凝土砌成基座后外贴面砖或片石等，然后在上部安装通透的栏杆。这种围栏稳定性好，不易破坏，经久耐用，还可结合花坛、花槽制作，配以绿化，它是目前较为普及的形式
	不带基座的	直接安装于地面，一般用于通透性较强的场合
	墙头安全栏	在围墙上加装尖状的金属短栏，可以更有效地防止外人翻入围墙，以强化安全功能
通透感	全封闭	一般用于高围栏，强调防御功能
	半通透	由不通透的基座加上通透的围栏所组成；由不通透的墙间隔加上通透的围栏所组成；由不通透的墙上饰以通透的花式窗组成
	全通透	这种围栏以图案制成镂空皱纹样，形成通透效果，装饰性强

图 8-5-1　图 8-5-2　图 8-5-3

图 8-5-4　图 8-5-5　图 8-5-6

图 8-5-7　图 8-5-8　图 8-5-9

二、围栏及围墙的设计原则

设计围栏及围墙时首先要考虑安全防护、限定界面、美化环境的要求。其次要注意围栏、围墙与住宅建筑主体及大门的主次关系，在体量、尺度、色彩、风格上与建筑主体及大门相协调。

（一）围栏及围墙的形态

各种形态要素中，高度对限定感的影响最大，因此要着重确定围栏及围墙的合理高度（见表 8-5-2）。

表 8-5-2 围栏及围墙设计高度　　米

功能要求	高度
隔离绿化植物	0.4
限制车辆出入	0.5 ～ 0.7
标明分界区域	1.2 ～ 1.5
限制人员出入	1.8 ～ 2.0
供植物攀缘	2.0 左右
隔噪声实栏	3.0 ～ 4.5

（二）围栏及围墙的图案

在围栏及围墙的图案造型中，关键就是要将不同形式的基本纹样，根据形式美的法则有机地组织起来，使之形成具有节奏感和韵律感。

（三）围栏及围墙的风格

围栏及围墙的风格主要由其材质、形式和图案等因素共同构成，主要有欧洲古典风格、中式风格、现代风格和田园风格等，应根据居住社区的整体建筑风格而设计。

（四）围栏及围墙的装饰与绿化

在围栏及围墙上合理地点缀绿色植物与装饰小品，能起到画龙点睛的艺术效果。如在围栏及围墙下设置花坛，或在围栏及围墙下种植攀缘植物而形成绿篱，在围栏及围墙立面悬挂造型优美的种植盆，既可以美化环境，又可以调节小气候。

（五）围栏及围墙的节奏与韵律感

围栏及围墙是一种由单体造型组成水平连续条状界面的建筑景观，因此如将每组单体的尺度、造型与整体比例运用得当的话，在环境中可形成富有艺术感染力的节奏和韵律感。

在社区景观中，围栏及围墙往往作为空间的界面、区域的边界而存在。围栏的形式、材料和尺度决定了其限定感的强弱（见表 8-5-3）。因此，应当学会运用不同类型的围栏塑造多样空间。

表 8-5-3 围栏的形式、材料和尺度所决定的限定感

限定感较强		限定感较弱		限定感较强		限定感较弱	
竖向高	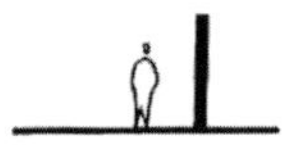	竖向低		视野窄		视野宽	
横向宽		横向窄		透光差		透光强	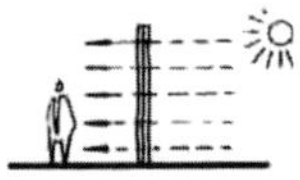
向心型		离心型		间隔密		间隔稀	
平直状		曲折状	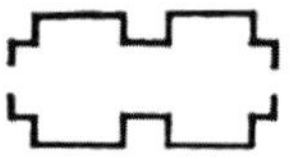	质地硬	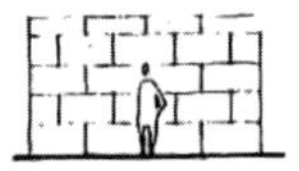	质地软	
封闭型		开敞型		明度低		明度高	
视线挡	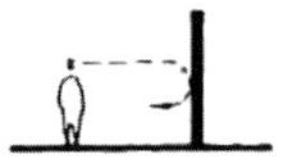	视线通	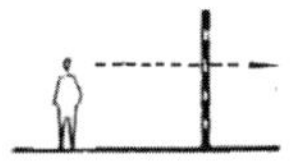	粗糙	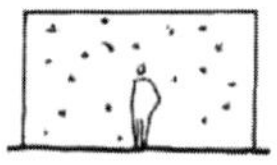	光滑	

【思考题】

1. 社区景观硬质景观都包含哪些内容？
2. 社区景观硬质景观设计如何加以创新？

第九章 居住社区景观环境设施设计

环境设施是指公共环境或街道社区中为人们活动提供条件或一定质量保障的各种公用服务设施系统，以及相应的识别系统。它是城市空间中统筹规划的、具有多项功能的综合共享设施。环境设施体量虽小，却应同时具备功能性、美观性和地域特征。环境设施不是单独存在的，其设置应与所处的大环境融合、协调，所以环境设施包含了内涵、形象、关系三个层面的内容。

第一节 照明设施设计

一、居住社区照明概述

学习居住社区照明首先应当分清楚"景观照明"和"照明景观"的概念。景观照明泛指除体育场场地、建筑工地和道路照明灯功能性照明以外，所有室外公共活动空间或景物的夜间景观的照明，亦称夜景照明。而照明景观是指由夜景照明而形成的景观，包括功能性照明以及景观照明。因此，本节既包括对建筑、水景、树木、雕塑等的景观照明，也包括道路照明。同时，照明作为景观素材，其设计既要满足夜间使用功能的要求，又要考虑白天的造景效果，必须设计或选择造型优美别致的灯具，使之成为一道亮丽的风景线。

居住社区室外景观照明的目的：①增强对物体的辨别性；②提高夜间出行的安全度；③保证居民晚间活动的正常开展；④营造环境氛围。

照明分类及适用场所如表 9-1-1 所示。

表 9-1-1 居住社区照明分类及适用场所

照明分类	适用场所		参考照度（勒克斯）	安装高度（米）	注意事项
功能照明	车行照明	居住社区主次道路	10～20	4.0～6.0	灯具应选用截光型或半截光型；避免强光直射到住户屋内，造成光污染；光线投射到路面上要均衡，避免形成光斑
		自行车库、停车场	10～30	2.5～4.0	
	人行照明	步行台阶（小径）	10～20	0.6～1.2	避免眩光，采用较低处照明；光线宜柔和
		园路、草坪	10～50	0.3～1.2	
	安全照明	交通出入口（单元门）	50～70	—	灯具应设在醒目的位置；为了方便疏散，应急灯设在侧壁
		疏散口	50～70	—	
景观照明	场地照明	运动场	100～200	4.0～6.0	采用向下照明方式，灯具的选择应有艺术性
		休闲广场	50～100	2.5～4.0	
		广场	150～300	—	
	装饰照明	建筑照明	15～200	—	住宅建筑避免使用泛光照明；水下照明应防水、防漏电，参与性较强的水池和游泳池使用 12 伏安全电压；应禁用或少用霓虹灯和广告灯箱
		水下照明	150～400	—	
		树木绿化	150～300	—	
		花坛、围墙	30～50	—	
		标志、门灯	200～300	—	
	特写照明	浮雕	100～200	—	采用侧光、投光和泛光灯多种形式；灯光色彩不宜太多；泛光不应直接射入室内
		雕塑小品	150～500	—	
		建筑立面	150～200	—	

二、居住社区道路照明

（一）居住社区道路照明指标及标准

1. 水平照度

目前，多数国家和国际组织把水平照度作为居住社区道路照明评价指标。而居住社区中行人与汽车驾驶员的视觉作业特点有很大不同，很多时候并没有固定的观察目标，因此，与其关系密切的不总是路面水平照度，而是空间照度。荷兰的费歇尔教授从现有的水平照度、半球面照度和垂直照度之间的关系综合出各国和国际组织关于社区水平照度的推荐值（见表 9-1-2）。

2. 照度均匀度

路面上最小照度与平均照度的比值称为路面照度均匀度。

同汽车相比，行人的速度要慢得多，意味着行人的眼睛有更多的时间来适应亮度变化，因此人行道对照度均匀度要求比车行道低得多。费歇尔认为，如果最大照度和最小照度之比不超过20∶1，行人就不存在视觉适应问题。

3. 眩光限制

眩光是由于视野中的亮度分布或者亮度范围的不适宜，或存在极端的对比，引起不舒适感觉或降低观察目标或细部的能力的视觉现象。

同样因为行人速度慢，有较多的时间适应视野中亮度的变化，所以眩光对步行人的影响远没有对汽车驾驶员那样重要。即便如此，仍需注意不应将无遮挡的裸露灯泡设置在眼睛的水平线上。我国的《城市道路照明设计标准》（CJJ 45—2015）对居住社区人行道路的眩光限制提出具体要求（见表9-1-3）。

表9-1-2 费歇尔关于社区水平照度的推荐值 勒克斯

照度	说明
1（最小值）	为了准确地发现障碍物所需最低
5（平均值）	易于确定方位
20（最大值）	富有吸引力的照明，能够认清人的面貌特

表9-1-3 居住社区人行道路照明标准值 勒克斯

夜间行人流量	路面平均照度 E_{av} 维持值	路面最小照度 E_{min} 维持值	最小垂直照度 E_{vmin} 维持值
流量大的道路	10	3	2
流量中的道路	7.5	1.5	1.5
流量小的道路	5	1	1

（二）居住社区道路照明规划

同一居住社区各条道路的功能、人行流量并不都是一样，对照明的要求也不尽相同。因此，设置照明必须要通盘考虑，好好规划。日本学者曾提出了居住社区照明规划的新概念，它包括：

①居住社区的任何部分均不应存在危险的暗区；

②行人使用的主要道路的“行走空间轴”必须清楚。

基于上述概念，照明规划的方法是：将行人从有许多行人和汽车交会的汽车站分散到通往他们住家的进出口道路中间要经过的道路划分成引导性道路（主要道路）、行人分散道路（次要道路）及进出口道路（园内小路）三类，并逐渐降低照明水平。这种规划方法的优点如下。

①可确保在整个居住社区所有狭小道路上均能获得防止犯罪活动所需要的最低照明水平，同时也能节省能源和经费。

②照亮路轴的形成可以确保道路功能的系统应用，如可弄清楚坏人逃跑路线和方向，还可通过照明水平的差异来引导行人。

（三）居住社区常用路灯的分类

社区常用路灯的分类包括：低位置路灯、步行和散步道路灯、停车场和干道路灯、高柱灯（见图9-1-1）。

（四）布灯方式

布灯方式见图9-1-2、表9-1-4。

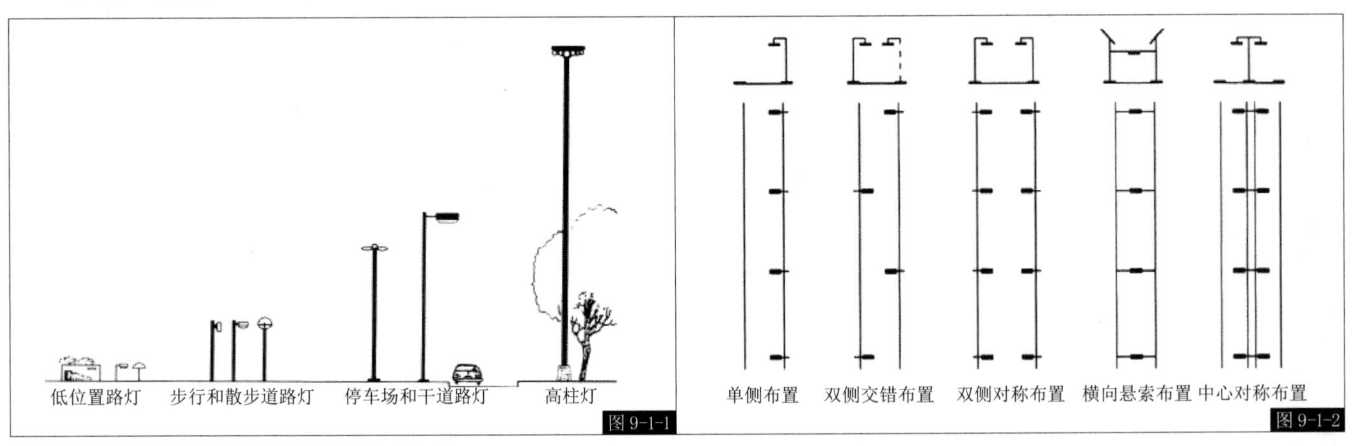

图9-1-1　图9-1-2

表9-1-4 灯具的配光类型、布灯方式与安装高度、间距的关系 米

灯具配光类型	微光型		半微光型		非微光型	
布灯方式	安装高度 H	安装间距 S	安装高度 H	安装间距 S	安装高度 H	安装间距 S
单侧布置	$H \geqslant Weff$	$S \leqslant 3H$	$H \geqslant 1.2Weff$	$S \leqslant 3.5H$	$H \geqslant 1.4Weff$	$S \leqslant 4H$
交错布置	$H \geqslant 0.7Weff$	$S \leqslant 3H$	$H \geqslant 0.8Weff$	$S \leqslant 3.5H$	$H \geqslant 0.9Weff$	$S \leqslant 4H$
对称布置	$H \geqslant 0.5Weff$	$S \leqslant 3H$	$H \geqslant 0.6Weff$	$S \leqslant 3.5H$	$H \geqslant 0.7Weff$	$S \leqslant 4H$

注：$Weff$ 为路面有效宽度（米）。

三、居住社区景观照明

（一）建（构）筑物照明原则

建（构）筑物照明原则如下（见图 9-1-3 至图 9-1-5）。

①宜根据建筑物的主要视点所能观看到的部位、建筑造型、风格、功能及结构特征，确定各部位的色度和亮度水平，应重点突出、层次分明、各部分协调舒适。

②当只存在远距离观望点时，可不必重点设计建筑物的细节照明。

③居住社区中住宅建筑不宜采用泛光照明，公共建筑可采用泛光照明、轮廓照明和内透照明三种方式。

④光色的选择应与建筑物及环境的色彩相协调。

⑤对建筑物的照明应见光不见灯，有些灯具实在无法隐蔽时，灯具的形状、大小、颜色应与建筑、环境相协调。

⑥建筑物入口不宜采用反光照明方式直接照射。

⑦应用主光突出重点部位，用辅助光照明一般部位，主光和辅助光亮度比例以 3∶1 为宜。

⑧不宜将光透入夜间有人居住或工作的室内场所。

（二）树木绿化照明原则

树木绿化照明原则如下（见图 9-1-6 至图 9-1-8）。

①要研究植物的一般几何形状（圆锥形、球形、塔形等）以及植物在空间所展示的程度。照明类型必须与各种植物的几何形状相一致。

②对单色的和耸立空中的植物，可以用强光照明，得到一种轮廓的效果。

③不应使用某些光源去改变树叶原来的颜色。但可以用某种颜色的光源去强化某些植物的外观效果。

④许多植物的颜色和外观是随着季节的变化而变化的，照明也应适合植物的这种变化。

⑤以在被照明物附近的一个点或许多点观察照明的目标，要注意消除眩光。

⑥从远处观察，成片树木的透光照明通常作为背景而设置，一般不考虑个别的目标，而只考虑其颜色和总的外形大小。从近处观察目标，并需要对目标进行直接的评价时，则应该对目标做单独的光照处理。

⑦对未成熟的及未伸展开的植物和树木，一般不施以装饰照明。

图 9-1-3　图 9-1-4　图 9-1-5

图 9-1-6　图 9-1-7

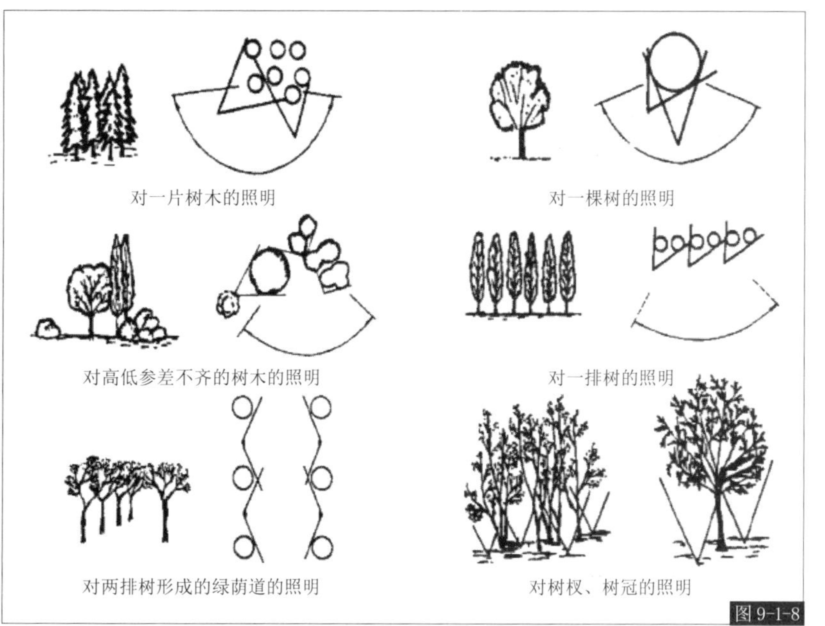

图 9-1-8

（三）雕塑照明原则

为了提高观赏效果，需要在居住社区雕塑或艺术品及其周围进行照明。这种照明主要采取投光灯照明方式。在进行照明设计时，应根据所希望的照明效果，确定所需的照度，选择照明器材，最后确定照明器材的安装位置（见图 9-1-9 至图 9-1-11）。

图 9-1-9　图 9-1-10　图 9-1-11

对高度不超过 6 米的小型或中型雕塑，其饰景照明的方法如下。

①照明点的数量与排列，取决于被照目标的类型。要求对整个被照体照明，但不要均匀，其目的是通过阴影和不同的亮度，创造一个轮廓鲜明的效果。

②根据被照明目标的位置及其周围的环境确定灯具的位置，一般方法如下。

a. 处于地面上的照明目标，孤立地位于草地或空地中央：灯具的安装尽可能与地面平齐。

b. 坐落在基座上的照明目标，孤立地位于草地或空地中央：灯具必须放在远一些的地方。

c. 坐落在基座上的照明目标，位于行人可接近的地方：将灯具固定在公共照明杆上或装在附近建筑的立面上。

d. 对于塑像，通常照明主体部分以及塑像的正面。

e. 从下往上照明时，不应使塑像脸部产生不愉快的光影效果。

f. 对于某些塑像，材料的颜色是一个重要的要素。

（四）水景装饰照明

1. 水景照明的应用

掌握水景照明的要点，首先应先了解水中照明的特性。

水对于光的透射系数比空气的透射系数要低；水对于光的波长表示出有选择的透射特性。一般来说，对于蓝色、绿色系统的光透射系数高，对于红色系统的光透射系数低；当水中漂浮着微生物或有悬浊物时，光发生散射，在视觉方面产生光帷现象；有气泡存在时也发生同样的散射现象。在空气和水中观测用不同光源照明的颜色的可见度，水中照明用光源以金属卤化物灯、白炽灯为最佳。在水下，黄色、蓝色系统容易看出，其水下的视距也较大。

2. 水景照明方式

（1）按照水景照明灯具布设的位置划分

1）水上照明

水上照明是在高出水面的构筑物上安装照明灯具的照明方式。居住社区水景照明使用最多，可使水面具有比较均匀的照度。但是水面的高反射系数往往会产生眩光，应注意防止眩光。

2）水中照明

水中照明是照明灯具设置在水中，照明水中有限范围的方式。这种照明方式的优点是灯具被设在水中需要的地方，可以集中进行照明。但由于它设置在水中，需要具有耐水性、抗蚀性和抵抗波浪等外部冲击的强度。

3）水下照明

水下照明是照明灯具设置在水下，向上照明岸边物体来衬托水体的照明方式。同样因为照明灯具在水下，需要具有耐水性、抗蚀性和抵抗波浪等外部冲击的强度。

图 9-1-12

（2）按照被照水景的表现形式划分

1）对静水或流水的投光照明方法

所有静水或慢速流动的水，比如水槽内的水、池塘、湖，或缓慢流动的河水，其镜面效果是令人十分感兴趣的。所以只要照射水岸边的景象，必将在水面上反射出令人神往的景观，分外具有吸引力。

对岸上引人注目的物体或者伸出水面的物体（如斜倚着的树木等），都可用浸在水下的投光灯具来照明。对由于风等原因而使水面汹涌翻滚的，可以通过岸上的投光灯具直接照射（见图 9-1-12、图 9-1-13）。

图 9-1-13

2）对落水的投光照明方法

对于水流和落水，灯具应装在水流下落处的底部。输出的光通量应取决于落水的落差和与流量成正比的下落水层的厚度，还取决于流出口的形状所造成水流的散开程度。

对于流速比较缓慢、落差比较小的阶梯式水流，每一阶梯底部必须装有照明，必须牢固地将灯具固定在水槽的墙壁上或加重灯具。具有变色程序的动感照明，可以产生一种固定的水流效果，也可以产生变化的水流效果（见图 9-1-14、见图 9-1-15）。

3）对喷泉的投光照明方法

对于喷泉，灯具应装在喷水嘴的周围端部水花散落的位置（见图 9-1-16 至图 9-1-19）。

图 9-1-14　图 9-1-15　图 9-1-16

图 9-1-17　图 9-1-18　图 9-1-19

第二节　服务设施设计

居住社区便民设施包括音响、非机动车车架、饮水器、垃圾容器、座椅，以及书报亭、公用电话、邮政信报箱等。

便民设施应容易辨认，其选址应注意减少混乱且方便易达。在居住社区内，应将多种便民设施组合为一个较大单体，以节省户外空间并增强场所的视景特征。

一、非机动车车架

非机动车在露天场所停放，应划分出专用场地并安装车架。非机动车车架分为槽式单元支架、管状支架和装饰性单元支架，用地紧张的时候可采用双层车架，车架应按下列尺寸制作（见表 9-2-1）。

表 9-2-1　非机动车停放方式及要求　　米

车辆类别	停车方式	停车通道宽度	停车带宽度	停车车架位置宽度
自行车	垂直停放	2	2	0.6
	错位停放	2	2	0.45
摩托车	垂直停放	2.5	2.5	0.9
	倾斜停放	2	2	0.9

二、垃圾容器

垃圾容器一般设在道路两侧和居住单元出入口附近的位置，其外观色彩及标志应符合垃圾分类收集的要求（见图 9-2-1 至图 9-2-4）。

垃圾容器分为固定式和移动式两种。普通垃圾箱的规格为高 60 ～ 80 厘米，宽 50 ～ 60 厘米。放置在公共广场的垃圾容器体积要求更大，高宜在 90 厘米左右，直径不宜超过 75 厘米。

应选择美观与功能兼备且与周围景观相协调的产品，要求坚固耐用，不易倾倒。一般可采用不锈钢、木材、石材、混凝土、玻璃纤维增强混凝土、陶瓷等材料制作。

图 9-2-1　图 9-2-2　图 9-2-3　图 9-2-4

三、饮水器

饮水器是居住社区街道及公共场所为满足人的生理卫生要求而设置的供水设施，同时也是街道上的重要装点之一（见图 9-2-5、图 9-2-6）。饮水器分为悬挂式饮水设备、独立式饮水设备和雕塑式水龙头等。饮水器的高度宜设置在 800 毫米左右，供儿童使用的饮水器高度宜设置在 650 毫米左右，并应安装在高度为 100 ～ 200 毫米的踏台上。饮水器的结构和高度还应考虑轮椅使用者的方便。除供人使用的饮水器外，现在还出现了供宠物专用的饮水器（见图 9-2-7）。

四、座椅

座椅是居住社区内供人们休息的不可缺少的设施，同时也可作为重要的装点景观进行设计。应结合环境规划来考虑座椅的造型和色彩，力求简洁适用（见图 9-2-8 至图 9-2-14）。室外座椅的选址应注重居民的休息和观景。

室外座椅的设计应满足人体舒适度要求，普通座面高 38 ～ 40 厘米，座面宽 40 ～ 45 厘米，标准长度单人椅 60 厘米左右、双人椅 120 厘米左右、三人椅 180 厘米左右，靠背座椅的靠背倾角以 100° ～ 110° 为宜。

座椅材料多为木材、石材、混凝土、陶瓷、金属、塑料等，应优先采用触感好的木材，木材应做防腐处理，座椅转角处应做磨边倒角处理。

五、音响设施

在居住社区户外空间中，宜在距住宅单元较远地带设置小型音响设施，并适时地播放轻柔的背景音乐，以增强居住空间的轻松气氛（见图 9-2-15、图 9-2-16）。音响外形可结合景物元素设计；音箱高度以 0.4 ～ 0.8 米为宜，保证声源能均匀扩放，无明显强弱变化；音响放置位置一般应相对隐蔽。

图 9-2-5 图 9-2-6 图 9-2-7

图 9-2-8 图 9-2-9 图 9-2-10

图 9-2-11 图 9-2-12 图 9-2-13 图 9-2-14 图 9-2-15 图 9-2-16

六、导视识别系统

居住社区信息标志可分为：名称标志、环境标志、指示标志、警示标志。信息标志的位置应醒目，且不对行人交通及景观环境造成妨碍。标志的色彩、造型设计应充分考虑其所在地区建筑、景观环境以及自身功能的需要。标志的用材应经久耐用，不易破损，方便维修。各种标志应确定统一的格调和背景色调以突出物业管理形象（见图 9-2-17、图 9-2-18、表 9-2-2）。

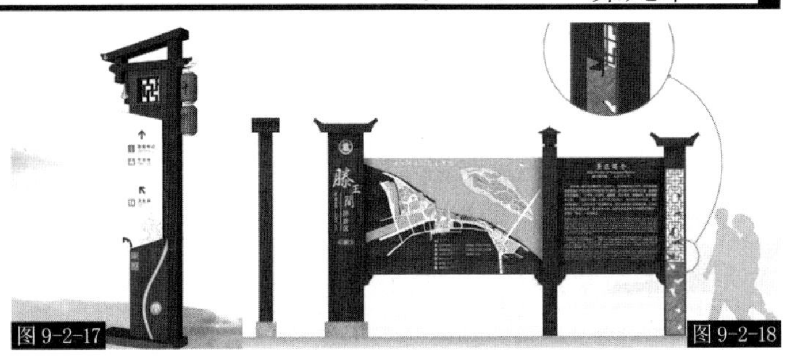

图 9-2-17 图 9-2-18

表 9-2-2 居住社区主要标志项目

标志类别	标志内容	适用场所
名称标志	标志牌、楼号牌、树木名称牌	—
环境标志	小区示意图	小区入口及大门
	街区示意图	小区入口及大门
	居住组团示意图	组团入口
	停车场导向牌、公共设施分布示意图、自行车停放处示意图、垃圾站位置图	—
	告示牌	会所、物业楼
指示标志	出入口标志、导向标志、机动车导向标志、自行车导向标志、步道标志、定点标志	—
警示标志	禁止入内标志	变电所、变压器等
	禁止踏入标志	草坪

第三节 无障碍设计

一、无障碍设计概述

（一）居住社区无障碍设计概念

我们强调无障碍设计内容是针对任何人的广义的无障碍设计概念，而不是仅指针对下肢残疾者和视力残疾者的无障碍设计。事实上，残疾人和健全人之间的界限是模糊的，任何人都有可能暂时性遇到障碍。残疾也不仅包括视觉、听觉、肢体残疾。对于任何一个健全人来说，他们都有从幼年、青年、中年到老年的生长、成熟与衰老的过程：幼儿难于使用为成人生产的东西，有时被包含在有障碍者之列；成年人随着年龄的增加，身心机能开始衰退，也可能出现综合性的障碍，如在行动、视、听等多方面，特别是对高速的东西不适应，此种情况下这类成年人也被包含在有障碍者之列。因此无障碍设计，不只是以一部分残疾人为对象的建筑和城市环境设计，而是无论是谁、无论在哪里都要使大家使用方便的设计。随社会的发展，无障碍设计面临一个新的局面，那就是在探讨无障碍设计时，不单是生理层面的无障碍，更应包含心理层面无障碍的全人关怀设计。

（二）国内外社区景观无障碍设计的现状

无障碍设计问题最初提出于 20 世纪初，由于人道主义的呼唤，建筑学产生了一种新的建筑设计方法——无障碍设计，旨在运用现代技术，为广大老年人、残疾人、妇女、儿童提供行动方便和安全的空间，创造一个平等参与的环境。国际上对于无障碍设计的研究可以追溯到 20 世纪 30 年代初。联合国曾先后发布《残疾人权利宣言》《关于残疾人的世界行动纲领》等，均强调建设无障碍设施问题。1961 年，美国制定了第一个无障碍标准。此后，英国、加拿大、日本等几十个国家和地区相继制定了有关法规。

（三）社区景观无障碍设计的必要性与可行性

无障碍化环境的建设是残疾人、老人、妇女、儿童等相对弱势人群充分参与社会生活的前提和基础，是方便他们日常生活的重要条件，也从一个侧面反映了一个社会的文明进步水平，是物质文明和精神文明的集中体现，对提高人民素质、培养全民公共道德意识、推动和谐社会的建设具有重要的作用。

（四）社区景观无障碍设计的概念

无障碍设计概念，不仅仅是传统意义上、广为大众所理解的硬件设施上的无障碍设计，例如为行动不便人士等设置的高低差异设备、盲道、坡道、扶手等常见的无障碍硬件设施设计，还包括图形化的信息指示、多元化的信息传达方式、便捷的服务、人性化的视觉引导系统等。

（五）无障碍居住社区设计原则

①无障碍性：指环境中应无障碍物和危险物。

②易识别性：指环境的标志和提示设置应易识别。

③易达性：指环境游赏应具有便捷性和舒适性。

④可交往性：指应重视环境中交往空间的营造及配套设施的设置。

二、社区公共设施的无障碍设计

（一）我国居住社区无障碍设施的现状

多年来，随着经济发展和社会的进步，我国的居住社区无障碍设施设计与建设取得了一定的成绩，尤以北京、上海、广州等大中城市成绩最为突出（见图 9-3-1 至图 9-3-4）。在居住社区道路中，为方便盲人行走修建了盲道，为乘轮椅的残疾人修建了缘石坡道；在公共厕所中，设置了残疾人专用的座便、扶手，等等。但总体来看，居住社区无障碍设施设计还存在着许多问题，主要表现在以下四个方面：

①针对居住社区的无障碍设施的设计没有得到深入的研究；

②对于居住社区无障碍设施设计的具体尺度把握不准；

③居住社区无障碍设施的设置不够；

④居住社区无障碍设施种类贫乏等。

我们可以看到，一些居住社区中的无障碍设施样式老旧、尺度把握不准、存在安全隐患，有的居住社区甚至还没有设置无障碍设施。

一些居住社区缺少一些基本设施的设置，例如公共厕所、电话亭、护栏等。

实施无障碍范围的社区道路、绿地没有按照无障碍要求进行设计：在各路口处没设缘石坡道，主要公共服务设施地段的人行道没设盲道，公共区域及儿童活动场所的通路不符合轮椅通行要求。

房屋建筑在有无障碍要求的建筑的入口、走道、平台、门、楼梯、电梯、公共厕所、浴室、公共电话、过道等没有依据建筑性能配有相关无障碍设施。

图 9-3-1　图 9-3-2　图 9-3-3　图 9-3-4

（二）居住社区无障碍设施的分类与设计

居住社区无障碍设施的分类依据其侧重点不同而异，其依据居住功能分类，主要包括公共座椅、电话亭、垃圾箱、电梯系统、社区多功能车、停车场、扶手、入口通道、儿童游戏设施、其他社区无障碍设施、道路系统、标志系统等。

1. 公共座椅

（1）无障碍公共座椅的布置

社区主干道两边设置的座椅不能影响正常的交通，尤其是不能影响人行道的正常交通。它们与人行道上主要的人流路线应保持足够的距离，以便留给行人足够的步行空间。当然座椅也不能离人行道太远，否则它们的使用频率将大幅度降低。

座椅应最大限度地与社区其他设施成组放置，例如应放置在公共区域、健身设施、休闲凉亭、报刊栏、饮水处等的周围（见图 9-3-5）。

在残疾人可能经常出现的区域，座椅的两侧及前方应给轮椅留有足够的空间。这样坐在轮椅上的人可以轻松地与坐在座椅上的人交谈，而不会占用人行道太多的空间。对于使用拐杖的人，也应如此考虑，因为他们坐下后需要把拐杖放在身前或椅侧。

（2）座椅的设计原则

设置座椅时要考虑的因素包括舒适度和外观。除此之外，座椅必须与它所存在的环境相得益彰。区域中不同的社区有自己的个性，社区的风格迥异，座椅可看成是这种风格或特色的延伸。

2. 电话亭

（1）设置类型

电话亭主要包括隔音式、半封闭式、半露天式（见图 9-3-6 至图 9-3-9）。

（2）设置地点的选择

首先考虑到使用方便，电话亭一般设置在不妨碍交通的人行道上。设置后的道路宽度最好保留在 1.5 米以上，并注意不要设在步行路线突然转弯的位置上。其次，考虑到电话亭周围的噪声、降雨等对电话亭使用者产生的影响，需要从某种程度上避免电话亭受到这些因素的干扰。从这个意义上讲，设置封闭式电话亭最为有利。较为理想的方案是将电话亭设在公共空地或绿化带附近。为了进一步方便人们雨天打电话，还应考虑设置在高出路面 4 厘米的高台基上。

图 9-3-5　图 9-3-6　图 9-3-7

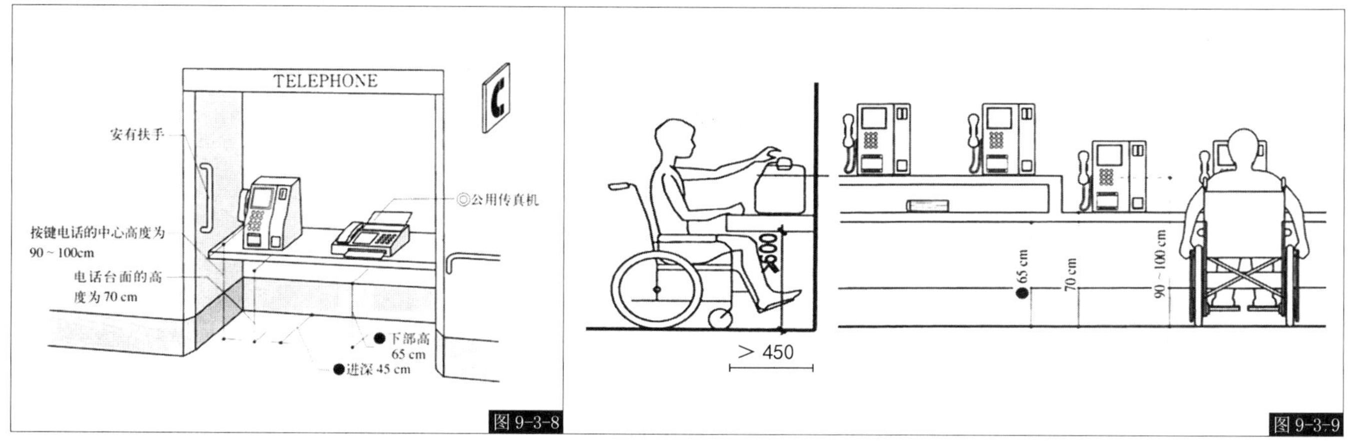

图 9-3-8　图 9-3-9

3. 垃圾箱

（1）垃圾箱分类

按照形态，垃圾箱可以分为直竖型、柱头型和托座型三类。按照设置方法，垃圾箱可以分为移动式和固定式两种。按照清除方式，垃圾箱可以分为旋转式、抽底式、启门式、套连式、悬挂式（见图 9-3-10、图 9-3-11）。

（2）垃圾箱设计原则

①垃圾箱多设置于空间宽敞的场所，或者设置于人行路旁。垃圾箱应摆放在通道的交口处，以便各类人群使用。

②垃圾箱多为单独设置，可以与其他环境设施配合，设置于人流变化和空间利用变化较多的场所，如小广场、主干道，方便使用并提高其利用率。

③垃圾箱投入口高度以 60 ～ 90 厘米为宜。

④尽量使用抽底式垃圾箱，因为抽底式垃圾箱投放口较大，便于各类人群使用。

⑤根据不同种类的垃圾材质设置分类投放的垃圾箱，满足垃圾分类投递的需求。

图 9-3-10　图 9-3-11

4. 楼梯与电梯系统

电梯的无障碍设计要求见表 9-3-1、图 9-3-12 至图 9-3-14。

表 9-3-1 电梯的无障碍设计要求　　毫米

国别	轿厢面积	电梯门	轮椅使用情况
法国	1300×1800	800	正面进入倒退出来
英国	1400×1100	800	正面进入倒退出来
瑞典	1400×1100	800	正面进入倒退出来
中国	1400×1100	800	正面进入倒退出来
日本	1400×1350	800	正面进入可旋转 180°
新西兰	1850×1370	800	正面进入可旋转 180°
意大利	1700×1500	900	正面进入可旋转 360°
美国	1650×1650	900	正面进入可旋转 360°

5. 公共厕所

本书所研究探讨的“居住社区无障碍公共厕所”并非传统意义上的只方便伤残人使用的狭义范畴，而是在设计中应将厕所空间及卫生设施中的障碍因素消除，使其能够被不同年龄及不同行动能力的人方便地、无障碍地使用（见图 9-3-15 至图 9-3-19）。

6. 社区无障碍交通车

社区无障碍交通车如图 9-3-20、图 9-3-21 所示。

7. 停车场

停车场如图 9-3-22、图 9-3-23 所示。

8. 栏杆

栏杆大致分为矮栏杆、高栏杆、防护栏杆三种（见图 9-3-24、图 9-3-25）。

矮栏杆：高度为 30 ～ 40 厘米，不妨碍视线，多用于绿地边缘，也用于场地空间领域的划分。

高栏杆：高度在 90 厘米左右，有较强的分隔与拦阻作用。

防护栏杆：高度在 100 厘米以上，超过人的重心，起到防护围挡的作用，一般设置在高台的边缘，可使人产生安全感。

9. 通道

各类通道宽度如图 9-3-26、图 9-3-27 所示。

10. 饮水器

无障碍饮水器如图 9-3-28、图 9-3-29 所示。

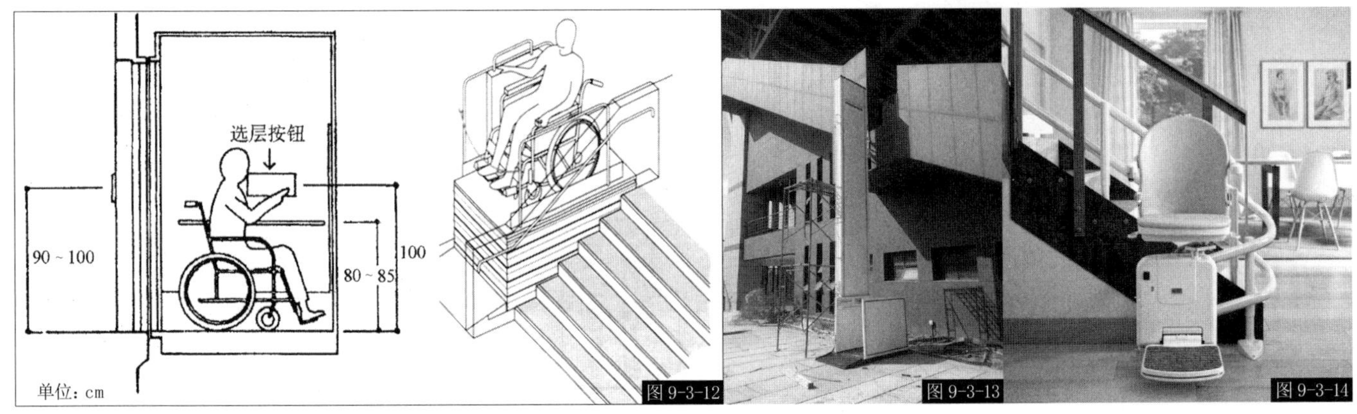

图 9-3-12　图 9-3-13　图 9-3-14

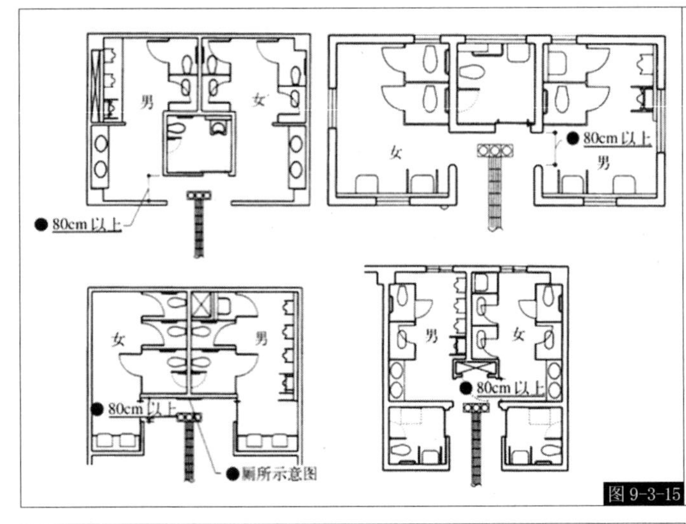

图 9-3-15

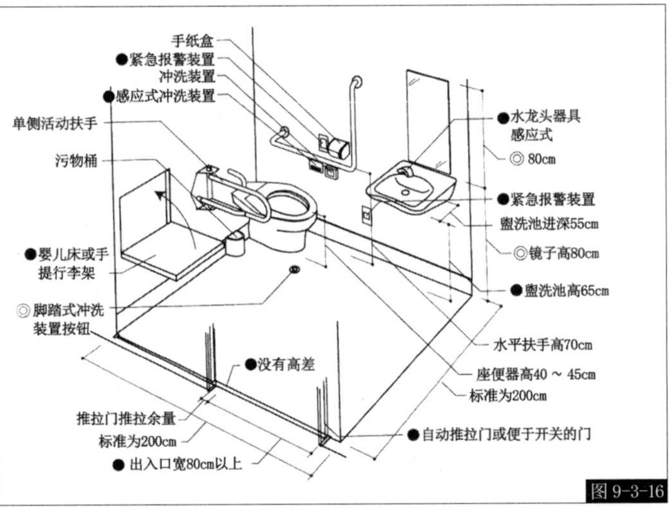

图 9-3-16

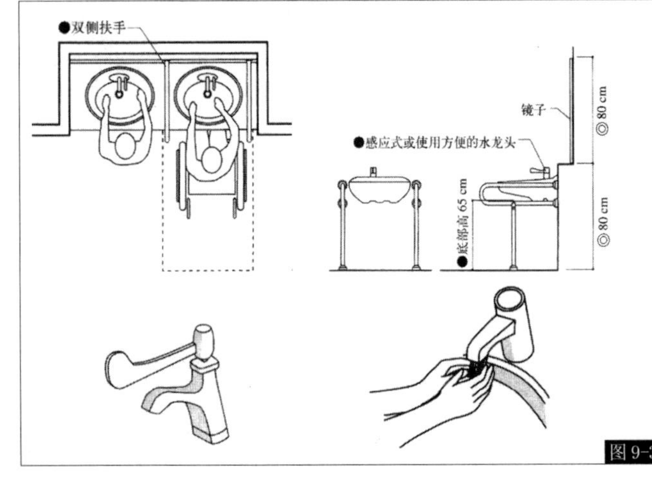

图 9-3-17

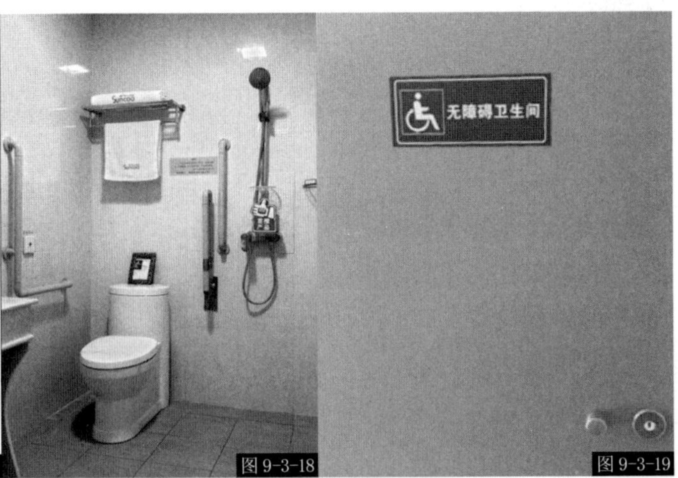

图 9-3-18　图 9-3-19

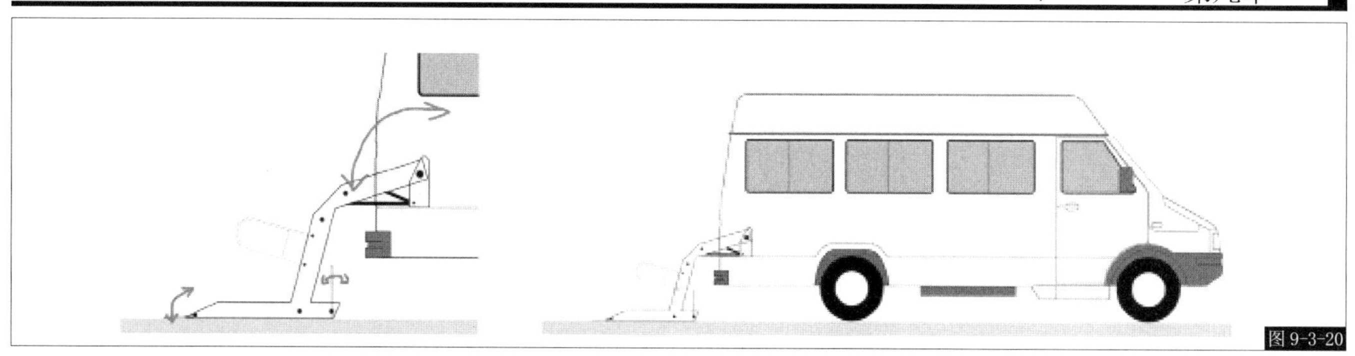

图 9-3-20

图 9-3-21

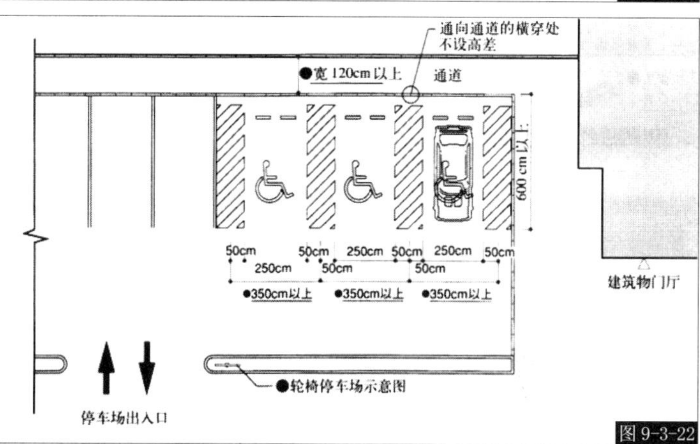

图 9-3-22

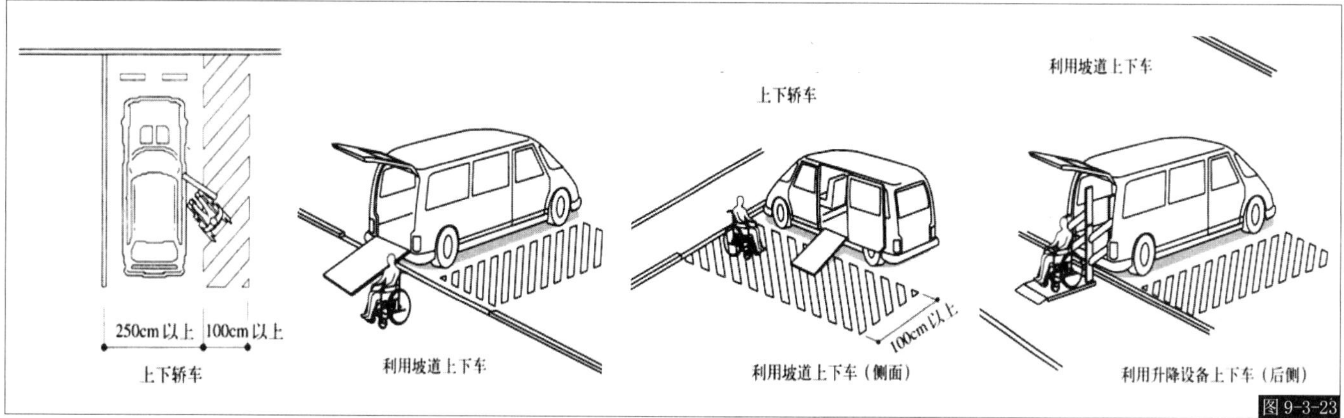

图 9-3-23

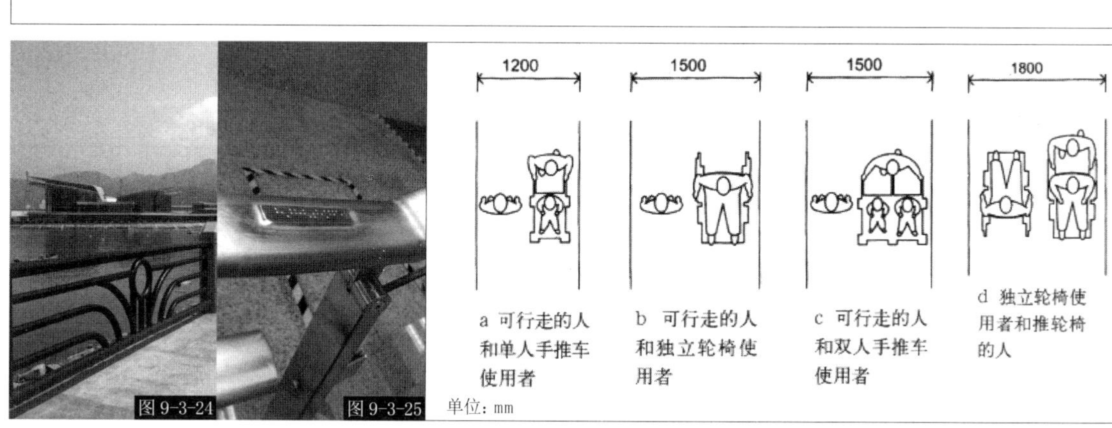

图 9-3-24　图 9-3-25　图 9-3-26

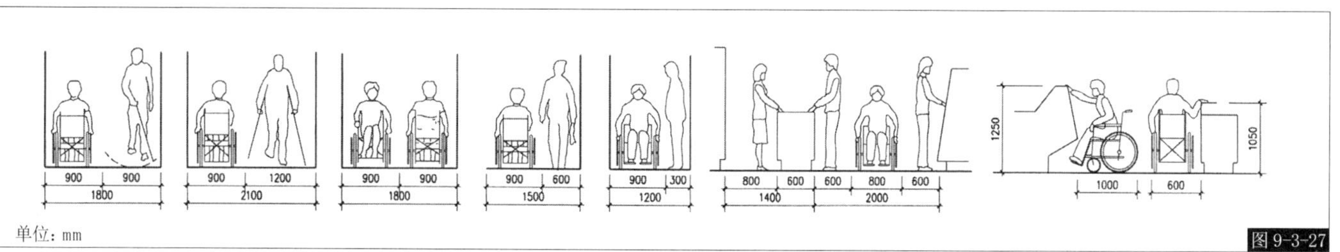

图 9-3-27

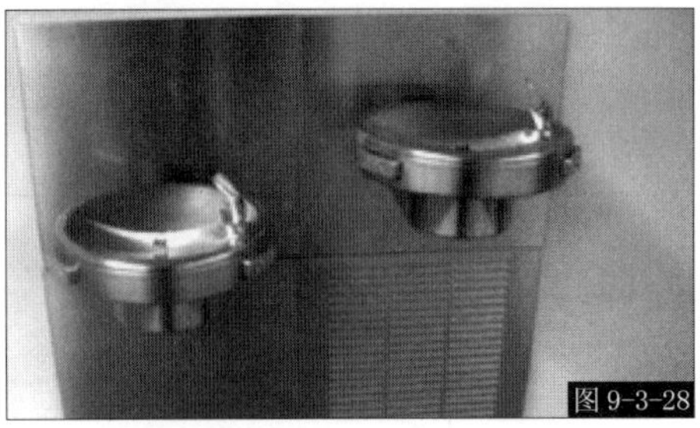

（三）居住社区公共服务设施和特殊功能服务设施

居住社区无障碍设施还包括居住社区公共服务设施和特殊功能服务设施。

居住社区公共服务设施包括行政管理、商业服务、金融邮电、医疗卫生、文化体育等建筑物。居住社区公共服务设施的安排，主要反映在配建的项目和面积指标两个方面。

1. 公共安全保障设施

公共安全保障设施是为人们的安全考虑而设置的设施，通过指示、广播等系统给人的安全提供保障，主要包括防空防灾疏散和广播系统，具体有道路电子监控、危险区警示、紧急疏散标志、救生救援辅助性设施等。

图 9-3-28

2. 管理设施

管理设施是为人们的生活提供基本保障的设施，主要包括电气管理设施、消防管理设施等。随着城市的发展，城市中具有管理功能的设施种类越来越多。管理设施既属于不同部门的管辖，又同属于城市环境管理系统，它们支撑着社会的整体活动，是为人们提供安全、卫生、便利、舒适、优美环境的重要保障。

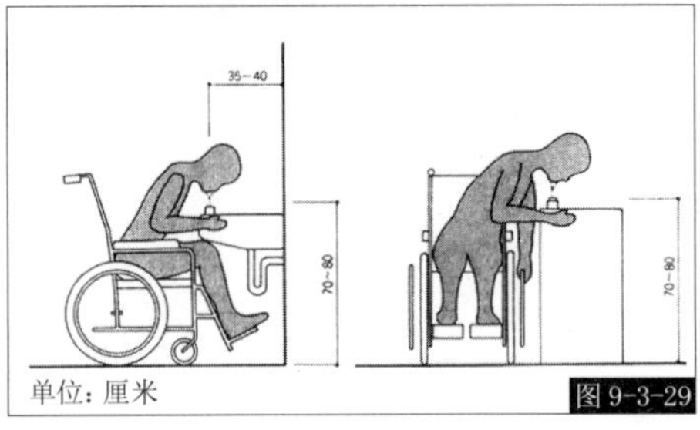

图 9-3-29

（四）无障碍设施的设计手法和设计原则

1. 形式

居住社区无障碍设施的形式要以符合人们的最根本需求为主。毕竟设计居住社区无障碍设施的目的就是为了满足人们的需求，所以它的功能性是第一位的，要避免不切实际的设计，注重功能性和美观性相结合。

2. 材料

混凝土、瓷砖、木材、玻璃、金属给人的感觉不同，应用的范围也不一样。在材料的选择上应该根据不同的需要选择不同的材料，例如：盲道所采用的材料应与路边缘石或扶手形成反差，以便于盲人通行；通行坡道及卫生间等的地面应采用防滑地砖，以便不同人群安全使用。

3. 色彩——公共环境设施的色彩

①社区无障碍设施要注意色彩的识别性与系统设计的统一性。

②社区无障碍设施的色彩要基于使用功能与心理定位考虑。

③环境设施的色彩设计要具有时代性与艺术观赏性。

4. 色彩——公共环境设施色彩的细节设计

（1）单色处理

色彩的变化不依形体界面的变化而改变，这种方法可以呈现出雕塑般的效果，视觉效果统一、单纯、简洁，常见于小型或功能单一的设施设计。应注意形态的起伏变化与肌理的对比运用，以免造成视觉上的单调。

（2）多色处理

色彩依设施起伏界面的转折变化而改变，要注意色彩之间的交换有界面的转折、材质的变化或结构的自然留缝等工艺处理，还要注意一种设施的色彩变化不宜过多，单体设施或设施规划的色彩要平衡好部件关系，注意色彩的穿插、呼应等，以便形成整体统一的设施设计。

三、居住社区道路系统的无障碍设计

居住社区无障碍道路系统是社区科学设计的基础内容，它是“以人为本”理念在社区规划设计人性化方面的集中体现。为此，在居住社区的道路系统及有关设施的设计中必须更新观念，建立相关的法规、落实监督措施，以保证居住社区建设的科学性、规范性。

（一）居住社区的道路系统分类与形式分析

此处所讲的居住社区道路系统有别于城市或区域的道路系统。居住社区的道路系统结构与布局取决于既安全舒适又方便居民居住生活的需要，采用结构要结合社区规划用地的总体布局，因地制宜选择结构模式。

1. 居住社区道路的基本类型

居住社区道路系统包括道路、回车场和停车场。

①按照使用功能划分，居住社区内的道路系统分为车行道系统、步行道系统。

②居住社区道路系统按照无障碍设计要求，各种功能道路的优先排列顺序应为：步行功能道、机动车行道、步行休闲道、物业车行道。

2. 居住社区道路的基本分级

居住社区道路的基本分级为居住区域（级）道路、居住小区（级）道路、组团（级）道路、宅间小路。

3. 机动车道方面

为解决居住社区内道路的人车矛盾，还应设置居住社区内道路。通过控制车速和流量以及确定路面构成形态，以达到人车和谐。

（二）居住社区无障碍道路系统设计的基本要求

1. 居住社区道路的无障碍宽度

居住社区道路的无障碍宽度根据行车的数量、种类确定。场地内的车道最小的宽度为3.5米，双车道宽度为6.0～7.0米，生活区内主要车行道宽度为5.5～7.0米，次要车行道宽度为3.5～6.0米。当考虑机动车与自行车共用时，单车道最小的宽度为4.0米，双车道最小宽度为7.0米。

2. 居住社区道路的无障碍转弯半径

居住社区道路的无障碍内边缘最小转弯半径如表9-3-2所示。

3. 居住社区道路坡度

居住社区道路最大坡度如表9-3-3所示。

4. 居住社区道路的回车场无障碍形式及尺寸

各类回车场形式及尺寸如图9-3-30所示。

5. 居住社区内控制车速的办法

（1）行驶线路

①折行：路侧交互停车式（见图9-3-31）。

②曲行：这种方式要求路幅较宽（见图9-3-32）。

③凸垛：用种植或材质、色彩有差异的铺装方法（见图9-3-33）。

（2）冲击效应

①弧形驼峰：台形驼峰（见图9-3-34）。

②交叉点驼峰：要求在交叉口具有可识别性，可用色彩进行区分（见图9-3-35）。

（3）视觉效应

①狭窄，凸垛变窄；种植带变窄，窄车道。

②彩色铺地、砌块组合铺地（单行道，交叉口）。

③彩色驼峰，利用色彩与质感的差异引起视觉的注意。

④彩色凸垛，分为有高差与无高差。

⑤减速警告带，用逐渐变宽的色彩带达到警告作用。

⑥限制递度警告信号，便于夜间识别。

⑦社区道路标志，设置这种标志必须在法令上取得认可。

表9-3-2 内边缘最小转弯半径　　米

行驶车辆类别	最小转弯半径
小客车	6
4～8吨载重货车	9

表9-3-3 道路最大坡度　　%

功能道路	最大坡度
普通道路	17
自行车专用道	5
轮椅专用道	8.5
轮椅园路	4
路面排水	1～2

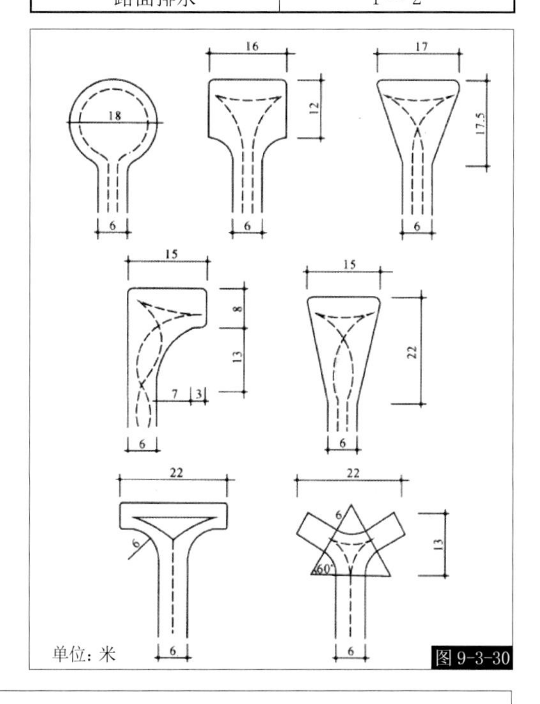

图9-3-30

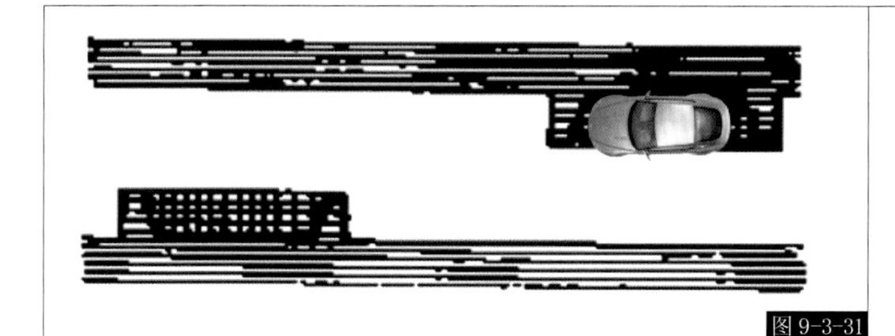
图9-3-31

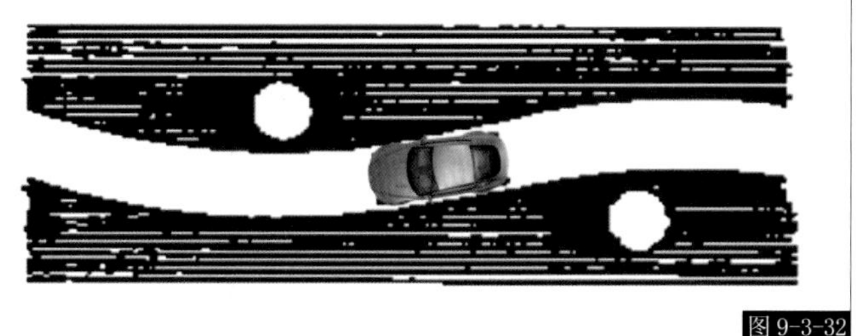
图9-3-32

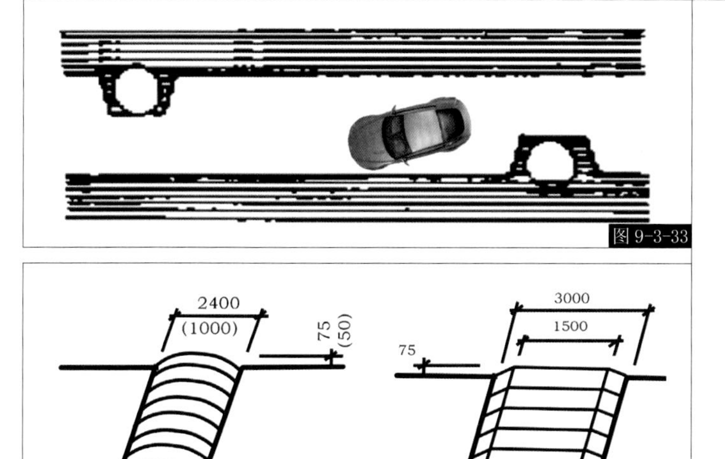

图9-3-33

图9-3-34

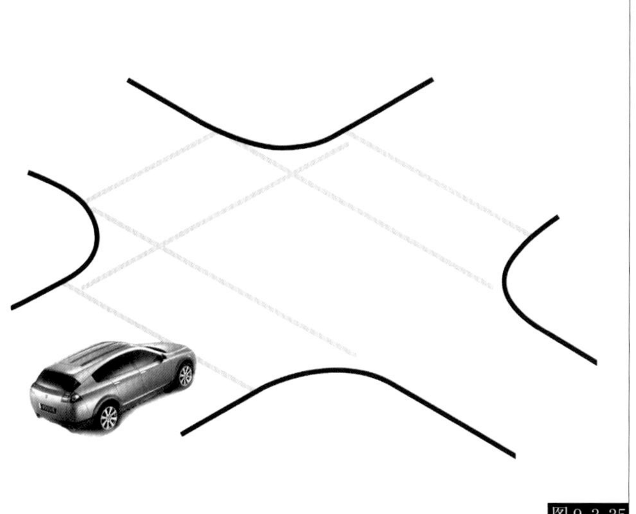
图9-3-35

6. 控制交通量的方法

控制住车速并不能完全控制住交通量，还需采取如下措施才能进一步控制交通量。

入口标志：除在街道入口处设置驼峰和减窄路幅外，还可在居住区域的主要出入口设置醒目标志。

隔断：

①对角隔断，设置于交叉点，形成单行转弯。非常时期可穿越隔断行驶（见图 9-3-36）；

②垂直隔断，在交叉点处形成“T”形交通。非常时期可穿越隔断行驶（见图 9-3-37）；

③通行隔断，中断道路，使中断部分相当于尽端式。非常时期可穿越隔断行驶（见图 9-3-38）；

④隔断的组合示例见图 9-3-39。

限制见图 9-3-40。

整流：将凸垛用于交叉点，不仅可限制车速，而且对于整理车流也有一定作用（见图 9-3-41）。

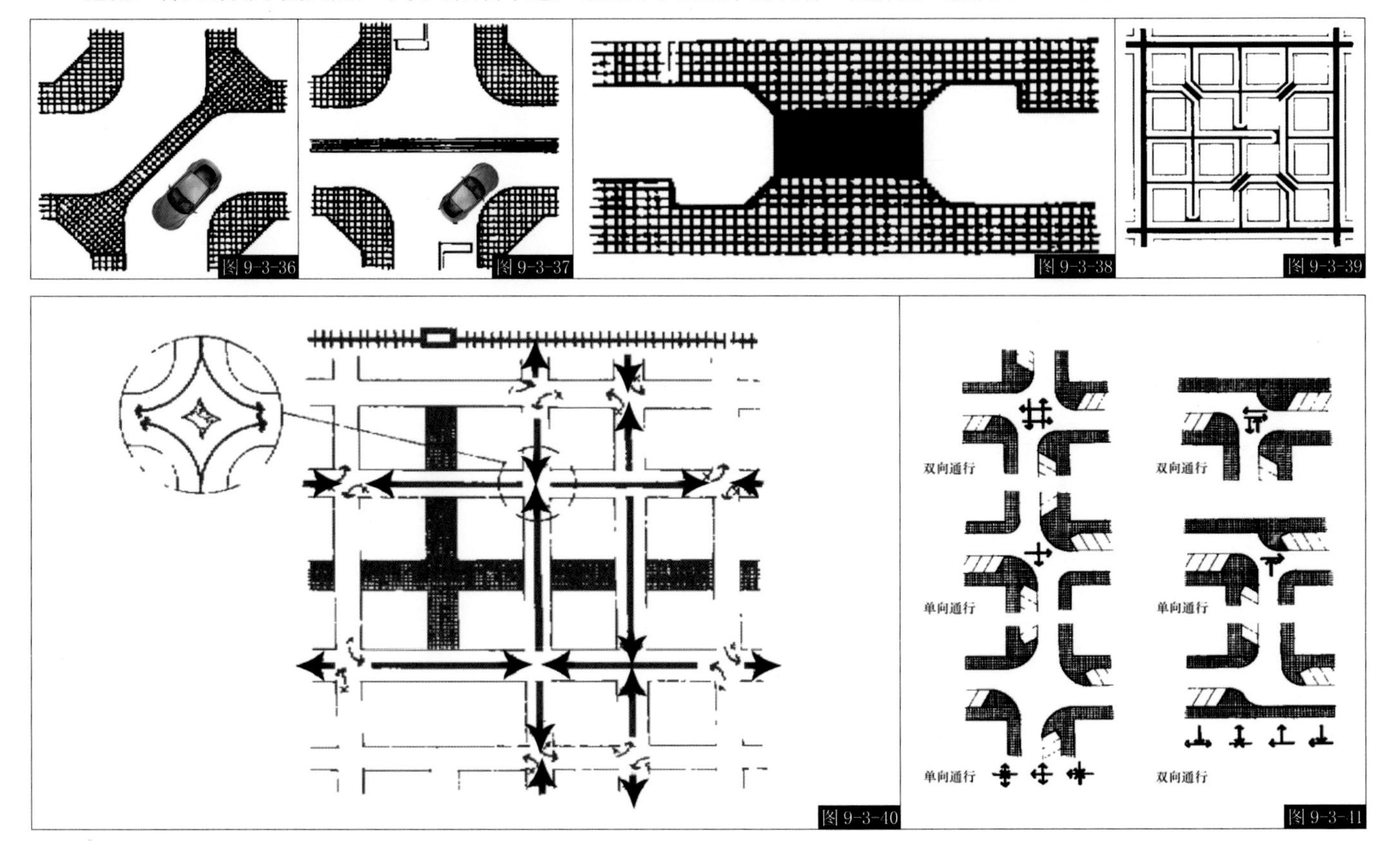

图 9-3-36　图 9-3-37　图 9-3-38　图 9-3-39　图 9-3-40　图 9-3-41

（三）居住社区人行功能道路规划设计

1. 人行功能道路规划设计规范

人行功能道路的基本尺度如下。

①人行功能道路的横断面宽度见图 9-3-42。

②在人行功能道路边设置使用设施的情况见图 9-3-43。

③人行功能道路最大坡度为 8%，坡度超过 6% 必须铺设防滑设施，坡度超过 8% 一般应设台阶。在步行阶梯一侧或双侧应设为婴儿车、非机动车等上下推行所用的坡道，坡度比例≤ 15/34（见图 9-3-44）。

④人行功能道路阶梯的几种形式见图 9-3-45。

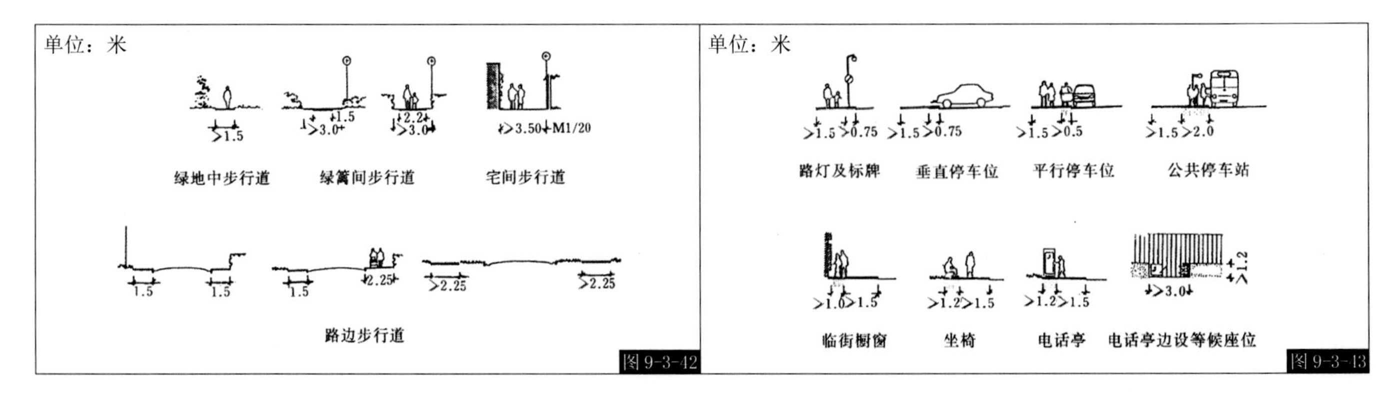

图 9-3-42　图 9-3-43

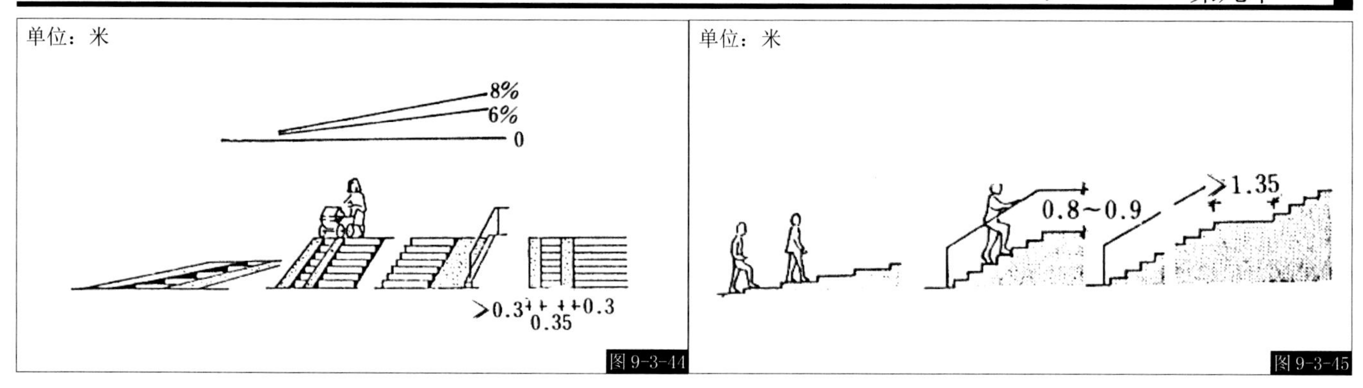

图 9-3-44　图 9-3-45

2. 一些国家的轮椅参数比较

一些国家的轮椅参数如表 9-3-4 所示。

表 9-3-4　一些国家的轮椅参数　　毫米

国别		日本	新加坡	捷克	美国	法国	中国
标准轮椅尺寸	净长度	1040 ～ 1050	1100	1100 ～ 1200	1065	1200	1040 ～ 1100
	净宽度	650 ～ 700	650 ～ 700	660	700	600 ～ 650	650
原地旋转所需空间	90°	1350×1350	1400×1400	1350×1350	—	1400×1400	1350×1350
	180°	1400×1700	—	1400×1700	—	1400×900	1400×1700
	360°	1700×1700（Φ1500）	（Φ1500）	1700×1700（Φ1500）	（Φ1525）	1700×1700	1700×1700
移动所需空间	直行	≥ 800	≥ 800	—	≥ 915	—	≥ 900
	90°	1700×1400	—	1700×1400	1525×1220	—	1700×1400

注：要设计人行功能道路必须满足残疾人士轮椅等设施通过。

3. 居住社区无障碍盲道设计原则

居住社区无障碍盲道设计原则为方便通行、盲道宽度适宜；铺砌材料见图 9-3-46。

图 9-3-46

（四）道路系统的无障碍形式设计

案例如图 9-3-47 所示。

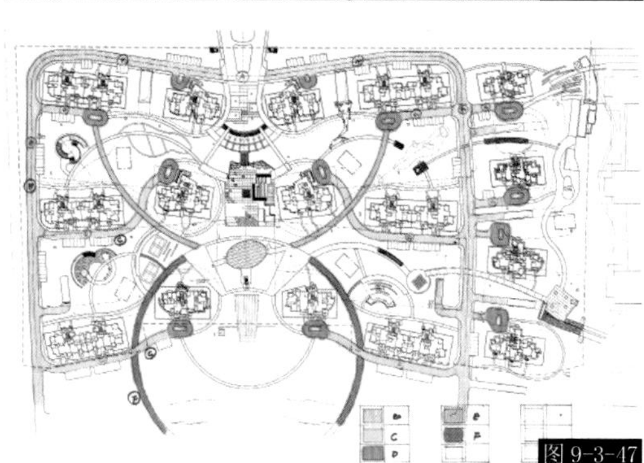

图 9-3-47

（五）居住社区道路系统无障碍防火通道设计规范

①街区内的道路应考虑消防车的通行，其道路中心线间距不宜超过 160 米。当建筑物的沿街部分长度超过 150 米或总长度超过 220 米时，均应设置穿过建筑物的消防车道。

②消防车道穿过建筑物的门洞时，其净高和净宽不应小于 4 米；门垛之间的净宽不应小于 3.5 米。

③沿街建筑应设连通街道和内院的人行通道（可利用楼梯间），其间距不宜超过 80 米。

④建筑物的封闭内院，如其短边长度超过 24 米时，宜设有进入内院的消防车道。

⑤供消防车取水的天然水源和消防水池，应设置消防车道。

⑥消防车道的宽度不应小于 3.5 米，道路上空遇有管架、栈桥等障碍物时，其净高不应小于 4 米。

⑦环形消防车道至少应有两处与其他车道连通。尽头式消防车道应设回车道或面积不小于 12 米 ×12 米的回车场。供大型消防车使用的回车场面积不应小于 15 米 ×15 米。

⑧消防车道下的管道和暗沟应能承受大型消防车的压力。消防车道可利用交通道路。

四、居住社区指示识别系统的无障碍设计

（一）居住社区无障碍指示识别系统的分类与形式分析

目前国内居住社区无障碍指示识别系统无论从理论研究还是实际应用上都缺乏基础的研究，没有形成完整的规范体系；其结果体现在实际应用上的设置、形式上的不合理；功能和形式不能有机结合；从无障碍使用的原则上尤其是残障人群无

障碍角度上更是欠缺的。

目前城市居住社区大致分为三类。

第一类是高档社区。这类居住社区居住人群主要是高收入群体，由此决定了这里的建筑密度较小，人口少，容积率低，视觉识别性较高。由于更强调私人空间的领地性和私密性，因此视觉识别一般不做过多处理（见图 9-3-48）。

第二类是中档大规模居住社区。这类居住社区人口多，密度大，面积大，建筑类型多样，组团分区多且分散（有按类型分类、有按功能分类）。因此，外来访客较多，应该加强指示识别系统的建设（见图 9-3-49）。

第三类是经济适用房社区。这类居住社区居住人口多而杂，受教育程度偏低，建筑密度大，配套、环境设施不完善，视觉识别性低，人们的认知度也较低，所以应该加强指示识别系统的建设。

目前，我国各类居住社区中针对残障人群（重点是盲人）的无障碍指示识别系统尤其不完善，集中反映在以下几点：

①居住社区没有完备的盲道或盲道布局不合理，这在很大程度上造成了盲人出行的困难；

②居住社区公共设施没有明显的可触盲文识别标志，造成盲人在无人引领的情况下不能独立地找到信息源。

布莱叶盲文是一种专为残视者和全盲者设计的系统。系列的点凸出在标志面上，使用者可通过手指的触摸来识别（见图 9-3-50、图 9-3-51）。

（二）居住社区指示识别系统无障碍设计

1. 居住社区无障碍指示识别系统与空间关系的分析

（1）无障碍识别标志在区域内出现的位置

合理地选择安放指示标志系统的地点是该系统取得广泛认知的前提（见图 9-3-52）。

（2）无障碍识别标志使用的颜色与室外空间色彩的关系

无障碍指示识别系统在户外要达到准确传达信息的要求，从色彩设计角度还要考虑到自然环境和居住社区内既有建筑物、景观设施颜色对它的影响（见图 9-3-53）。

2. 居住社区无障碍指示识别系统的平面角度分析

（1）符号在居住社区无障碍指示识别系统中的作用

平面媒介如书籍装帧，其多与语言文字符号紧密结合，需要人们通过阅读、理解的过程达到传达信息的目的。而居住社区指示标志则要求简洁概括，能够在瞬间让人们识别认知（见图 9-3-54、图 9-3-55）。

另一方面需要符号设计的整体风格具有一致性。体现在表现手法上就是使用符号元素的一致性。另外整体风格的一致性可以使人的认知有延伸和连贯感，能更好地实现社区的无障碍化（见图 9-3-56）。

社区识别符号就其形式划分可以分为：指示性符号、图形性符号、象征性符号。指示性符号如直接的文字标志："上""下""小心危险""拐弯""禁止通行"等。这类符号具体、直观、意义明确、便于理解，是居住社区中最基本的符号系统。但这类符号的缺点是不利于外国访客的认知。图形性符号是指那些明确的、易于辨别的图形化的符号，如现在较为规范的图形标志。这类符号以其独特的视觉语言给人以深刻印象。象征性符号通过符号的象征性传达给受众准确的信息，如红十字代表社区诊所。

图 9-3-48 图 9-3-49 图 9-3-50

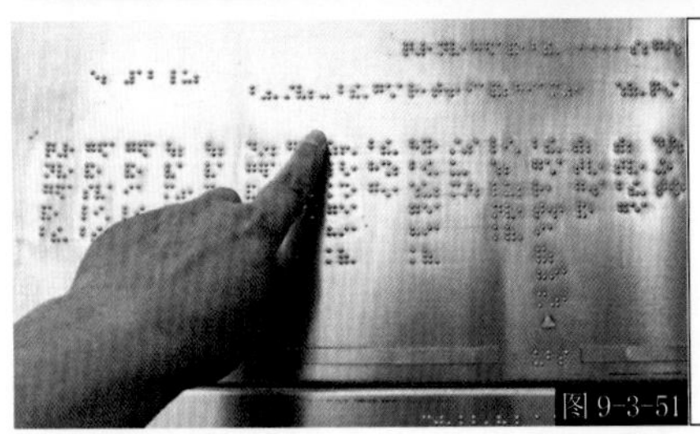
图 9-3-51

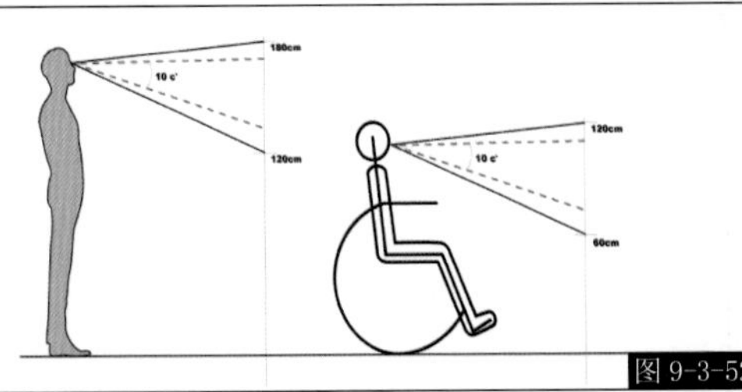

图 9-3-52

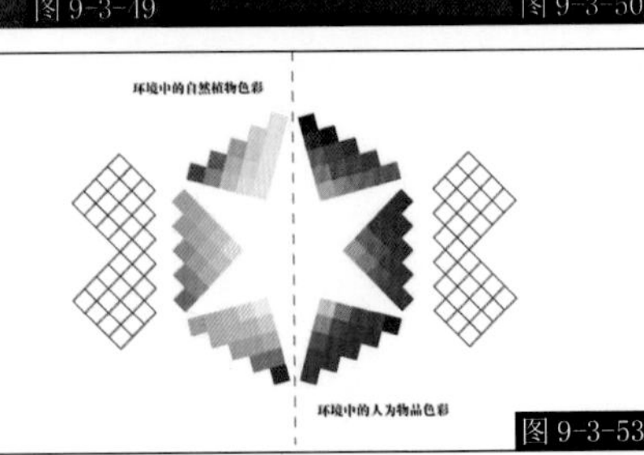

图 9-3-53

图 9-3-54　图 9-3-55　图 9-3-56

社区识别符号按其功能作用还可以分为四个类别：交通标志、形象标志、传媒标志、服务标志。

交通标志主要包括大门、车行人行、入户、盲道、轮椅坡道、禁止（通行）等；形象标志主要通过符号表示社区特色、定位；传媒标志包括物业通知、社区活动宣传栏、商业或公益性广告等；服务标志包括社区会所符号、公共设施符号、公厕符号、垃圾箱符号、消防符号等。

社区无障碍指示视觉识别系统中的一个重要的组成部分就是针对残疾人使用的识别符号。正确的符号可以指示残疾人独立识别路线、使用设施（见图 9-3-57）。

（2）色彩在居住社区无障碍指示识别系统中的作用

居住社区无障碍指示识别系统中的色彩特征如下。

色彩的对比关系适用于指示标志的设计，如社区内交通标志、警示语（见图 9-3-58）。

色彩的对比关系还适用于服务性标志和具有商业目的广告标志，如公共设施标志、广告牌、报告板等（见图 9-3-59）。

（3）社区指示识别系统中的心理行为因素、地域习惯

①从居住社区中人的基本需要看社区指示识别系统（见图 9-3-60 至图 9-3-62），社区指示识别系统的设计一般都要包含区别私密性与公共性以及半私密性与半公共性的空间。完善的指示识别系统能够增强对人们行为的引导性，把人们有意识地吸引到不同功能的空间中（见图 9-3-63）。

针对盲人和视力部分残疾者而设计的可触型标志就切实满足了这部分人群的生理和心理的需要（见图 9-3-64 至图 9-3-66）。

②地域、文化因素对居住社区无障碍指示识别系统的影响（见图 9-3-67）。

3. 居住社区无障碍指示识别系统与公共设施的依附关系分析

（1）无障碍指示标志与知觉系统的结合

为了充分保证居住社区内的残疾人和特定居民群体（如老年人、妇幼群体）能够准确得到他们需要的信息，应该利用科技手段将传达不仅仅停留在平面领域，而且要扩展至包括触觉、听觉甚至味觉的所有领域，只有这样才能使无障碍传达

图 9-3-57　图 9-3-58　图 9-3-59

图 9-3-60　图 9-3-61　图 9-3-62　图 9-3-63

图 9-3-64 图 9-3-65 图 9-3-66 图 9-3-67

系统针对盲人、聋哑人、各种肢体残疾人和特定居民群体的不同情况分别发挥作用，弥补他们在不同感观上的缺失。

触觉、听觉、味觉系统可以与社区内如音箱、装饰品等既有设施相结合，这样只通过对既有设施的重新利用就可以达到无障碍指示传达的目的（见图 9-3-68）。

（2）无障碍指示识别系统与所依附载体的装饰性结合

在居住社区内有很多必须安置的公共设施，如垃圾桶、变电箱、健身器材、井盖等。怎样既能装饰这些设施，又能借助它们起到传导信息的效用，也成为无障碍指示识别系统研究的重要内容。也就是要寻找在既有条件下设施功能性、艺术性与技术性的最佳结合点，使整个社区的视觉形象和谐、优雅（见图 9-3-69、图 9-3-70）。

（3）无障碍识别标志与依附载体功能的合理性

识别标志与依附载体结合得是否合理将直接影响传递信息质量的高低，一些不恰当的结合更会造成人身伤害。所以对依附载体的选择要综合多方面因素进行考虑（见图 9-3-71）。

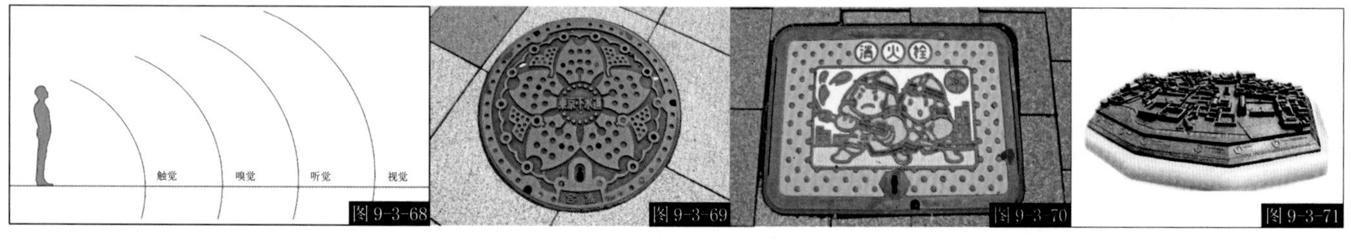

图 9-3-68 图 9-3-69 图 9-3-70 图 9-3-71

（4）无障碍指示识别系统与高科技、新材料的结合及应用

高科技应用于无障碍指示识别系统将会增强信息传导的时效性和便利性。例如可将视觉信息传递通过照明系统或自发光扩展 24 小时全天候工作。新材料的应用将改变人们的行为习惯，它们会对无障碍指示识别系统起到巨大的推动作用，是未来该领域的发展方向。

（5）居住社区指示识别系统的无障碍设计案例

下面以“青青家园”居住社区无障碍指示识别系统可视部分设计系列为例进行介绍。

“青青家园”社区无障碍指示识别系统是课题组针对“青青家园”社区做的一套全面完整的指示识别系统中的可视部分系列。这套系统主要包括两大部分。一是基础要素，包括标志、标准字、标准色、标准图形、标准组合。二是应用系统，分为管理事务系统、环境识别系统、传播推广系统三大部分，具体包括社区大门、旗帜（道旗、小旗、大旗），社区物业管理处的标准服装、胸牌，社区宣传、公告栏，警示语，标牌，公共设施指示牌等。整套系统还对标牌的规格、安装位置、工艺等都做了详细的规定，并严格按照规范执行。同时在设计中突出对于残疾人更加人性化的关怀，所有标志都做了可触式盲文方便残疾人使用，实现方便快捷、明晰准确的指示、导向功能（见图 9-3-72、图 9-3-73）。

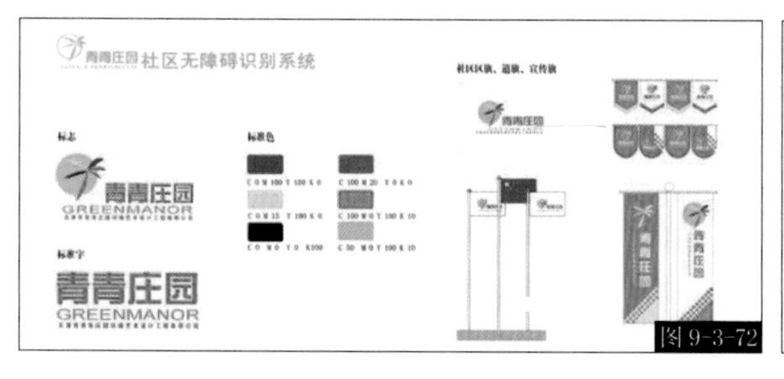

图 9-3-72

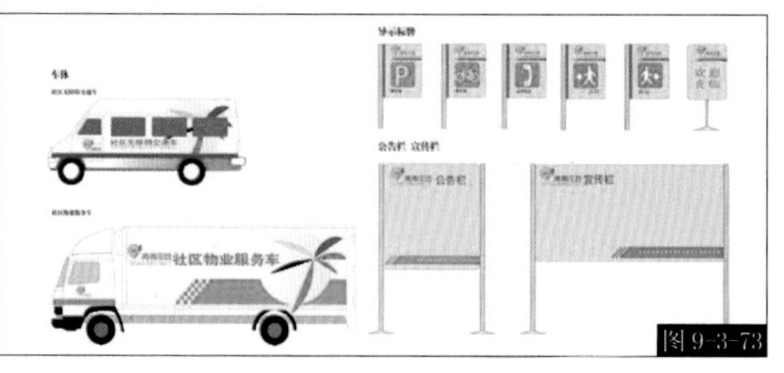

图 9-3-73

【思考题】

1. 社区景观公共设施都包含哪些内容？
2. 社区景观设计如何更好地实现无障碍设计？

第十章 居住社区景观设计与表现

第一节 设计方法与程序

一、相关概念

随着专业人员对景观设计的不断研究和总结，景观设计已有一些比较成熟的方法——西蒙兹认为景观设计应从策划的形成开始，施工结束告一段落，正常运行才是设计结束。因此，他把景观设计过程分为七个阶段。

1. 策划

首先理解项目特点，经调查研究，然后在历史中寻求适用案例，前瞻性地预想新技术、新材料和新规划理论的改进。策划的关键目的是寻找适当的途径，利用可用资源，达成可能的目标。

2. 选址

首先将计划中必要或有益的场地特征罗列出来，然后寻找和筛选场址范围，最后寻求数据的帮助。选址工作往往是由规划指定的。

3. 场地分析

借助地形测量图和场地分析图充分挖掘场地特征，尽可能利用场地的特性创造独特的设计形式。场地分析是有关工程基本技术的问题，与建筑设计采用同样的分析方法。

4. 概念规划

概念规划是在明确设计的主题方向和宏观空间关系构成方式的前提下，完成整套的设计文件。概念规划是景观设计最重要的工作步骤，它关系到景观设计方向的确定。

5. 影响评价

影响评价是对于本地区的建设对周边的影响，给出客观的评价。

6. 综合

综合是权衡成本造价与设计想法的关系，使设计变成可实施的过程。

7. 施工和使用运行

施工和使用运行是指对施工过程的监控和使用运行的有效管理。

二、景观设计程序

景观设计工程是项庞大、复杂、综合性极强、需要多方配合的工程。一般情况下，完整的景观设计程序包括参加建设项目的决策、编制各个阶段的设计文件、配合施工和参加验收及进行总结的全过程。

（一）项目前期阶段

1. 设计委托阶段

①接受设计委托，达成初步设计意向，收集项目背景资料并分析设计任务。

②向甲方提供项目建议书（包括公司简介、案例展示、项目建议）。

2. 项目准备性分析阶段

①实地调研、收集资料：基地现状分析（见表 10-1-1）；景观资源分析；交通区域分析；当地历史、人文景观分析；规划与建筑设计理念分析；项目市场定位分析；设计条件及客户要求的合理性分析。

表 10-1-1 场地现状基础调查

项目	内容
场地范围	场地方位、面积、朝向、道路红线建筑控制线、现状地形等情况
规划要求	用地性质、绿地率、高度限制、停车场数量等情况
场地环境、地质水文	场地的区位、公共设施建设情况、交通设施状况等情况
场地建设现状	原有建构筑物、绿地、道路、沟渠、管线等情况
市政公共设施	周围给水、排水、电力、燃气等管线的位置、方向、高程等情况

②与甲方沟通：要了解建设规模、投资规模、技术经济指标、设计周期、项目“红线图”，确认项目面积，提炼整理甲方的要求、植物品种和功能设施上的要求等。

（二）设计阶段

设计过程按设计深度的不同，又分为概念设计、方案设计以及深化设计（或称扩初设计）、施工图设计四个阶段。不同设计深度对应不同的图纸表达方式，每个设计阶段有基本固定的表达内容。其中，景观的方案设计、初步设计和施工图设计是景观设计的最主要的工作。它们与前期准备工作、回访总结等构成了设计的三个基本工作阶段。

1. 概念设计阶段

方向就是目标。在前期准备工作和调研的前提下，认真研究和解读设计任务书中的各项设计要求，结合场地现状，对场地设计的发展进行预测，在充分考虑场地整体与周边环境的关系，合理有效地组织场地内各景观点之间的位置、比例和景观关系的前提下，进一步表达整体场地设计目标和主题概念。设计目标往往比较抽象，需要由明确的主题进行提炼和表达。

本阶段可以配以彩色总平面图及设计说明书、设计意向图片素材等进行阐述，与甲方商榷景观硬质主材、植物苗木等。

[案例]

某小区设计主题：“都市家园”

设计目标：　促进居民之间的相互沟通与交流

景观策略：　A. 以完备的设施与服务组织居民的日常户外生活

B. 形成以院落为空间核心的基本居住生活单元

C. 创造显著的空间特色，培育居民共同的归属感

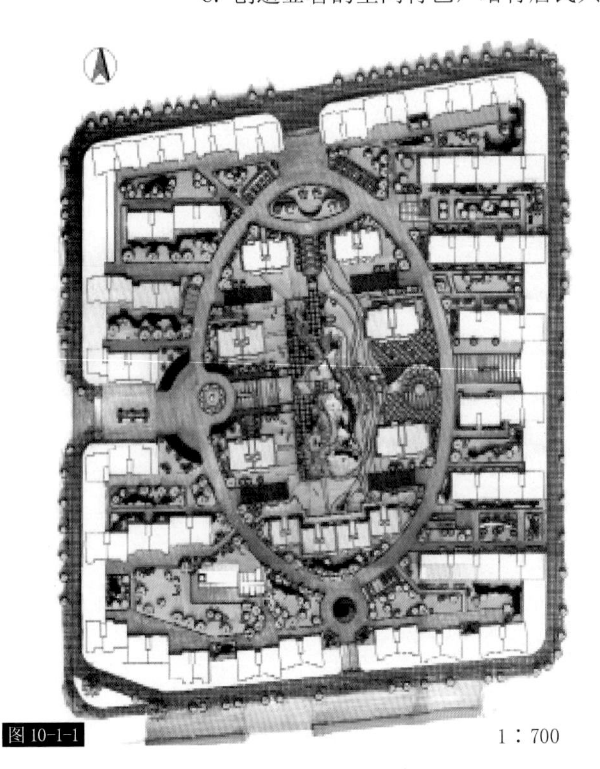

图 10-1-1　1：700

2. 方案设计阶段

①整体的设计说明：基地的概况，设计的内容，对设计遵循的法规、设计原则、设计风格、设计理念、总体布局等内容用文字进行阐述。

②场地现状分析图：分析场地及其周围的自然条件、建设条件和城市规划的要求等，明确影响你的设计的各种因素及问题，提出初步解决方案。根据分析后的现状资料，对现状做综合评述。可用圆圈或抽象图形将其概括地表示出来。例如，对四周道路、环境分析后，可划定出入口的范围；再如，某一方向居住社区中、人流多、四通八达，则可划成比较开放、活动内容比较多的区。在现状图上，可分析该区域设计中的有利和不利因素，以便为功能分区提供参考依据。

③总体方案彩色平面图：合理组织场地内的室外环境空间，综合布置各种环境设施、小品及绿化工程等，有效地控制噪声等环境污染因素，创造优美宜人的室外环境。需要注明各功能空间及景点名称，并标注剖面位置等内容（见图 10-1-1）。

④方案效果、意向图：整体鸟瞰图、主要景点的透视效果图，场地主、次入口透视效果图及设计说明、组团内景观的彩色照片设计意向图，道路、广场、水体、景观小品的装饰材料名称，地下车、人行出入口的顶盖方案说明，植物配置意向设计图及植物配置说明等（见图 10-1-2 至图 10-1-5）。

图 10-1-2

图 10-1-3

图 10-1-4　图 10-1-5

⑤主要景点的立剖图：地块的横断面、纵断面图可反映景观的立面变化（见图 10-1-6）。

⑥景观分析图：景观分析图是表达设计思路的重要途径，主要包括如下内容。

场地空间、功能分析图：根据规划设计原则并结合场地的现状条件，确定该区域划分为几个空间，使不同的空间反映不同的功能，合理确定场地内建筑区、构筑物和其他工程设施的相互间的空间关系，既要形成一个统一整体，又能反映各区内部设计因素间的关系，使功能与形式尽可能统一，并具体地进行平面布置。该类图属于示意说明性质，可以用抽象图形或圆圈等图案予以表示（见图 10-1-7）。

交通组织流线、消防图：合理组织场地内的各种交通流线，避免各种人流、车流之间的相互交叉干扰，并进行道路、停车场、出入口等交通设施的具体布置（见图 10-1-8）。

景观轴线、视线分析图：主要反映景观的组织方法，视觉走廊的构成，观赏景色视距、视角等之间的关系（见图 10-1-9）。

绿化种植分析图：主要反映乔灌木、地被草坪等的种植关系（见图 10-1-10）。

⑦技术经济分析：核算场地设计方案的各项技术经济指标，满足有关城市规划等控制要求，核定场地的工程量和造价，进行必要的技术经济分析。

3. 深化设计阶段

在优秀方案设计的基础上进行深化设计，审定方案阶段设计意见和建议，提出具有较强操作性的深化设计方案（见图 10-1-11 至图 10-1-28）。深化设计主要成果包括如下内容：①设计说明，②总平面效果图和鸟瞰效果图，③各景观组团彩色总平面效果图、鸟瞰效果、漫游动画，④硬质景观的装饰设计图，⑤景观设计及立剖图，⑥景观小品及城市家具布置图，⑦各景观建筑、水体的局部大样图（含平、立、剖面图，要标明尺寸和周边的位置关系），⑧灯具配置图，⑨水景配置图，⑩植物配置图及植物品种、数量、规格统计表，竖向布置图（结合地形，拟定场地的竖向布置方案，有效地组织地面排水，确定场地各部分的设计标高和建筑室内地坪的设计高程，合理进行场地的竖向设计），管线综合图（协调各种室外管线的敷设，合理进行场地的管线综合布置，并具体确定各种管线在地上和地下的走向、辐射顺序、管线间距、架设高度和埋深深度等，避免互相干扰）。

图 10-1-6

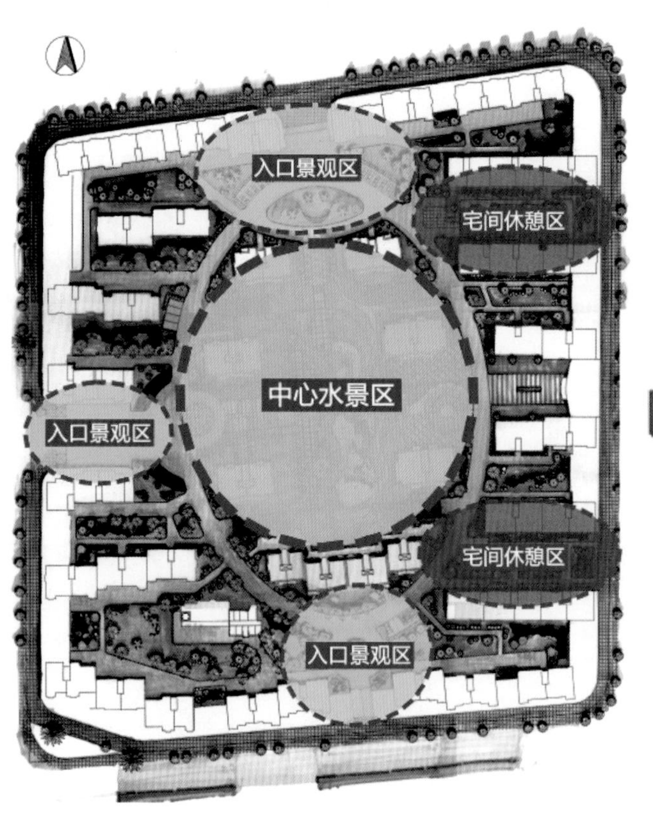

图 10-1-7

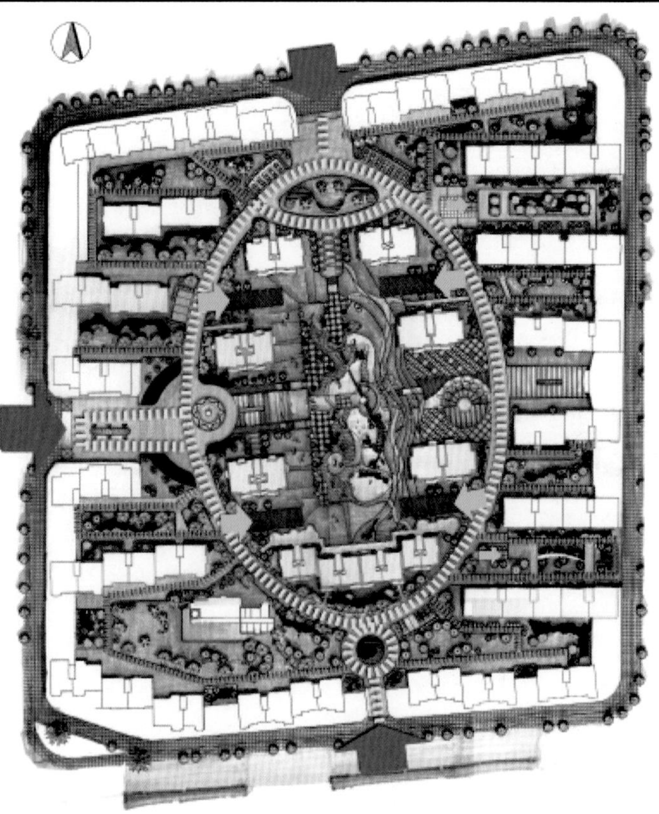

小区主入口　地下停车场入口　主干道　次干道

图 10-1-8

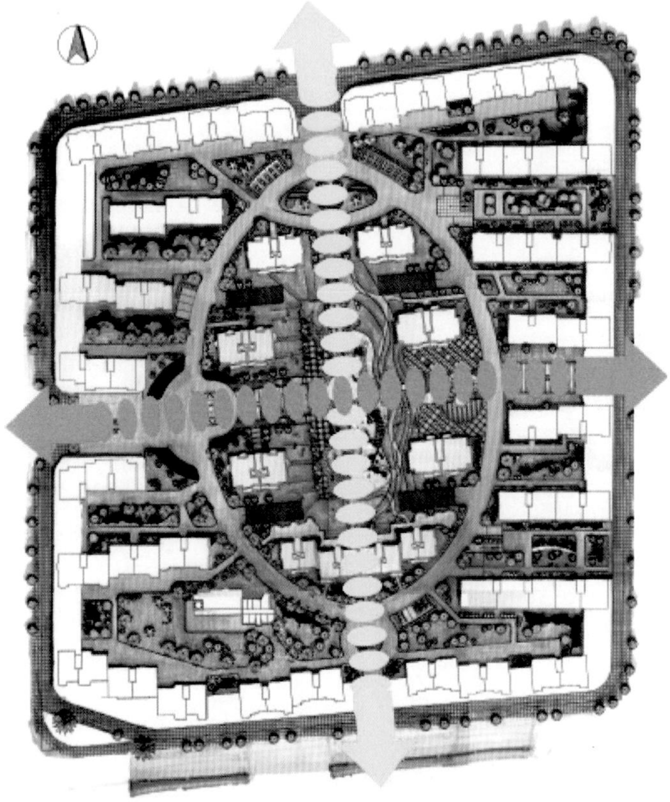

景观主轴线　景观次轴线

图 10-1-9

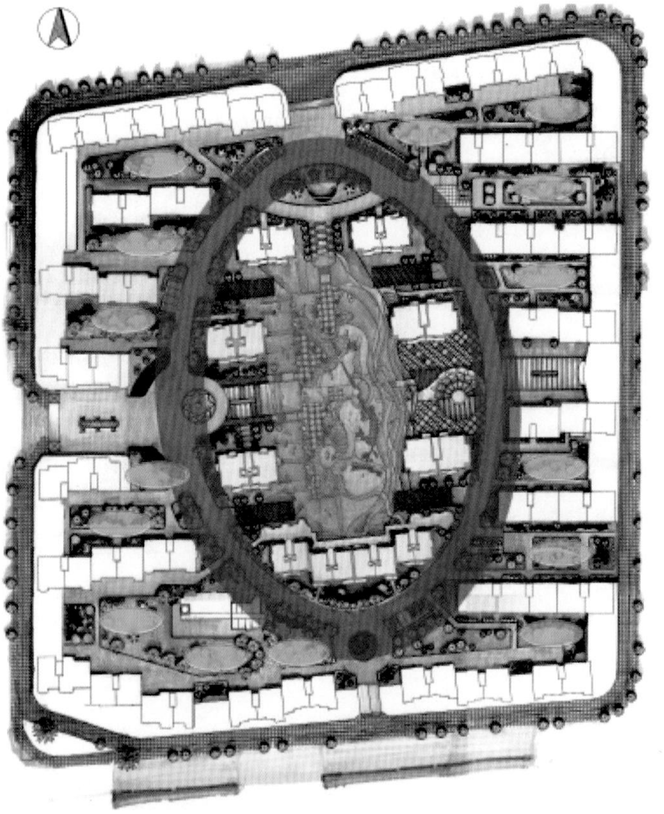

中心绿化带　主干道旁绿化　区间绿化

图 10-1-10

4. 施工图设计阶段

施工图设计的目的在于深化初步设计，在落实设计意图和技术细节的基础上，设计并绘制用于指导具体施工工作的成套施工图。施工图设计必须在初步设计经有关主管部门批准后才能进行，并应该落实审批意见，满足设计任务书等的要求，符合施工技术、材料等实际情况。

5. 景观设计的依据

（1）有关法规

有关法规包括《设计文件的编制和审批办法》《建设工程设计文件编制深度规定》《基本建设设计工作管理暂行办法》。

（2）有关设计规范

有关设计规范包括《总图制图标准》（GB/T 50103—2010）、《民用建筑设计统一标准》(GB 50352—2019)、《城市居住区规划设计标准》(GB 50180—2018)、《城市综合交通体系规划标准》(GB/T 51328—2018)、《城市道路工程设计规范》(CJJ 37—2012)、《无障碍设计规范》(GB 50763—2012)。

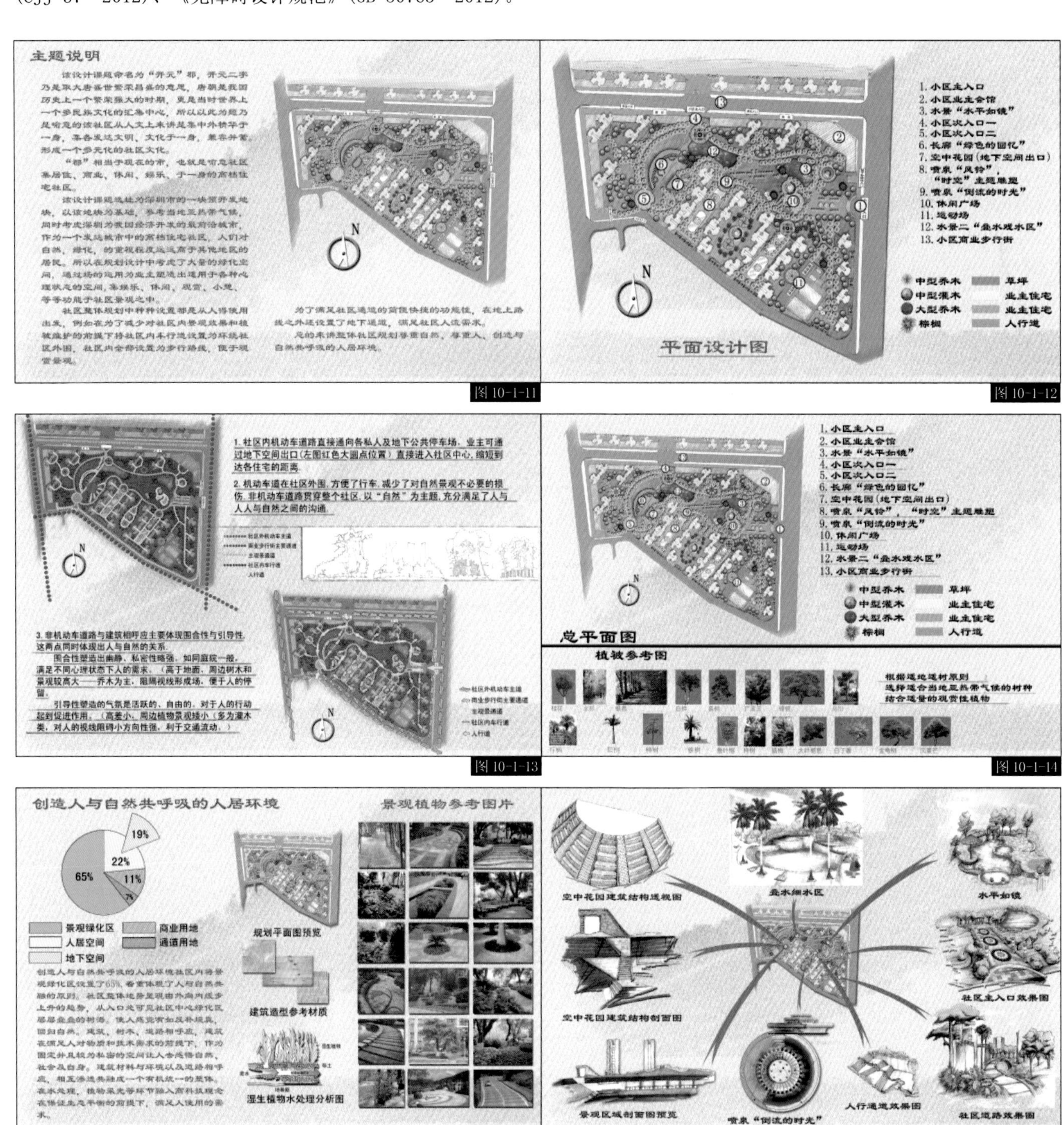

图 10-1-11　图 10-1-12　图 10-1-13　图 10-1-14　图 10-1-15　图 10-1-16

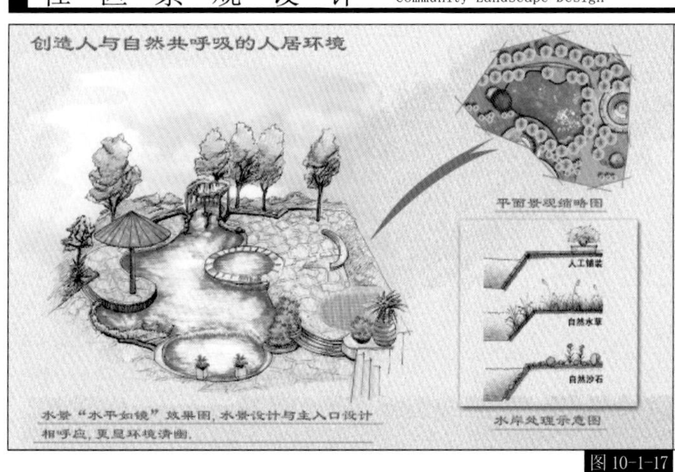

图 10-1-17

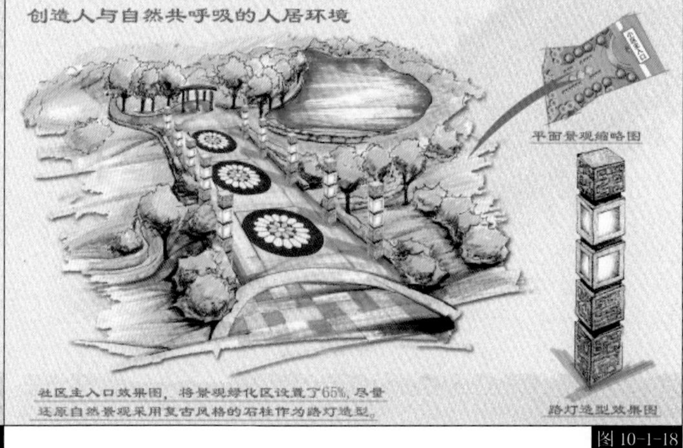

图 10-1-18

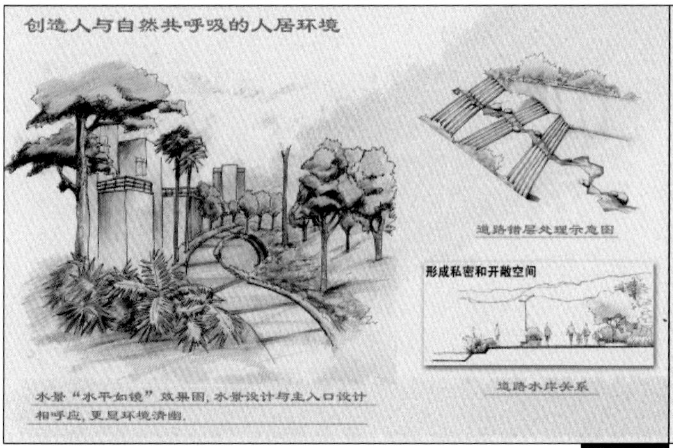

创造人与自然共呼吸的人居环境

道路错层处理示意图

形成私密和开敞空间

水景"水平如镜"效果图，水景设计与主入口设计相呼应，更显环境清幽。

道路水岸关系

图 10-1-19

大理石拼花地面

景观亭平面

喷泉小品

大理石拼花地面

大理石拼花地面

喷泉小品

喷泉"倒流的时光"

运动场木地板拼花

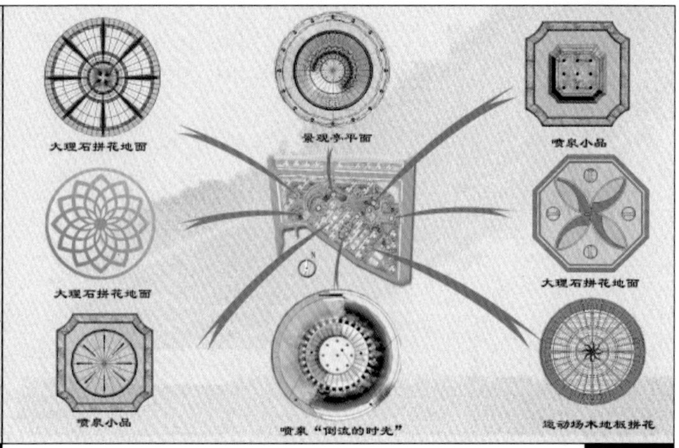

图 10-1-20

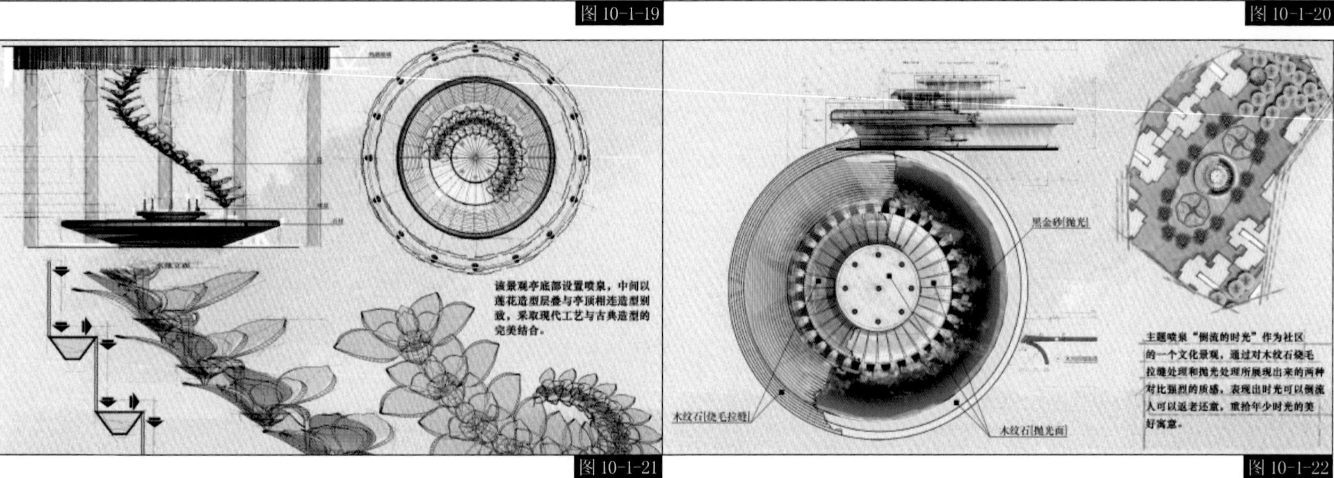

图 10-1-21

图 10-1-22

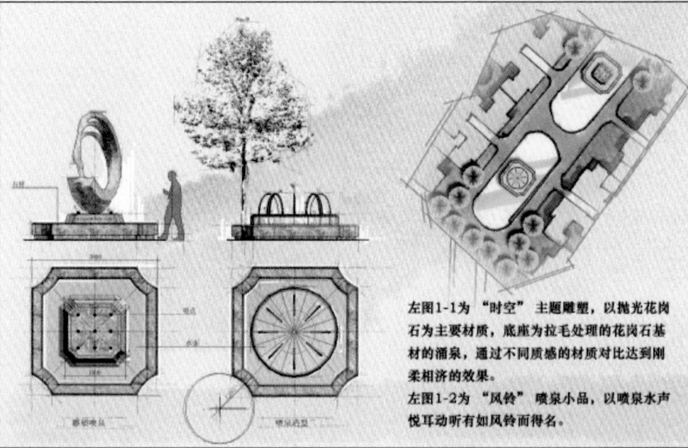

图 10-1-23

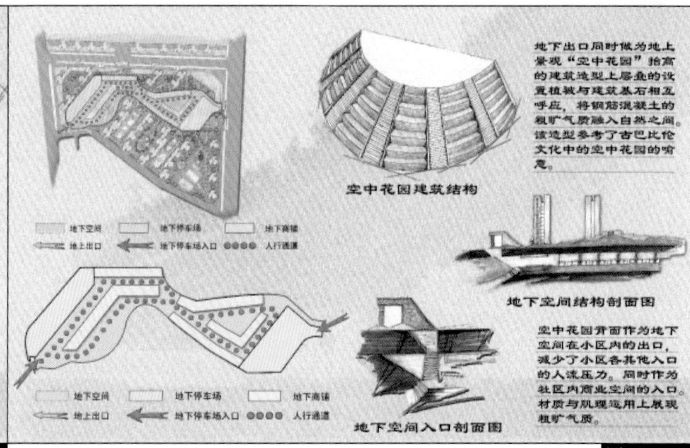

图 10-1-24

图 10-1-25

图 10-1-26

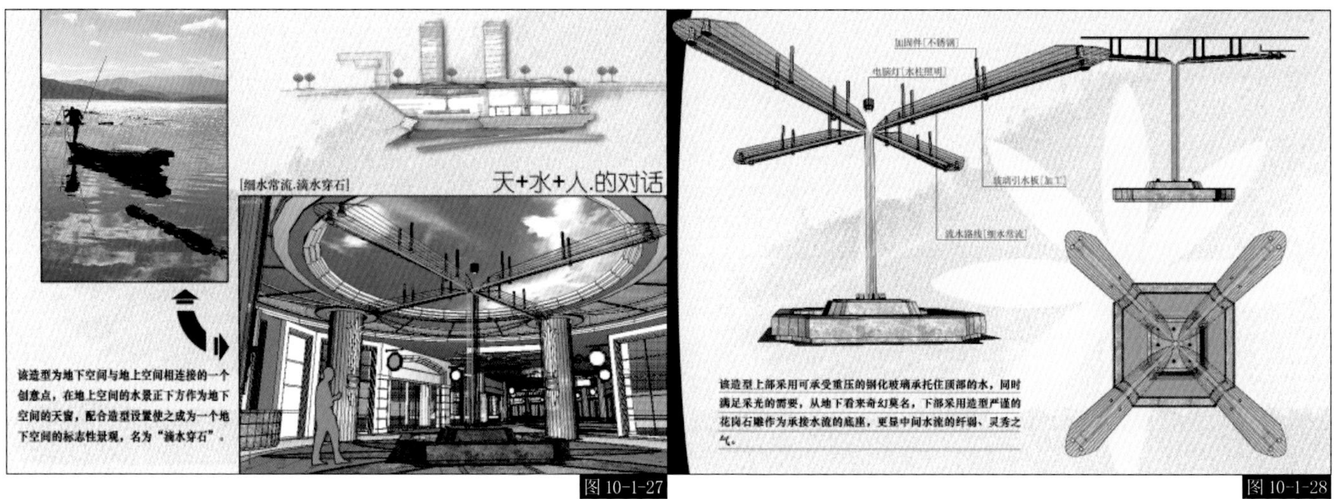

图 10-1-27

图 10-1-28

第二节 景观施工图

景观施工图是进行工程量核算、制定工程预算书、安排施工材料、安排工期、景观施工、组织验收等的重要依据。景观施工图通过施工图纸的形式传达设计意图、施工工艺、材料与构造、技术指标等相关内容。

一、景观制图设计与规范

为保证施工人员能够读懂图纸，按图施工，景观施工图在图幅、图纸比例、图框、图例、文字、标注形式、施工图设计等方面加以规范。

（一）图幅与图框

施工图对图纸尺寸有统一要求，一般分为A0、A1、A2、A3、A4几种规格。其中A4幅面主要用于目录、变更、修改等。每种规格可按照标准适当加长，加长的数值应为1/8的倍数，加长后的图纸规格表示为“Ax+1/Y”。为方便施工人员现场操作，建议图幅不超过A1，以A2大小为宜。

（二）图纸比例

应根据施工图的类别和要表达的内容，选用适当的出图比例。通常总平面图选用1∶500、1∶1000、1∶2000的比例，在特殊情况下，某些特别大的项目可以选用1∶3000、1∶4000等。分区总平面图通常选用1∶500的比例，详图部分则选用1∶500以下的比例，大多详图选用1∶10、1∶20、1∶50等比例。

（三）文字与标注

施工图中图样及说明中的汉字宜采用长仿宋字，字宽与字高的关系应符合国家相关规范的要求。计算机辅助制图则应选用单线字体。同一图形文件内字形数目不要超过四种。

（四）图纸深度

工程图纸除应达到国家规范规定深度外，还须满足业主提供例图深度及特殊要求。

二、景观设计施工图内容

在施工设计阶段要做出施工总平面图、竖向设计图、园林建筑设计图、道路广场设计图、种植设计图、水系设计图、各种管线设计图，以及假山、雕塑、栏杆、标牌等小品设计详图。另外要做出苗木统计表、工程量统计表、工程预算等。

（一）封面

封面包括：项目名称、图纸类别（施工图、方案图、竣工图等，如包含多个分册，应注明所属分册名称）、设计单位名称、完成时间、工程项目编号等。

（二）目录

各个专业图纸目录参照下列顺序编制。

①景观专业：景观设计说明、总图、竖向图、放线图、索引图、分区图、节点详图、铺装详图。

②建筑专业：建筑设计说明、建筑构造做法一览表、建筑定位图；平面图、立面图、剖面图、楼梯、部分平面、建筑详图。

③结构专业：结构设计说明，桩位图，基础图，基础详图，地下室结构图，地下室结构详图，楼面结构布置，楼面配筋图，梁、柱、板、楼梯详图，结构构件详图。

④电气专业：电气设计说明、主要设备材料表、平面图、详图、系统图、控制线路图，大型工程应按强电、弱电、火灾报警及其智能系统分别设置目录。

⑤给排水专业：给排水设计说明，总图，平面图（自下而上），详图，给水、消防、排水、雨水系统图。

⑥暖通空调专业：暖通设计说明、主要设备材料表、平面图、剖面图、详图、系统图。

⑦绿化专业：绿化设计说明、苗木材料表、总图、乔木种植图、灌木种植图、地被种植图。

每一专业图纸应该对图号统一标示，以方便查找，如：总图可以缩写为“园总施（YZS）”，景观施工详图可以缩写为“详施（XS）”，结构施工图可以缩写为“结施（JS）”，给排水施工图可以缩写为“水施（SS）”，种植施工图可以缩写为“绿施（LS）”。

（三）总说明

说明书的内容是初步设计说明书的进一步深化。说明书应写明设计的依据、设计对象的地理位置及自然条件、景观绿地设计的基本情况、各种景观工程的论证叙述、景观建成后的效果分析等。此外，各专业图纸还要有专项说明，如土建及结构说明、给排水设计说明、电气设计说明、绿化种植设计说明等。

（四）总图部分

总图部分须交代清楚设计的总体效果。在总图设计阶段，要对整个场地进行全局设计和控制。主要包括总平面图、索引、竖向、放线、铺装、种植等设计内容。总图绘制的技术依据是《总图制图标准》（GB/T 50103—2010）。

1. 总平面图

总平面图表明各种设计因素的平面关系和它们的准确位置，放线坐标网、基点、基线的位置。其作用之一是作为施工的依据，其二是作为绘制平面施工图的依据。

施工总平面图图纸内容包括：保留的现有地下管线（用红色线表示）、建筑物、构筑物、主要现场树木等（用细线表示），设计的地形等高线（用细黑虚线表示），高程数字、山石和水体（用粗黑线外加细线表示），建筑和构筑物的位置（用黑线表示），道路广场、园灯、园椅、果皮箱等（用中粗黑线表示）放线坐标网。

2. 平面索引图

平面索引图用于指引施工详图所示内容的具体位置，通过编制图号索引，使各景点与做法一一对应，便于查找。

3. 铺装平面索引图

铺装平面索引图主要为区分场地内硬质铺装不同材料、不同铺装方式的范围。图纸上以不同的填充图案加以区分，同时建立图例列表。

4. 放线图

放线图是施工中对铺装、小品、园林建筑、水体及其他设施定位的依据，以保证定位准确。通常采用百格网配合尺寸标注方式进行定位。

5. 竖向设计图（高程图）

竖向设计图包括竖向设计平面图和竖向设计剖面图。图中要反映出地形设计、等高线、山石水体、道路和建筑的标高。

（1）竖向设计平面图

首先控制最高点或某些特殊点的坐标及该点的标高。如道路的起点、变坡点、转折点和终点等的设计标高（道路在路中，阴沟在沟顶和沟底），横纵坡度、横纵坡向、纵坡距、排水方向、平曲线要素、竖曲线半径、关键点坐标；建筑物、构筑物室内外设计标高；挡土墙、护坡或土坡等构筑物的坡顶和坡脚的设计标高；水体驳岸、岸顶、岸底标高，池底标高，水面最低、最高及常水位。若有地形塑造设计，需绘制地形等高线，设计等高线的等高距一般取 0.25 ～ 0.5 米。

（2）竖向设计剖面图

主要部位山形，丘陵、谷地的坡势轮廓线（用黑粗实线表示）及高度、平面距（用黑细实线表示）等。剖面地起讫点、剖切位置编号必须与竖向设计平面图上的符号一致。

6. 种植设计平面图

种植设计平面图用以表达植物配置、树木的种植形式、种植位置、树种、株数等。树丛、树群、花坛应配以透视图。

根据树木种植设计，在施工总平面图基础上，用设计图例绘出常绿阔叶乔木、落叶阔叶乔木、落叶针叶乔木、常绿针叶乔木、落叶灌木、常绿灌木、整形绿篱、自然形绿篱、花卉、草地等具体位置和种类、数量、种植方式，株行距等如何搭配。同一幅图中树冠的表示不宜变化太多，花卉绿篱的图示也应该简明统一，针叶树可重点突出，保留的现状树与新栽的树应该加以区别。复层绿化时，用细线画大乔木树冠，用粗一些的线画冠下的花卉、树丛、花台等。树冠的尺寸大小应以成年树为标准。如大乔木 5 ～ 6 米，孤植树 7 ～ 8 米，小乔木 3 ～ 5 米，花灌木 1 ～ 2 米，绿篱宽 0.5 ～ 1 米，种名、数量可在树冠上注明，如果图纸比例小，不易注字，可用编号的形式，在图纸上要标明编号树种名、数量对照表。成行树要注上每两株树距离。

图纸绘制完成后，应对场地内的植物进行统计，编制苗木表。该表主要由植物“名称”“数量”“规格”以及“备注”栏组成。“名称”栏要标注中文以及拉丁文名称；“规格”栏内详细标注植物的设计规格要求，乔木主要控制胸径、冠幅、高度、分枝点高度等，灌木主要控制高度、冠幅、主枝数量等，地被植物主要规定种植密度、苗龄、每株植物的芽点数等；“数量”栏标注场地范围内植物的设计数量，乔灌木标明株数，地被植物标明种植面积；“备注”栏标注其他未尽事项。苗木表内还可以标明植物种植时以及养护管理时的形状姿态、整形修剪形式、特殊造型要求等相关内容。

（五）分区图部分

大型景观项目，由于总图比例较大，不能清晰表达各主要节点的设计内容和设计细节，因此须划分成不同区域，对各主要节点进行详细表达。分区图纸类别与总图部分相似，包括平面图、索引图、放线图、竖向设计图等。

（六）土建详图部分

土建详图是景观施工图中通过平面图、立面图、剖面图、标注的方法，详细表达场地内景观建筑、景观小品、道路铺装等要素的具体施工方法、尺寸、材质、施工工艺等内容的图纸。

1. 铺装细部详图

铺装细部详图是表达道路、广场等场地硬质铺装做法的图纸，包括以剖面的形式详细规定的面层材质、规格，结合层材料、厚度，垫层材料、厚度等细部的做法；以平面大样图的形式规定面层铺装纹样、不同材质分区、面层材质表面处理工艺等细节。

2. 景观建筑详图

景观建筑详图表现各景观建筑的位置及建筑本身的组合、选用的建材、尺寸、造型、高低、色彩、做法等。如一个单体建筑，必须画出建筑施工图（建筑平面位置图、建筑各层平面图、屋顶平面图、各个方向立面图、剖面图、建筑节点详图、建筑说明等）、建筑结构施工图（基础平面图、楼层结构平面图、基础详图、构件线图等）、设备施工图，以及庭院的活动设施工程、装饰设计。

3. 水景细部详图

水景设计图标明水体的平面位置、水体形状、深浅及工程做法。它包括如下内容。

（1）平面位置图

依据竖向设计和施工总平面图，画出河、湖、溪、泉等水体及其附属物的平面位置。用细线画出坐标网，按水体形状画出各种水景的驳岸线、水地、山石、汀步、小桥等的位置，并分段注明岸边及池底的设计标高。最后用粗线将岸边曲线画成近似折线，作为湖岸的施工线，用粗实线加深山石等。

（2）纵横剖面图

水体平面及高程有变化的地方要画出剖面图。通过这些图表示出水体的驳岸、池底、山石、汀步及岸边的处理关系。某些水景工程，还有进水口、溢水口、泄水口大样图，池底、池岸、泵房等工程做法图，水池循环管道平面图。水池管道平面图是在水池平面位置图基础上，用粗线将循环管道走向、位置画出，并注明管径、每段长度，以及潜水泵型号，并加简短说明，确定所选管材及防护措施的图纸。

4. 景观小品详图

景观小品包括桌椅、雕塑、标牌、健身器材等内容，既有成品可供工程选用，又可以现场制作。成品选用方便但缺少变化。假山小品设计图必须先做出山、石等施工模型，以便施工时掌握设计意图。参照施工总平面图及竖向设计画出山石平面图、立面图、剖面图，注明高度及要求。

5. 种植细部详图

对于重点树群、树丛、林缘、绿篱、花坛、花卉及专类园等，可附种植大样图，常用 1∶100 的比例。要将群植和丛植的各种树木位置画准，注明种类数量，用细实线画出坐标网，注明树木间距。并做出立面图，以便施工参考。

（七）管线设计部分

在管线设计的基础上，表现出上水（生活、消防、绿化、市政用水）、下水（雨水、污水）、暖气、煤气、电力、电讯等各种管网的位置、规格、埋深等。管线设计图内容如下。

1. 平面图

平面图是在建筑、道路竖向设计与种植设计的基础上，表示管线及各种管井的具体位置、坐标，并注明每段管的长度、管径、高程以及如何接头等的图纸。原有干管用红实线或黑细实线表示，新设计的管线及检查井则用不同符号的黑色粗实线表示，平面图例（见表 10-2-1、表 10-2-2）。

2. 剖面图

画出各号检查井，以黑粗实线表示井内管线及截门等交接情况。

（八）电气部分

为解决总用电量、用电利用系数、分区供电设施、配电方式、电缆的敷设以及各区各点的照明方式及广播、通信等的位置。在电气初步设计的基础上标明园林用电设备、灯具等的位置及电缆走向等，平面图例（见表 10-2-3）。

（九）编制预算

在施工设计中要编制预算。它是实行工程总承包的依据，是控制造价、签订合同、拨付工程款项、购买材料的依据，同时也是检查工程进度、分析工程成本的依据。预算包括直接费用和间接费用。直接费用包括人工、材料、机械、运输等费用。间接费用按直接费用的百分比计算，其中包括设计费用和管理费。

表 10-2-1 给水平面图例

图例	名称及规格
	灌溉接水栓（DN25）
	阀门
	止回阀
	防倒流器
	注水器（DN100）
	DN25 水龙头
	OD1/OD2 潜水泵 QY65-13-4
	PPR 给水管（1.0MPa）

表 10-2-2 排水平面图例

序号	图例	名称及规格
1		平箅雨水口 500×300
2		排空阀门井 PFxxx
3		地漏（DN100）
4		PVC-U 排水管

表 10-2-3 电气平面图例

图例	名称	规格	颜色	备注
	庭院灯	45W 节能管	黄光	H=3.5M
	草坪灯	18W 节能管	黄光	H=0.8M
	水底灯	6W LED 12V	黄光 / 白光	
	泳池壁灯	9W LED 12V	黄光 / 白光	
	特色吊灯	36W 节能管		
	地埋灯			
	LED 水下射灯			
	荧光灯			
	潜水泵			
	户外防水接线盒			
	隔离低压变压器			室外座地（绿化隐蔽）
	照明配电箱			室外座地
	电子灭蚊器	40W		室外安装

三、景观施工图设计表达

施工图目录如图 10-2-1 所示、总说明如图 10-2-2 所示。

私家别墅施工图目录表 （共1页，Z-M1）

序号	图号	图名	图幅	备注	序号	图号	图名	图幅	备注
1	Z-M1	施工图目录	A3		26	J-9	入户平台1平面图	A3	
2	J-00	施工图设计总说明	A3		27	J-9-1	入户平台1平面图	A3	
3	Z-1	园建指引总平面图	A2+		28	J-10	休息平台平面图	A3	
4	Z-2	网格放线总平面图	A2+		29	J-11	入户平台2平面图	A3	
5	Z-3	标高总平面图	A2+		30	J-12	泳池平面图	A3	
6	Z-4	铺装总平面图	A2+		31	J-12-1	泳池网格放线详图	A3	
7	Z-5	尺寸定位总平面	A2+		32	J-12-2	泳池铺装平面图	A3	
8	J-1	木平台平面图	A3		33	J-12-3	泳池台阶剖面图	A3	
9	J-1-1	1-1剖立面 景墙一侧立面	A3		34	J-12-4	泳池缘剖面图1	A3	
10	J-1-2	详图	A3		35	J-12-5	泳池缘剖面图2	A3	
11	J-1-3	景墙详图	A3		36	J-12-6	泳池扶手正立面侧立面图	A3	
12	J-1-4	木平台详图	A3		37	J-13	入户平台3平面图	A3	
13	J-2	临水平台1平面图	A3		38	J-13-1	入户平台3铺装图	A3	
14	J-2-1	临水平台1详图	A3		39	JB-1	标准剖面图一	A3	
15	J-3	瀑布剖面图	A3		40	JB-2	池壁标准剖面图	A3	
16	J-4	木平台2平面图	A3		41	JB-3	标准剖面图二	A3	
17	J-5	临水平台2平面图	A3		42	JB-4	园路伸缩缝大样	A3	
18	J-5-1	临水平台2铺装图	A3		43				
19	J-5-2	临水平台剖面图 1-1剖面图	A3		44				
20	J-6	临水平台3平面图	A3		45				
21	J-7	双重四角亭周边平面图	A3		46				
22	J-7-1	双重四角亭平立面图	A3		47				
23	J-7-2	四角亭屋顶平面图/剖面图及详图	A3		48				
24	J-7-3	四角亭座凳、柱基础平面图	A3		49				
25	J-8	临水平台4平面图	A3		50				

工程名称：私家别墅环境绿化工程
总设计师：
规划设计：
审　核：
复　核：
设　计：
制　图：
图纸名称：施工图目录表
图纸类别：园建施工图
图幅大小：
日期：　比例：
修改日期：
图　号：Z-M1

图 10-2-1

图 10-2-2

扫一扫 看大图

扫一扫 看大图

总图部分包括：园建指引总平面图（见图 10-2-3）、网格放线总平面图、标高总平面图、铺装总平面图、尺寸定位总平面图等。

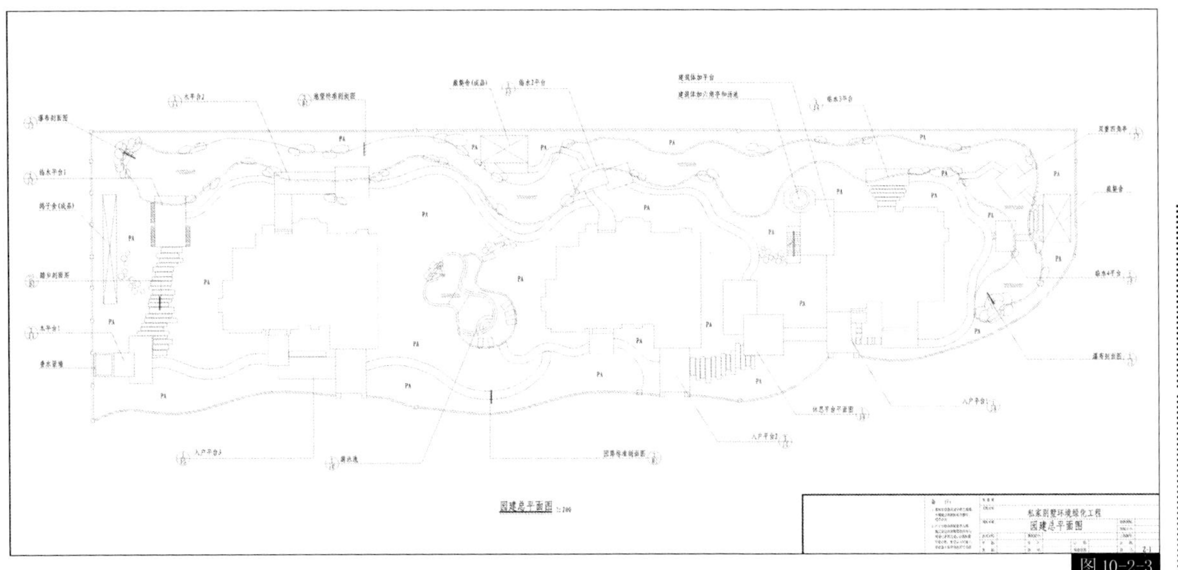

图 10-2-3

土建详图部分包括：景墙详图（见图 10-2-4），瀑布剖面图，双重四角亭平、立面图等。

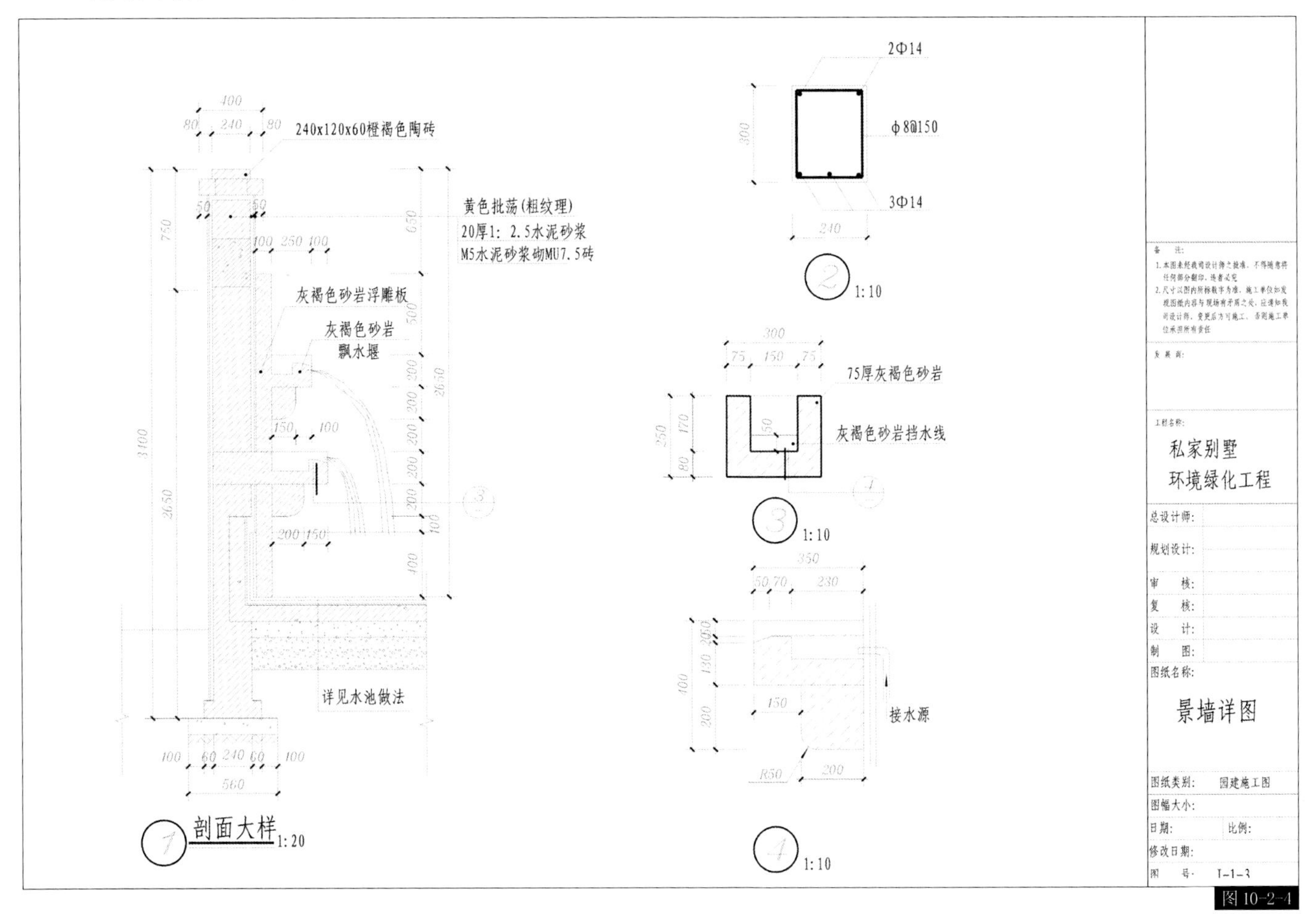

图 10-2-4

扫一扫 看大图

扫一扫 看更多

植物绿化部分包括：苗木清单（见图 10-2-5），地被配置平面图，乔、灌木配置平面图等。

三栋私家别墅绿化乔灌苗木清单

编号	中文名	规格			数量	单位	备注
		胸径 ϕ (CM)	高度 H(M)	冠幅 B(M)			
1	法桐	ϕ 25	H7-8	B5-6	9	株	干直，枝条舒展，冠幅饱满
2	元宝枫	ϕ 25	H7-8	B5-6	2	株	干直，枝条舒展，冠幅饱满
3	银杏A	ϕ 25	H7-8	B4-5	1	株	干直，枝条舒展，冠幅饱满
4	银杏B	ϕ 12-13	H6-7	B3-3.5	9	株	干直，枝条舒展，冠幅饱满
5	国槐	ϕ 20	H7-8	B5-5.5	1	株	干直，枝条舒展，冠幅饱满
6	柿树	ϕ 18-20	H5-6	B4-5	5	株	冠幅饱满，形态优美
7	绦柳A	ϕ 18	H5-6	B4.5-5.5	5	株	干直，枝条舒展，冠幅饱满
8	绦柳B	ϕ 12-13	H4-5	B3.5-4.5	20	株	分枝点低于0.8M,分枝舒展并不少于6支，冠幅饱满
9	苹果	ϕ 15-16	H4-5	B3.5-4.5	6	株	分枝点<0.5M,至少5个主分枝，冠幅饱满，形态优美
10	合欢	ϕ 12-13	H6-7	B4.5-5.5	8	株	干直，枝条舒展，冠幅饱满
11	玉兰	Dϕ 7-8	H3.5-4	B2.8-2.2	8	株	冠幅饱满，形态优美
12	八菱海棠	Dϕ 6-7	H3-3.5	B2.5-3	6	株	从生状，分枝不少于8支，形态优美
13	垂丝海棠	Dϕ 5-6	H2.2-2.5	B1.8-2.2	11	株	从生状，分枝不少于8支，形态优美
14	榆叶梅	Dϕ 5-6	H2.5-3	B1.8-2.2	12	株	分枝点低于0.5M，最少具5枝主枝，冠幅饱满
15	紫叶桃	Dϕ 4-5	H1.8-2.2	B1.8-2.2	3	株	树冠呈开心型，分枝点低于0.5M，最少具5枝主枝，饱满
16	石榴	Dϕ 4-5	H2-2.5	B1.5-1.8	27	株	分枝点低于0.5M,形态优美，冠幅饱满
17	紫叶李	Dϕ 4-5	H2.5-3	B1.5-1.8	13	株	分枝点低于0.5M,形态优美，冠幅饱满
18	云杉		H3-3.5	B2.5-3	8	株	形态优美
19	金银木		H2-2.5	B2-2.5	10	株	枝条舒展，形态优美
20	木槿		H2.5-3	B2-2.2	10	株	从生，冠幅饱满，形态优美
21	紫荆		H2-2.2	B1.8-2	21	株	从生，冠幅饱满，形态优美
22	紫薇		H1.8-2	1.5-1.8	23	株	从生，每株不少于8支大枝，分枝多，饱满
23	大叶黄杨球		H0.8-1	B1-1.2	26	株	球形，形态优美
24	红王子锦带		H0.8-1	B1-1.2	5	株	从生，冠幅饱满，形态优美
25	紫叶小檗球		H0.8-1	B1-1.2	8	株	球形，形态优美
26	金叶女贞球		H0.8-1	B1-1.2	21	株	球形，形态优美
27	早园竹		H3-4		188	M^2	形态优美

注：胸径ϕ是指距地平1M高处的树干直径，Dϕ(地径)是指距地平0M处的树干直径；高度H是指苗木的自然高度，GH是指棕榈类植物的干高；冠幅B是指苗木修剪后的冠幅乔灌选苗时，应以苗木的整体形态作为选苗首选条件，同一规格范围内的苗木其高度要有区分。如：大王椰子H5－6m 7 株， 则应在7株内包含5m、6m、及中间高度(如5.5m)的苗木，不能全为5m或全为6m。地被选苗时，应选择枝叶饱满的，不可出现单枝苗木，如大叶红草，H20CM，B20CM，其枝干应不少于5枝，蜘蛛兰，H30CM，B30CM，其叶片应不少于6片，若无特殊标示，地被种植都应以能完全覆盖地表为标准。

图 10-2-5

扫一扫 看大图

扫一扫 看更多

给排水部分包括：施工图目录（见图 10-2-6）、水电施工图设计说明、给水平面图、排水平面图、泳池循环给水平面图等。

私家别墅环境绿化工程

（水电施工图目录表）

序号	图号	图名	图幅	备注
1	S-M-1	水电施工图目录表	A3	
2	S-0-1	给排水设计说明	A3	
3	SZ-1	给水平面图	A2+1/2	
4	PZ-1	排水平面图	A2+1/2	
5	S-1	泳池循环给水平面图	A3	
6	S-1-1	壁挂式过滤器安装大样图	A3	
7	S-1-2	水泵坑详图	A3	
8	S-2	特色景墙喷水平面图	A3	
9	S-B-0	接水栓安装大样图	A3	
10	S-B-1	开孔管安装大样图	A3	
11	S-B-2	水泵井潜水泵安装大样图	A3	
12	S-B-3	平衡水箱井详图	A3	
13	P-B-1	240宽溢流槽剖面图	A3	
14	P-B-2	跌级排空大样图\溢流管安装大样图	A3	
15	D-0-1	电气设计说明	A3	
16	D-1	电气平面图	A2+1/2	
17	D-2	特色景墙电气平面图	A3	
18	D-3	配电箱系统图	A3	
19	D-4	系统二次结线图	A3	
20	D-5	灯具式样	A3	

备注：
1. 本图未经我司设计师之批准，不得随意将任何部分翻印，违者必究
2. 尺寸以图内所标数字为准，施工单位如发现图纸内容与现场有矛盾之处，应通知我司设计师，变更后方可施工，否则施工单位承担所有责任

发展商：

工程名称：
私家别墅
环境绿化工程

总设计师：
规划设计：
审　核：
复　核：
设　计：
制　图：
图纸名称：

图纸类别：
图幅大小：
日期：2007.12 比例：
修改日期：
图　号：

图 10-2-6

扫一扫 看大图

扫一扫 看更多

电气部分包括：电气设计说明、别墅电气平面图（见图 10-2-7）、特色景墙电气平面图、配电箱系统图、系统二次接线图等。

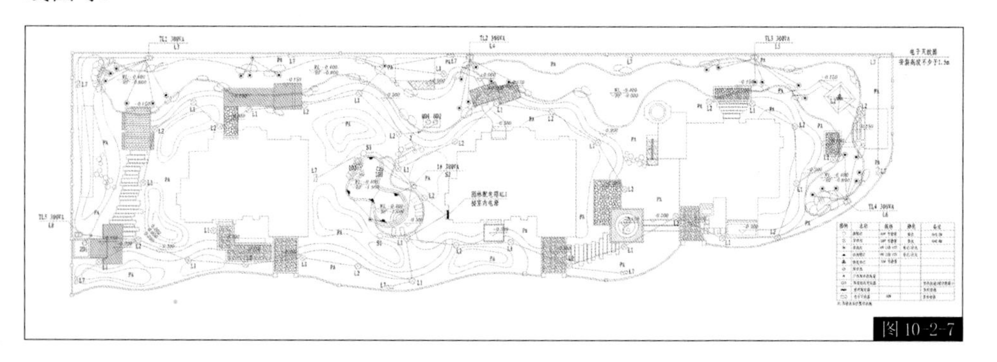

图 10-2-7

扫一扫 看大图

扫一扫 看更多

第三节 居住社区景观案例分析

一、广东省南雄市“引杏府”居住社区景观设计

作者：唐艺珊、李亚萍

本项目位于广东省东北部的南雄市。南雄市，古称“雄州”，“南雄州”，南雄历来有“居五岭之首，为江广之冲”和“枕楚跨粤，为南北咽喉”之称，是岭南通往中原之要道。无园无以成府，本设计方案以“五进建筑制”为规划理念，利用大堂、中庭、屏障、曲径等丰富的景致，规划出归家的五进流线，于风中得见高雅，着重打造“起承转合”的空间节奏（见图 10-3-1 至图 10-3-5）。

一进：“入府”，以“尊贵入口，礼仪迎宾”为主题，是整个居住社区的主入口空间。新中式风格的大门，镂空造型部分加入银杏叶元素，与项目主旨相呼应。入口大门分为车行道和人行道，人行道设置三个挡闸，做到人车分流的同时，避免人群相互拥挤。

二进：“入庭”，以“登堂入室，文化礼序”为主题，是进入居住社区的公共广场空间。设计为充满仪式感的中轴对称空间，两侧种植银杏，呼应“引杏府”项目主题。

三进：“入园”，以“步移景异，曲径通幽”为主题，是进入居住社区内部公共绿地的入口空间。营造为半封闭的景观空间，既能满足住户的私密需求，同时置身于景观之中，又增强景观与人的参与互动。在材料的运用方面，景观休憩亭为硬质材料，内部选用软质沙发，意在营造室内氛围，突出“小区即府”的理念。

四进：“入院”，以“温馨典雅，舒适自然”为主题，是居住社区楼间的公共绿地空间。贯穿中央景观的环形跑道，将中心几个功能区联系起来，两旁多栽植银杏树，营造出“引杏入园，十里银杏”的感受，打造出“五进大宅、私家园林”的效果。

五进：“入堂”，以“尊享入户，宾至如归”为主题，是宅间的入户环境空间。该区域是住户接触最多、最亲密的场所，设计倡导“全龄运动”的理念，儿童活动区域划分为儿童活动区和亲子活动区，为不同年龄段儿童乃至大人提供最适宜的活动环境。

扫一扫 看视频

图 10-3-1

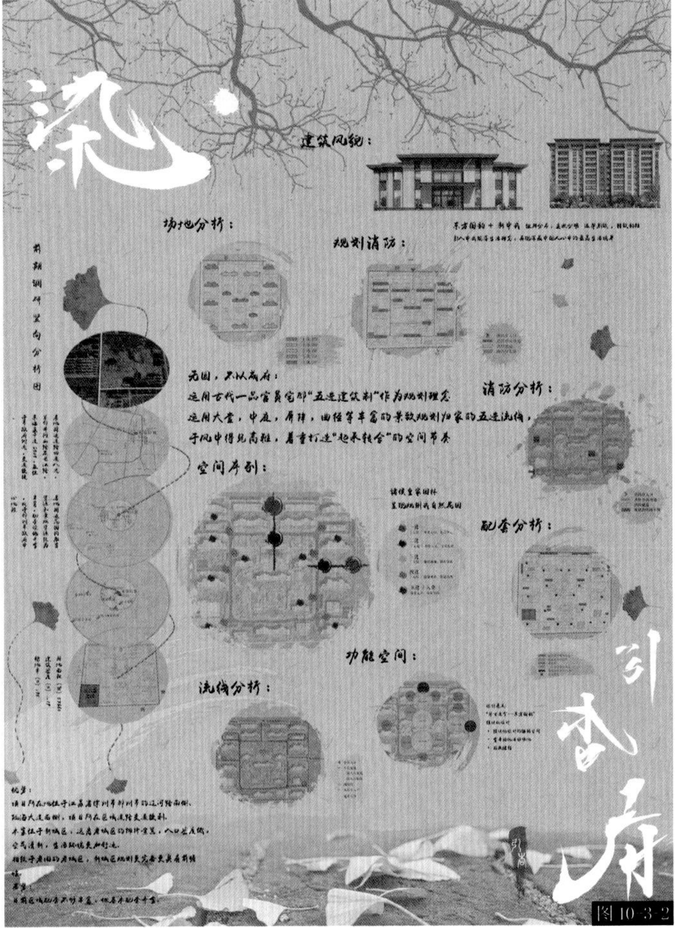

图 10-3-2

图 10-3-3

图 10-3-1

图 10-3-5

二、山西省太原市“望合青霭”居住社区景观设计

作者：谢杨、翟方潇

该小区为四周高大的高层住宅建筑形成的围合空间，以“山水融合”为设计概念，住宅建筑为山，小区的道路为水，山水相依。道路采用流线型，畅通的交通系统更显示出流动的韵律。

理想的生活是让人们回归生活的本质，享受自然的馈赠，与花鸟鱼虫为伴，园子面积虽小，但中央公园、健身场地、儿童娱乐场、休憩空间、水景区应有尽有。“望合青霭”居住社区在每栋楼宇之间栽植大量绿色植物，园内多设休憩座凳，花园景观微地形的处理，更显生机活力。布置功能完善的健身器械、公共设施，为业主营造出专属空间环境（见图 10-3-6 至图 10-3-8）。

图 10-3-6

图 10-3-7

图 10-3-8

三、“涵碧水韵”——天津市“蓝水园”居住社区景观重构设计

作者：左鸿菲、王心妍

该小区位于天津站以南7千米，水上公园以南3千米，占地面积13.68平方千米。与其名相符，中心景观以中心大面积开敞水面展开，但经调研其湖面使用率偏低，而且大面积水域将各区域住户分隔开来，人们之间的交流受到一定阻碍。

该设计是对天津市“蓝水园”社区景观的重构。结合其本身“蓝水居中，幽静宜人”的水韵特点进行景观的再设计。提取水的意象，即流动延展的弧线、散落停驻的小点、间隙穿插的虚线，应用于整体的设计之中，形成了有机形式贯穿的公共空间，赋予了社区新的活力。并且利用楼间花带、雨水花园、湖心步道，丰富了社区内的运动路径，加强了各单元间的交流，使得原本散落的单元，形成了整体的向心力。同时，对湖面进行改造，使其成为可以划船活动的多功能空间，容纳更多的居民活动。整体上秉承有机自然的思想，形成了水木明瑟、林木葱郁，充满野趣的新型社区景观（见图10-3-9至图10-3-11）。

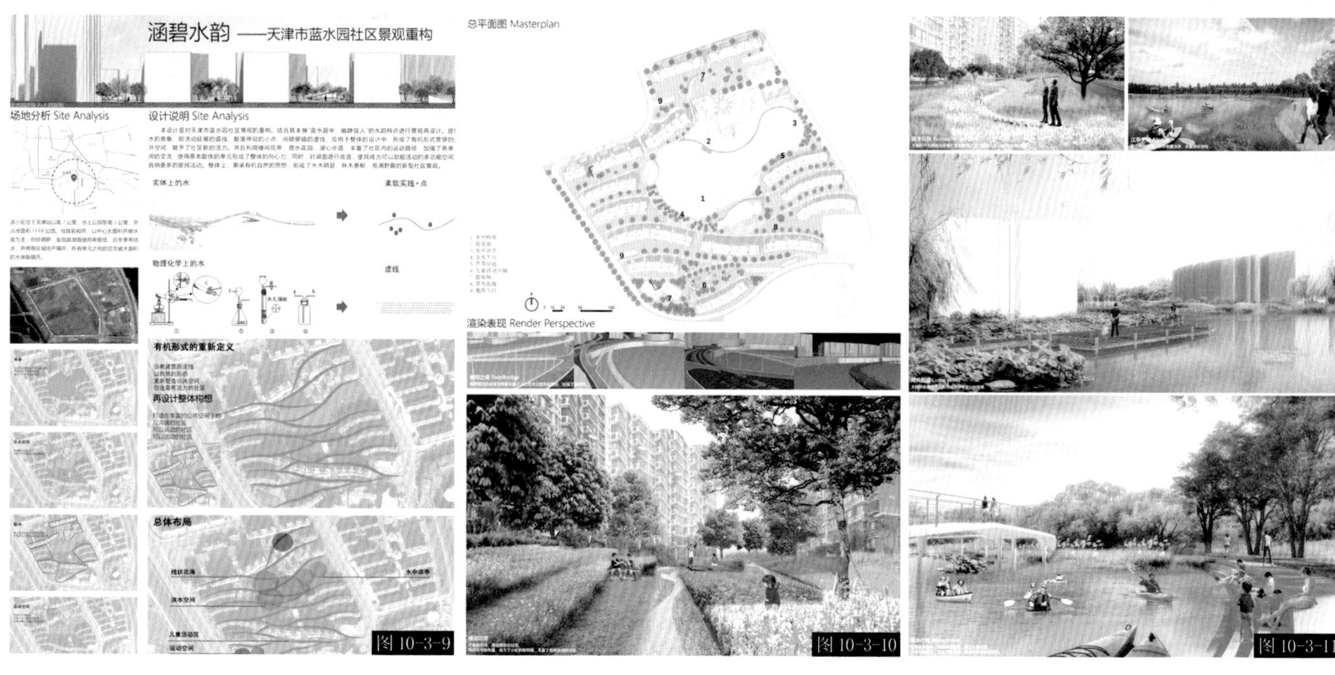

图10-3-9 图10-3-10 图10-3-11

四、“树冠下”——天津市和平区“安乐村”小区景观改造设计

作者：陈恩（陈鑫湉）、黄南一

“安乐村”原名为“新武官胡同”，是位于天津市和平区马场道与桂林路交口的一处三幢联排式公寓住宅，建于1933年，目前为重点保护等级历史风貌建筑。由于是既有居住社区，在景观上存在诸多亟待改造的问题，诸如：场地小而拥挤，停车位缺失，小区用地混乱、缺乏基本的活动场地，小区内没有座椅等基本设施，路灯分布不均等。因此针对该区域的改造以“平坦”“开阔”“方便”“满足社区内居民活动”为目标。保留场地内原有的高大乔木，塑造静谧空间。草坪、木平台与周边路面高差≤10厘米，不设置隔离栏，居民可随时进入草坪进行活动。场地内设两条沟通社区西南、东北的主干道，以满足交通需求（见图10-3-12、图10-3-13）。

图10-3-12

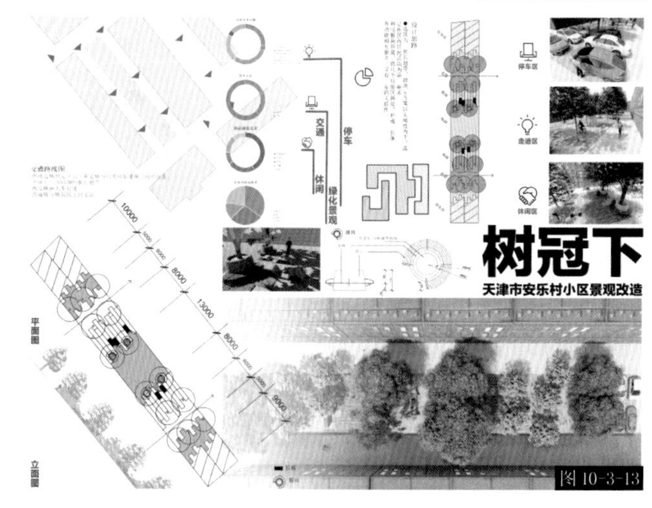

图10-3-13

五、“树桌花园”——天津市和平区“桂林里”住宅微改造设计

作者：何凯迪、秦家玉

天津市五大道堪称“万国建筑博览会”，是重要的历史文化遗产。“桂林里”建于 1940 年，由 10 幢独立式和毗连式别墅组成，占地面积约为 17100 平方米，建筑面积约为 6800 平方米，大部分为一般保护等级历史风貌建筑，现作为居住、办公、幼儿园及商业用房。

这些建筑见证了中国百年社会历史的变迁，必然积淀下深厚的文化底蕴，留存下一些社区独特的文化和记忆。在本次设计中，探索社区民众的日常生活，以普通人的视角关注普通人的生活，延续传统公共空间尺度，保留小巷原有的浓厚的生活气息和独特魅力。这样更尊重城市发展的内在直叙和规律，也更容易维护街区的归属感和固有的特征。从深远层面上来说，城市微更新更关注提升居民日常生活品质，突出地方特色，采用微改造这种“绣花”功夫，注重文明传承、文化延续，让城市留下记忆，让人们记住乡愁。

微改造是城市“抗衰老”的良药，该设计采用一条体验的线路，用一条流畅的流线，将很丰富的生态“串联”起来。选用红色飘带作为承载物，是因为红色是典型的、代表中国的颜色。颜色是有国界和民族性的，在意蕴层面，“红飘带”作为一条连接中国历史、现实与未来的纽带，表达了中华民族在伟大复兴道路上继往开来的决心，也象征着新时代的现代气息。

扫一扫 看视频

入口小庭院以树木和桌子为主要元素设置一个“树桌花园”保留原有的两棵大树是对绿色的尊重。桌椅以公共装置的形式出现，桌椅浑然一体，座位固定，尺度适宜，有台面和平整的场地空间，且椅面延伸至地面以至墙面。桌椅面选用红色漆面材质，从古典建筑中跳脱出来（见图 10-3-14、图 10-3-15）。

图 10-3-14　图 10-3-15

六、天津市河北区“博德花园”小区景观改造

作者：修元熙、张京坤

天津市河北区“博德花园”建造于 2004 年，位于河北区铁东路街道，总建筑面积 4 万平方米，由 7 栋砖混电梯洋房构成。容积率为 1.5，绿化率为 30%。

住宅小区也是一个城市中的有机生命体，在城市的发展过程中也需要不断地更新和改造，即为了适应人生活需求和变化。通过对“博德花园”小区现状的调查，发现可提供给居民活动的空间非常少，空间的利用率也非常低。分析自行车随意停放，花坛的景观设施荒废等现存问题，通过改造将两片较小的空间规划为集中的停车区域，解决停车紧张的问题。设置环形跑道，满足健身需求，增加公共空间的使用率。设置树阵广场、下沉广场（儿童活动）等空间，为居民提供更多的交流休闲的场地，更好地推进人与人之间的互动交流，把人群从隔离的空间中吸引出来，满足多样化的需求（见图 10-3-16、图 10-3-17）。

扫一扫 看视频

七、“天空之城”——天津市和平区“河新里”居住社区景观改造

作者：张倩琳、钟思晴、周珊羽

天津市和平区“河新里”居住社区是建造于 20 世纪 70 年代的老旧小区，虽然地理位置、周边交通、公共设施完善，但小区内部存在诸多问题，譬如：停车位划分不清晰，占用大量的休闲空间，影响居民的居住体验；健身器材充足，能满足小区内居民的使用，但位置相对孤立，利用率低；小区内现有的景观小品美观性不足，存在感低，不能够被居民充分利用；健身用地占地面积大，但利用率低。改造设计方案如下。

（1）停车场与休闲空间的结合

把场地的左侧划分为停车场与休闲空间的结合，既满足居民的停车需求又丰富了景观的立体空间。在二层设计一个半室内的交流空间保障了居民在某些雨雪天气也能出门活动。在该场地靠内侧的二楼抬高部分，保留了原有的部分健身器材，保障老人们的健身活动。

（2）绿植与休闲座椅结合

将绿植空间打开做成半封闭的围合空间，使休闲座椅与绿植有机结合。为居民提供交流、歇息的空间。将二层平台与居民楼的距离控制在 3.5 米左右，二层平台内以采用透光材料为主，中间部分地面也采用玻璃材质，保证了下部分休息空间的基本采光，同时基本不影响一层居民的正常采光（见图 10-3-18、图 10-3-19）。

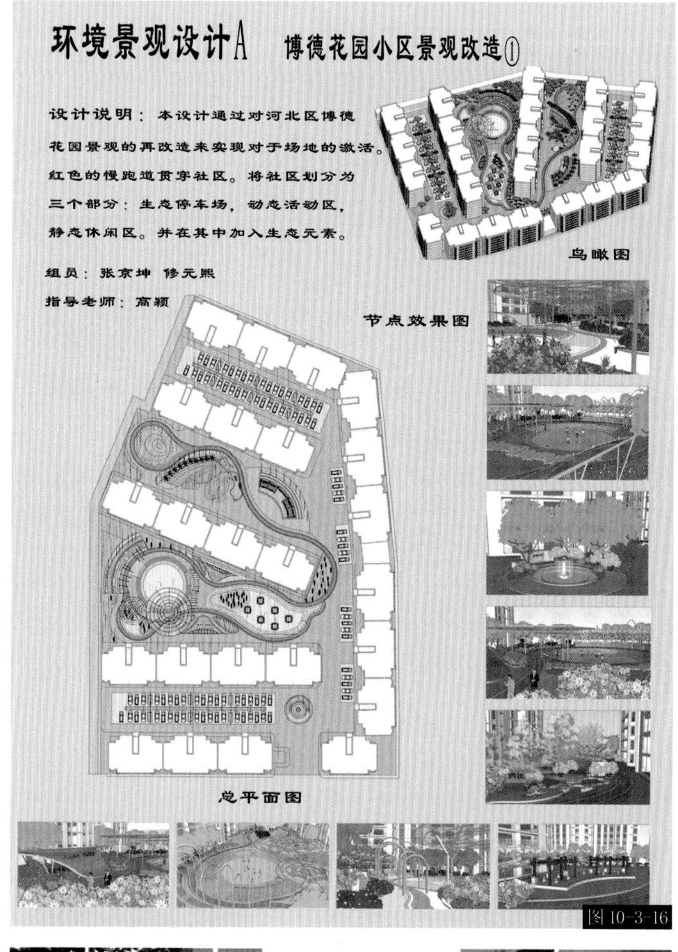

图 10-3-16

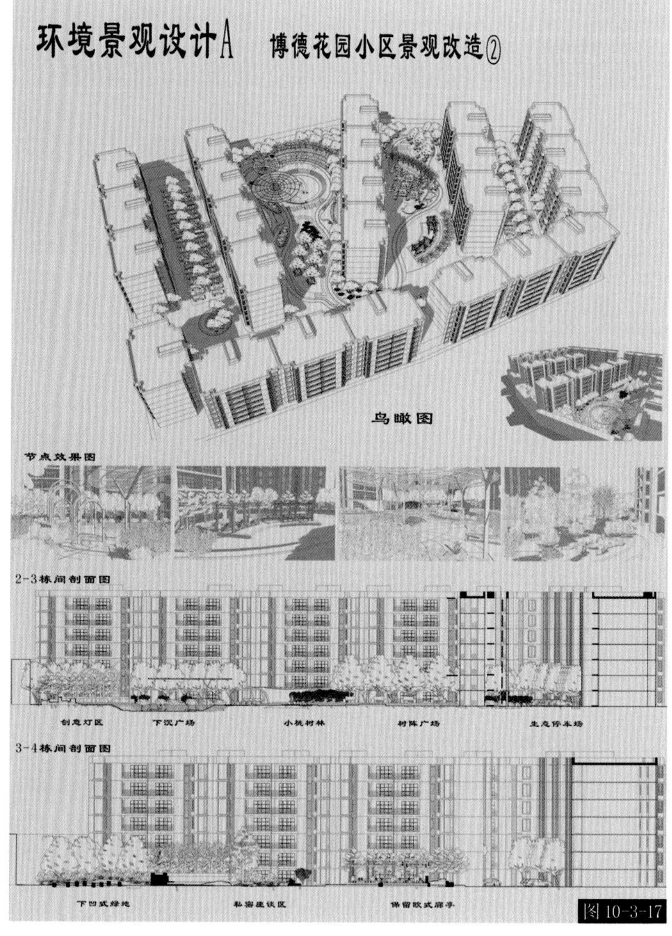

图 10-3-17

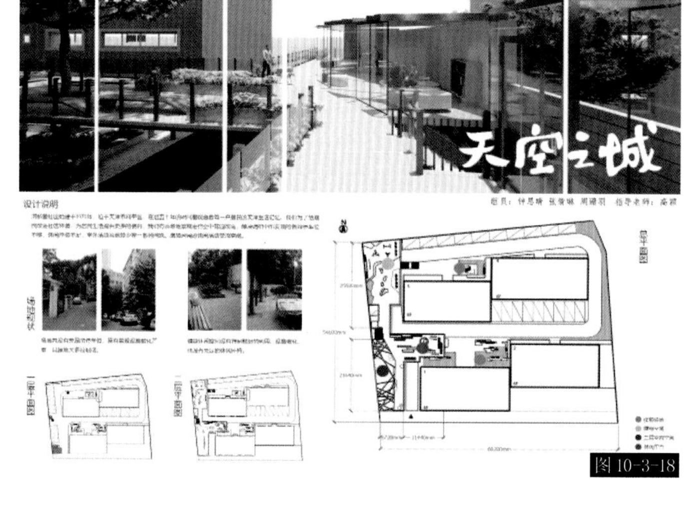

图 10-3-18

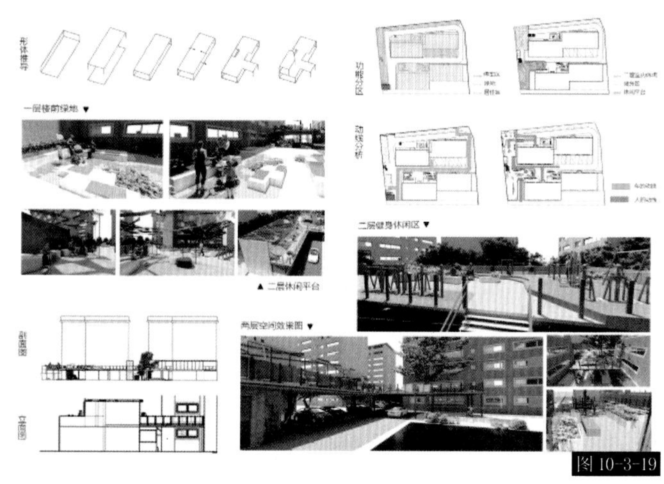

图 10-3-19

第四节 居住社区景观案例鉴赏

一、浙江省台州市“都市绿洲”居住社区景观设计

作者：孙伟皓、王昕宇

浙江省台州市“都市绿洲”居住社区景观设计见图 10-4-1 至图 10-4-3。

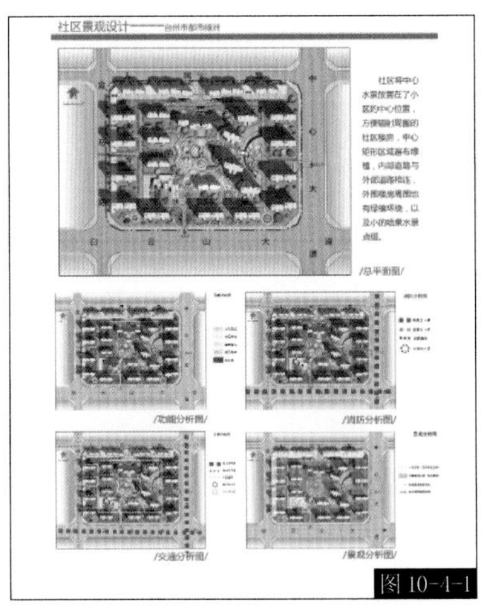
图 10-4-1

图 10-4-2

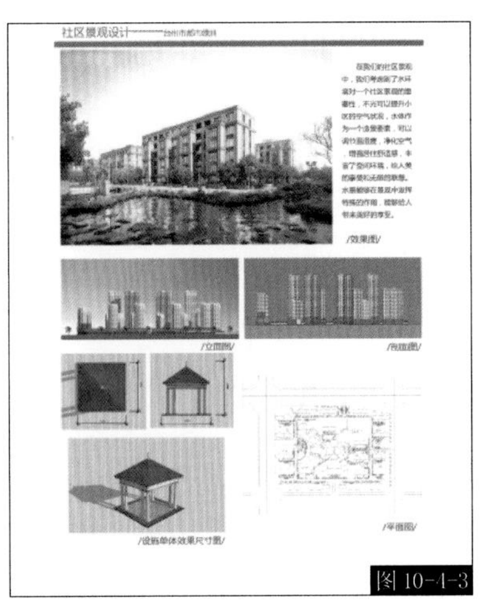
图 10-4-3

二、天津市河西区“华义公寓”居住社区景观设计

作者：金玮炜、姚家琳

天津市河西区“华义公寓”居住社区景观设计见图 10-4-4、图 10-4-5。

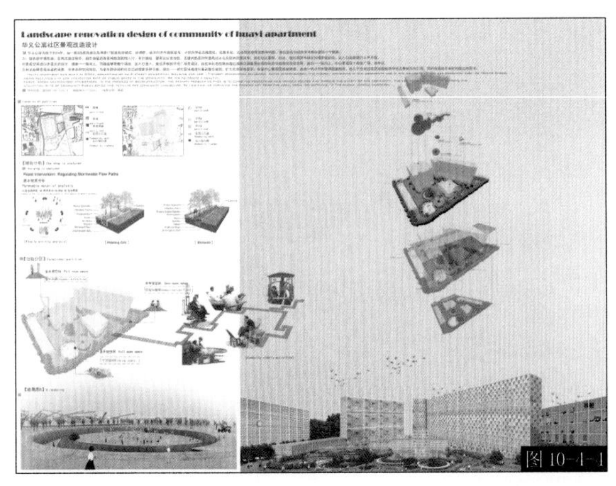

图 10-4-4

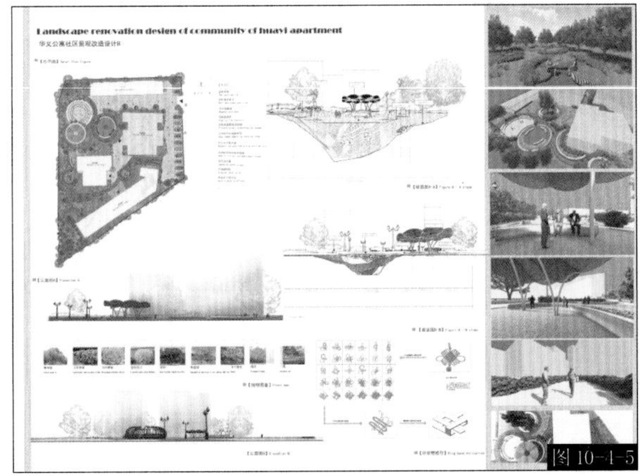

图 10-4-5

三、“行于竹”——天津市和平区“永定里”社区景观改造

作者：王泰、杨瀚清

“行于竹”——天津市和平区“永定里”社区景观改造见图 10-4-6、图 10-4-7。

图 10-4-6

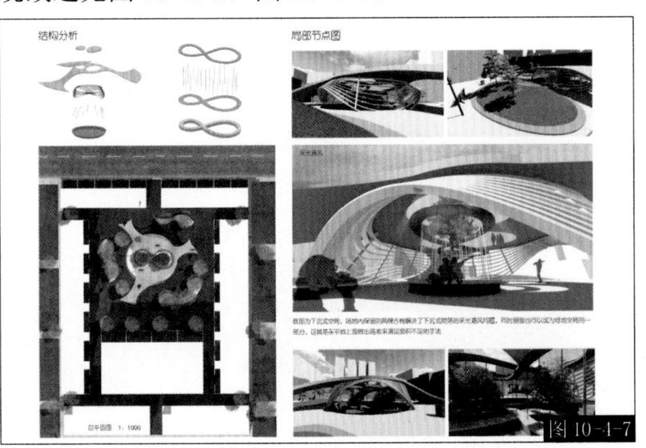

图 10-4-7

四、天津市和平区“佳怡公寓”改造

作者：冀清华、乔碧旋

天津市和平区“佳怡公寓”改造见图 10-4-8、图 10-4-9。

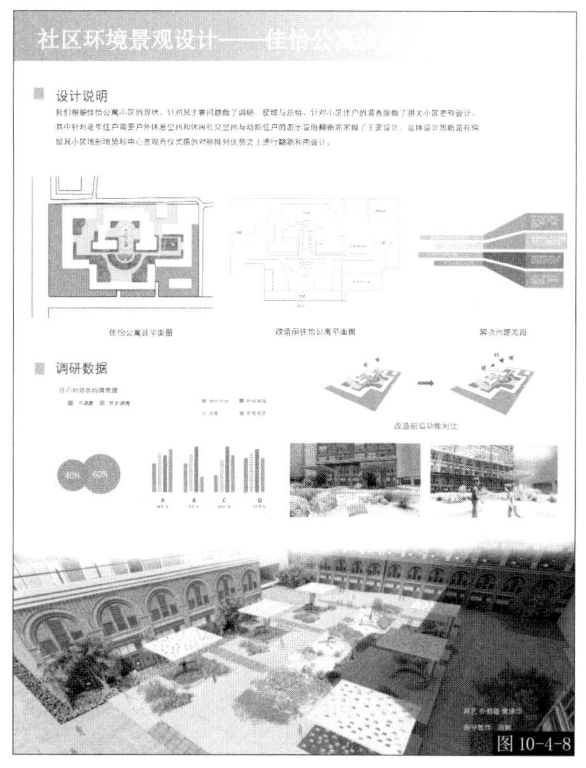

图 10-4-8

图 10-4-9

五、天津市红桥区“畅景家园”居住社区景观设计

作者：刘雪珂、郑炜堂

天津市红桥区“畅景家园”居住社区景观设计见图 10-4-10、图 10-4-11。

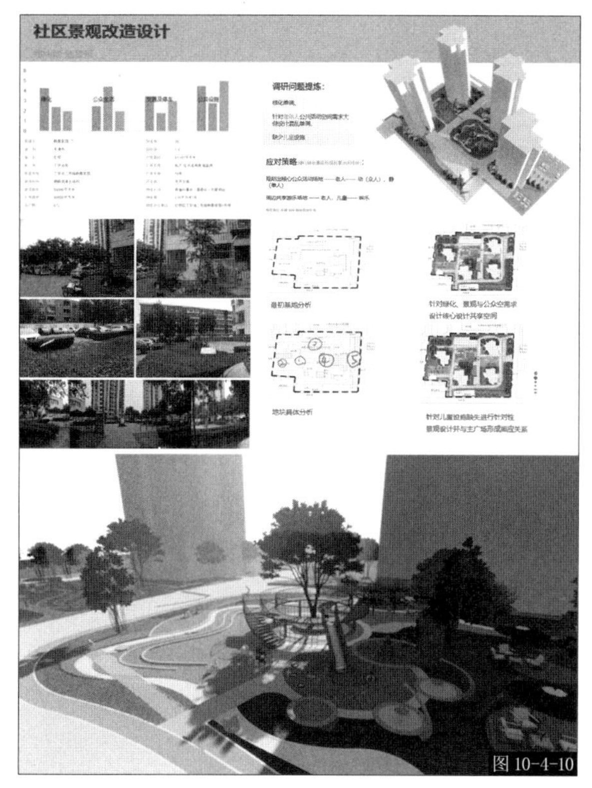

图 10-4-10

图 10-4-11

六、天津市和平区“洛华里”居住社区景观设计

作者：王晴、徐广浩

天津市和平区“洛华里”居住社区景观设计见图 10-4-12、图 10-4-13。

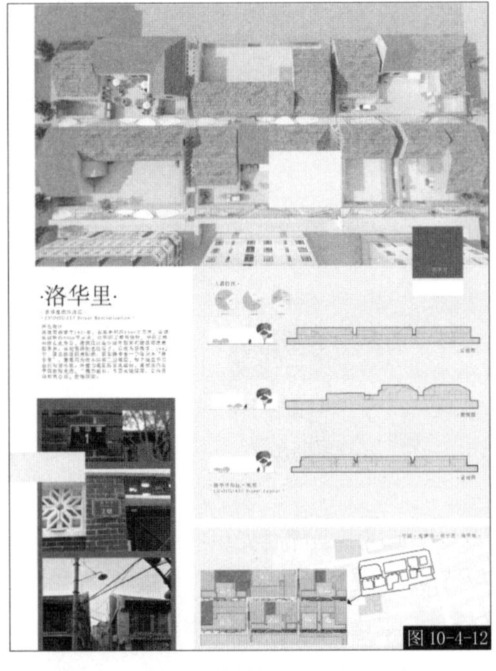

图 10-4-12

图 10-4-13

七、天津市和平区“义生里”景观设计

作者：毛亢承、陈琪琪

天津市和平区“义生里”景观设计见图 10-4-14、图 10-4-15。

图 10-4-14

图 10-4-15

【思考题】

1. 社区景观设计包含哪些阶段，不同阶段需要完成的任务有哪些？
2. 社区景观设计主要包括哪些图纸，它们各自表达的内容是什么？

后记

环境与建筑艺术学院的教师们近几年一直在对教育教学做着不断的探索，更是产生了许多丰硕的成果，对学科建设、专业建设、课程建设、教材建设也都分别有不同程度的思考与实践。

天津美术学院作为传统的美术院校，已经有百余年的办学历史，是全国八大美术学院之一。习近平总书记在全国高校思想政治工作会议上发表重要讲话，指出："要用好课堂教学这个主渠道，思想政治理论课要坚持在改造中加强，提升思想政治教育亲和力和针对性，满足学生成长发展需求和期待，其他各门课都要守好一段渠、种好责任田，使各类课程与思想政治理论课同向同行，形成协同效应。""课程思政"落实之初也遇到了捉襟见肘、无从下手的"彷徨"，通过教师们之间不断的讨论教研、摸索探究，逐渐探索出一条条道路……

实际上，在"课程思政"的概念正式提出前，很多教师都做到了教授专业知识的同时，对学生进行思想引领。我们总结之前碎片式的"经验"，持续挖掘怎样将思政教育和专业知识传授巧妙结合，发扬美术专业的独特优势，团队备课，集体出战，集思广益。2019 年课程教改建设成果初显，以"古法'心'丝"为题进行了成果展示，并将"课程思政"建设经验进行分享，抛砖引玉地带动了学院教师积极投身教改建设的热潮。截至目前，学院获批"城市更新"等 2 门课程为"天津市高校课程思政示范课程"，"建筑与装饰史 B"等 3 门课程为天津美术学院"课程思政"改革精品课。

"社区景观设计"是环境设计专业的骨干核心课程之一。课程内容从居住社区景观设计基础到社区道路、附属设施、社区造景等，都从设计服务于社会、服务于人居环境的建设与更新出发，始终秉持绿色、生态、可持续发展的理念。《社区景观设计》一书的作者高颖教授，他组织带领课程建设团队，一起备课、教研，并与都红玉、金纹青、王星航 3 位教师一起将多年一线教学、课题研究与项目实践的成果汇集成册。

高等教育的根本任务是落实立德树人。立德树人，也是育人育心。好的"课程思政"就如糖融水、如盐入味，让专业课程更有味道。"好雨知时节"，专业课教师育人的思想自觉就是那当春的好雨，准确把握知识传授和价值引导的关系，承载着对学生进行价值引导、人格培育与精神滋养的功能，通过加强对课程教学中思政元素的深度挖掘，达到育人"润物细无声"的效果。

天津美术学院环境与建筑艺术学院在未来教育教学的道路上，在"课程思政"建设的道路上，还将进行更多的有益挖掘与尝试。"课程思政"不仅是个恒的教学课题，更是育人的大课题，教育教学的发展和进步不会停歇，为国育人育才的事业更要不断地与时俱进。大厦巍然，梁椽共举，书香永存，惠泽后学。

天津美术学院环境与建筑艺术学院党支部书记　曹嘉

2021 年 10 月